U0011598

酒與鍊金術

啤酒、葡萄酒、
威士忌、烈酒、雞尾酒
如何從治療藥物變成心靈慰藉

Doctors and Distillers

The Remarkable Medicinal History of Beer, Wine, Spirits, and Cocktails

坎帛・英格里胥 著
柯松韻 譯

目錄

第七章　毒飲：磷酸鹽、專利藥物、純淨食品、禁令　237

第八章　通寧：瘧疾、蚊子、合成紫色染劑　283

前言

想想內格羅尼（Negroni）這款雞尾酒，此酒味道苦甜，可追溯至二十世紀初，材料是等份的琴酒、甜香艾酒（sweet vermouth）、肯巴利酒（Campari，也譯金巴利）。琴酒的名字來自長得像莓果的樹仁，這種樹曾被用來治療黑死病。香艾酒的英文「vermouth」則來自艾草（wormwood）的德語，人們知道該樹可用來治療腸道寄生蟲。肯巴利這個牌子的酒可追溯自一八六〇年的酒譜，含有龍膽（gentian，證實可抑制消化不良）、大黃根（rhubarb root，傳統中藥作為瀉藥使用），還有胭脂蟲（cochineal），這種紅色昆蟲在幾年之前都還被認為能治療憂鬱症。內格羅尼通常餐前飲用，刺激食慾。

古早年代，藥酒不分家：蒸餾酒被稱為「eau-de-vie」，意思是生命之水，名字點出酒有治療之力（或至少能讓人有活力）。在現代發展出消毒技術之前，以前的人飲用酒精飲料，比飲水還要安全，而勞工喝酒精濃度低的啤酒來補充水分，就像今天的足球員會喝開特力運動飲料（Gatorade）一樣。

酒能鎮痛又能殺菌（威士忌能同時麻痺疼痛又能消毒傷口），也能用來保鮮，延長藥草的有效期限。

不論所處地區氣候寒冷或溫暖，人類都使用蒸餾酒來調節體溫、治療痛風與關節炎、緩和驚嚇情緒。在美國禁酒令期間，人們還可以獲得醫療處方箋，向藥局購買藥用威士忌或干邑，那些酒其實跟一般的威士忌或干邑沒什麼不同，只不過是由藥劑師倒給你喝。

在苦口的藥裡加上一匙糖，就能變成可口的香甜酒，也稱利口酒。今天市面上有不少利口酒品牌的歷史，來自治療霍亂、痢疾、熱病、消化不良、便祕，或者是萬用強身藥、止痛劑。有些酒曾經（且現在依然是）被人們當作每日型綜合維他命，每天早上或晚間服用一小杯以預防疾病。另有些酒被用來爭取時間，在醫師從村裡趕來的同時，先穩住傷患或病人，不論病痛為何，都用同一招解決問題。

調酒也是藥。冒著泡泡、富含礦物質的罐裝汽水，最初是為了模仿天然水浴湧泉水而製造出來的，人們相信湧泉水能治百病，從癲癇到眼疾都能搞定。新鮮的檸檬汁，可以調製美味的戴綺麗雞尾酒（Daiquiri），其含有維生素C，能趕走壞血病。人們最愛混蘭姆酒喝的可口可樂（Coca-Cola），追本溯源是含有古柯植物（coca）的紅酒，人們曾相信這種飲料有益健康，甚至有兩位教宗為此背書。

就算不是用來治療重病的酒，在日常生活中也被當作是舒緩療方：冰糖威士忌（rock and rye，裸麥威士忌加冰糖）曾是咳嗽藥物，苦精是用來舒緩腸胃病、暈船，就連偉大的雞尾酒，起初都不是晚上喝來消遣的飲品，而是早上用來提神的飲料，尤其適用於大醉一場的隔日早晨。

科學家研究酒的過程中多有科學斬獲，除了醫學領域，也有微生物學、生物化學等其他專業領域。科學的前身——鍊金術，帶來了蒸餾酒，也是現代化學的濫觴。人們研究碳酸法、發酵技術，從中了解分辨元素、氣體、疾病病菌理論。尋找替代奎寧的過程，則發展出化療技術。

這些歷程也曾屢經挫折。在食物、酒、藥物的法令規範出現前，這三者的標示常常有誤，也經常添加不安全的植物性產品與（其他的）成癮性藥物，如古柯鹼或嗎啡、有毒色素、保存劑，如製作標本用的溶液。

藥物與酒飲到了相對近代才分家。我們會認為一九五〇年代的蘇打飲料店販售的是有益健康的奶昔，但也不過幾十年前，你可以在這類店家買到鴉片酊，就摻在氣泡葡萄酒裡面。在愛爾蘭，捐血可以換取一品脫健力士啤酒，此風俗直到二〇〇九年才終止。酒在現代草本藥物中也占重要的角色，可作為溶劑萃取植物中的藥性。而世界各地的家庭式民俗偏方中，要是寶寶長牙感到疼痛，父母會在寶寶牙齦上抹一些威士忌（或用蘭姆酒、地方烈酒）來鎮痛。

多年前我逐漸有了寫本書的靈感。我當時正在寫關於琴通寧的文章，想要在文中註明這款雞尾酒問世的時間，卻查不到一個明確的日期，可得的資訊非常籠統，僅僅指出最早喝到這款酒的人是十九世紀初的旅印英國人，他們愛喝琴酒，且需要通寧水中的奎寧來對抗瘧疾。

在寫完那篇文章之後，又過了幾年，我多讀了二十多本書，雖然沒有獲得更多關於這支雞尾酒的資訊，卻特別對瘧疾與一般性醫藥知識有了更多認識。醫藥的歷史可不像雞尾酒那樣記載詳盡。埋首資料的我了解了更多事：通寧水有抗瘧疾的效用、琴酒中的杜松成分可以利尿、可以用苦艾酒淨化飲用水、白蘭地可以讓嚇昏的病患甦醒、治療貧血可用費洛雞納藥酒[1]（ferro china）、沙士成分中的墨西哥菝葜（sarsaparilla）曾用來緩解梅毒。用不了多久，我已蒐羅到不少當代酒飲的藥用歷史與濫觴，我發現這可以寫成一本書，事情就這樣成了。

這本書談論的是酒與藥互相關聯的歷史，卻僅是兩者各自歷史中的一隅罷了。我們有幸擁有許多前人提筆寫下的相關書籍。本書以酒飲作為藥物使用為題，並非詳盡的研究專著，你家鍾愛的民俗偏方很有可能沒被提到，那是我的疏忽；再者，燒酒、斯利沃威茨（slivovitz，一種李子白蘭地）想必也能作為藥用，就像雪莉酒、蘇打汽水一樣。不在本書中的酒類藥方，有些是我有所遺漏，有些則是我略過不提，想必一定還有很多是我根本沒發現的。部分葡萄酒、啤酒、烈酒的藥用史比其他酒類更顯而易見，不過讀完本書之後，你顯然會發現，幾乎所有的酒種，以及許多調酒，都曾在某個時間點作為藥物來使用。

大部分的時候，一杯酒就只是酒，小酌怡情、舉杯會友。讀了本書，的確能知道酒飲可能有益身體之處，不過本書並不是要提供任何醫療保健相關的建議。酒精飲品並不是健康的飲料，就算當今市面上的品牌試圖賣給你添加電解質的啤酒、藥草風味的伏特加，也不能改變事實。本書目的是希望將酒這悠長又豐富的藥用歷史，帶給讀者品味一番，別無他意。

1 此酒為義大利藥酒，常誤譯為費洛中國利口酒，名字中的「china」是指金雞納樹。

免責聲明

本書絕對不是一本記載以酒為基底的自然療法或藥方之書，本書所談的是酒與藥之間、調酒師與藥劑師之間、調酒與藥方之間，種種難分難解的糾葛歷史。若您需要藥物治療，請諮詢您的醫師。如果您需要的是一杯調酒，請拜訪您所在地區的調酒師。

第一章

發酵作用：
希臘人、蓋倫醫師、健力士啤酒

飲葡萄酒而醉的人，倒下時大多臉朝下方，喝大麥啤酒的人則會四仰八叉地躺在地上；因為葡萄酒讓人感到上半身沉重，但啤酒則會讓人神智不清。

——亞里斯多德，希臘作家阿特納奧斯《智者之宴》（*Athenaeus's Deipnosophistae*）書中引述其言。

所謂的「酒醉猴子假說」認為，人類的祖先在森林地面上發現了經過自然發酵的墜落水果，吃了之後很喜歡：酒的熱量高，又容易消化，而水果在發酵後果香四溢，容易尋得，乙醇又抗菌，所以相對而言是健康的。各方面看來皆有其道理。此論用來宣稱人類在演化上「預適」了飲酒這回事。

人類刻意釀造酒飲的歷史或能追溯至約公元前一萬年前。中國北方賈湖遺址發現的陶器可追溯至公元前七千年前，器皿內的發酵組合為米、蜂蜜、水果。葡萄馴化大約發生於公元前六千年，而在今天的伊朗山區發現葡萄酒的考古證據，其時間可追溯至公元前五千年中葉。公元前一三二三年逝世的埃及國王圖坦卡門，陵寢中有酒甕，甕上標明了年分、酒商。

由於葡萄不是一年四季都耐儲放，古代美索不達米亞與埃及地區的葡萄酒是奢侈品。啤酒反而是日常飲料。公元前約九五〇〇年，土耳其境內的宗教性慶典遺址中發現，人們可能曾使用草本植物來釀造某種啤酒，而我們發現，在以色列地區公元前十至十二世紀時的半遊牧半定居的民族，有類似釀酒廠的考古證據。《舒魯巴克箴言》（*Instructions of Shuruppak*）是最古老的楔形文字文本之一，可上溯至公元前二五〇〇年，書中也含「喝啤酒時不要妄下判斷」等建言。

發酵飲料進入史料紀錄的時間，約莫在世界各地的遊牧民族開始定居務農之時，這讓部分考古研究者認為，人們之所以馴化穀物，是為了釀造啤酒，而不是為了製作麵餅，後者是普遍假設的原因。古老的啤酒釀造方法記載中，有些將麵餅列為釀酒材料之一，比如蘇美的〈寧卡西頌〉（Hymn to Ninkasi，這是一首詩，約於公元前一八〇〇年寫成，懇求掌管釀酒的蘇美女神幫助）。麵餅可能在古時既是方便食用的食物，也是便於存放的釀酒材料，就像早餐穀片，可以搭配牛奶吃，也可以直接食用。

喝酒勝過喝水

上古時代釀造的酒，跟我們今日熟知的清澈啤酒沒半點相似之處，上古的酒更像是種稠粥，經過粗糙的過濾後，裡面還是帶有顆粒。現今尚存的古代飲酒圖中可見，人們喝酒時會共用容器，使用長長的吸管來穿過漂浮在液體表面的穀物、酵母顆粒，而吸管可能是蘆葦作的。

啤酒酵母含有健康、營養豐富的蛋白質、維生素、礦物質，而啤酒可以補充水分，也能提供熱量。在金字塔的時代，啤酒是運動飲料。

於伊朗發現的一塊楔形文字刻板，時間可上溯至公元前三一〇〇年，其內容記錄了啤酒補給量，以此作為工人的工資或餽贈。建造金字塔的人（並非聖經十誡或電影《埃及王子》裡所描述的奴隸，比較可能是建築工人）在輪班的時候有啤酒可以喝。這種作法並不是只有古時候才有：大戶人家、農場、工廠等，各式各樣的工人在上班時都有工作啤酒可以取用，這樣的作法直到工業革命，甚至之後的時代都可以看到。

雇主這麼做並不是想要員工醉醺醺或乖乖聽話，啤酒是給工人補充水分用的，而雇主絕對不會希望員工去喝水。城鎮都市附近的水源，通常都會遭到人類與動物的排泄物汙染，充滿病菌。

啤酒的製造過程讓它在飲用上比單純的水更為安全。釀酒用的水先經過加熱或煮沸，過程中殺死許多細菌，而發酵過程產生的酒精也會殺死病菌，並減緩腐敗的速度。現代科學研究已經證實酒精可以抗菌，不含酒精成分的啤酒會滋生大腸桿菌與鼠傷寒沙門氏桿菌，有酒精的啤酒卻不會。在中世紀以前，釀啤酒不會特意使用啤酒花，不過，同一個實驗顯示，啤酒花雖然不會抑制上述病菌，卻可以防止李斯特單胞菌與金黃色葡萄球菌滋生。人們採用啤酒花之前，使用的是其他抗菌的草藥，如艾草，這麼做可以延長啤酒的賞味期限、增加風味，還可以將藥草的療效加入啤酒中。

釀造葡萄酒的過程中通常不會加水，不過葡萄酒也被證實能抗菌，跟啤酒一樣能消滅不少上述病菌——而紅酒又比白酒更有效力。葡萄酒能殺死沙門氏桿菌，此菌能在未發酵（不含酒精）的葡萄汁裡存活。酒精濃度相對高，酸鹼值又低（也就是酸性）的葡萄酒，抗菌能力則會比低酒精濃度或酸度不高的葡萄酒還要好。

古時如何以啤酒與葡萄酒為藥

前人會將發酵飲料入藥，也直接當作藥物使用。公元前一八〇〇年，〈寧卡西頌〉寫下了釀造啤酒的方法，不過啤酒作為藥物使用，在好幾個世紀之前就已經出現了。蘇美人在公元前二一〇〇年的泥板上記載了最古老的傷口照護方法，稱為「療傷三式」：以啤酒與熱水清洗傷口、將藥草搭配藥膏與油製成敷料、包紮傷口。

印度吠陀時期（公元前二五〇〇年—前二〇〇年）的發酵飲料所使用的材料包含糖、蜂蜜、果汁。該時期重要醫學文本《遮羅迦本集》（*Charaka Samhita*）對果酒的描述為「可活絡身心靈，消除失眠、哀愁與疲勞，誘發食慾、使人快樂、促進消化……。若以此為藥，不為酒醉而飲之，有艾姆里塔（Amrita，仙饈）之效，可導正體中之液，使其流動自然」，引自迪蓮達．波石（Dhirendra Krishna Bose）《古印度的酒》（*Wine in Ancient India*）。

一八七三年，德國的埃及學家取得了《埃伯斯莎草古卷》（*Ebers papyrus*），寫作時間約為公元前一五〇〇年，集結了更早之前的古埃及醫學與魔法文獻。內容包含草藥、外科手術、咒語、符咒等的說明文字，以治療病痛，諸如鱷魚咬傷、禿頭、腳汗多等問題，以及其他（上面還有抗皺紋養護及其他美容用品的說明）。當時，人們認為疾病來自神力，也來自咒詛或巫術，所以治療方式包含祈禱、符咒，或極端的外科手術，比如穿顱術（在頭骨上鑿洞），此外也有喝洋蔥湯這種簡單的作法。

莎草紙上提到的藥性食材，可以在現代酒精飲料中找到的有：蘆薈沉香（aloe resin）、葛縷子（caraway）、芫荽、小黃瓜、接骨木莓、茴香、無花果、杜松、番紅花等。這些植物性藥材須配合不同類型的啤酒一同服用（苦啤酒、溫啤酒等等），通常還需搭配其他材料，如牛奶（酸敗的牛奶、產下男嬰之婦女的母乳）、水（泉水、鹽水、清洗過陰莖的水），也有些藥方搭配葡萄酒使用。書上還附加明智的建言：「與其喝汙水，葡萄酒較有用。」

葡萄酒、啤酒、牛奶、水等能助人吞服固體藥材，各按其藥性與不同的備藥方式服用。有些藥方很簡單，比如：甜啤酒煮洋蔥可解除消化不良。也有些藥方較為複雜，比如：治療腳趾病痛的配方包含茴香、焚香、苦艾、沒藥、接骨木莓。

書中所錄藥方還有諸多噁心的材料，比如有種敷料的材料是蓮花、西瓜、貓屎、甜啤酒、葡萄酒。藥材中所包含的動物也有一拖拉庫：豪豬、河馬、鰻魚、毒毛蟲。書中建議的防鼠法是將貓脂塗在衣服上。讓小孩不哭的良方是鴉片。古埃及的醫學，還有很多進步空間。

古希臘與葡萄酒

古希臘人（約公元前一二〇〇至前三〇〇年間）在藥方中使用的葡萄酒比啤酒多，因為希臘的地中海型氣候與地理環境比較適合種植葡萄，不適合栽種穀類，多山又缺乏平原的環境不利穀作，丘陵坡地倒是適合果樹、橄欖、葡萄藤生長。

希臘人認為啤酒是外族人在喝的，頗不以為然。希臘人色諾芬（**Xenophon**）約於公元前四百年時在亞美尼亞地區喝到了啤酒，他寫道：「碗公裝大麥酒。大麥浮在最上面，與嘴唇同高，〔碗〕中有不帶節的蘆葦枝，大小不一。若有人口渴，他得取一條蘆葦枝從碗裡吸上一口。若不兌水，此酒頗烈。喝慣了的人認為此酒甚佳。」

而我們可以推測，喝慣了葡萄酒的人，不敢苟同。一般而言，葡萄酒的酒精含量較啤酒多（葡萄酒的保鮮期也因此更長），所以色諾芬筆下的啤酒居然頗烈，讀來或許有點奇怪，不過希臘人不喝純葡萄酒，他們通常兌水喝，也會拿海水來摻在酒中。

雖然直到十九世紀時，病菌致病論才確立，古人倒是明白，水要是單喝可能有害健康，此觀念可見於《埃伯斯莎草古卷》。希臘的希波克拉底作者群之一寫下了《氣、水、地》（*Airs, Waters, Places*），探討「有害健康的水，以及有益健康的水，通常來自水的害處與好處；畢竟身體要健康，水可謂厥功甚偉」。依照法國歷史學家賈奇·盧文納（Jacques Jouanna）《從希波克拉底到蓋倫的希臘醫學》（*Greek Medicine from Hippocrates to Galen*）的說明，《氣、水、地》成書時，目標讀者是旅居四方的醫師，他們走訪城鎮行醫。每到一個新地方，他們會將整體環境對健康的影響也納入考量，綜合評估病患身上的特定疾病——此地人民所呼吸的空氣優良與否，端看該市鎮座落的方位與水源。

《氣、水、地》明確點出，最有益健康的水是煮沸的雨水，也就是說，當時的人或多或少明白，淡水汙染較少、將水煮沸有淨化效用。至於對身體最有害的水則來自死水湖與沼澤，「不論何用皆有害」，人們知道這種水會導致「脾臟腫大且總是阻塞」，而需要醫療。此症狀正是瘧疾的徵兆，只是病灶並非死水本身，而是在水中產卵的蚊子，不過要等到將近二十世紀，科學家才會搞懂真正原因。《氣、水、地》也說明，飲用最健康的水時，葡萄酒可以少摻一點，而其他來源的水則需要多加一點，由此可知，當時或多或少明白葡萄酒能消毒飲用水。

只是，這位作者對冰的理解卻出了差錯。他認為冰、雪融化而來的水，因為經過冷凍，品質較差，而冷凍的過程會讓水中「最淡、最稀」的部分消散。

希波克拉底（約公元前四六〇年—前三七七年）是位希臘醫師，最著名的事蹟是讓醫學成為正式學科，最重要的貢獻是他堅信疾病有其自然的成因與治療方式，並非超自然現象，也就是說祈禱、護身符比不上實質的治療。相傳希波克拉底著述甚豐，《氣、水、地》為其中之一，不過大多數的作品都是在他死後假託其名。所以，學者在提到這些著作的作者時，以「希波克拉底作者群」稱之，不是指希波克拉底本人。

希波克拉底作者群將葡萄酒分類，區分標準為顏色（白色、深色、稻草色）、濃度（輕盈、飽滿、烈性、順口）、氣味（香氣、帶蜂蜜香）、年分（陳釀、新釀）。比如，「不含酒精」的葡萄酒被認為會造成脾、肝發炎，且在腸道造成傷害。不同季節好發病痛不一，醫師對各病的處方則是稀釋程度不等的葡萄酒，甚至也有禁止飲用葡萄酒（大驚！）。冬季飲葡萄酒兑水宜少，夏季兑水則需多。

希波克拉底作者群之一寫道：「烈的白葡萄酒，其主要的好處為……相對其他酒，較易排至膀胱，又有利尿、通便之效，利於許多急性疾病。雖然它在其他方面不若甜的葡萄酒合用，但只要分量得宜，有清潔膀胱之功，確實有益。這些重點是葡萄酒的益處與害處，值得銘記；此前先人對此一無所知。」

葡萄酒一如更早出現的啤酒，也被作為藥草溶媒（溶劑）使用。醫師依照指示治療破傷風時，將「苦艾、月桂葉、莨菪籽（benbane seed）等研磨後加上乳香，浸泡在白葡萄酒中，倒入新鍋，加入與酒等量的油，加熱後，趁溫熱將液體擦在患者身上、頭上……，也給他喝大量的高甜度白葡萄酒」。

希波克拉底作者群之一，在《婦疾》（*Diseases of Women*）裡針對產後腹瀉的處方箋是液態乳酪與餅乾拼盤。「取一黑葡萄、甜番石榴的內裡，碾碎後混入深色葡萄酒，刮一些山羊乳酪加入，再撒上一些烤過的小麥所做成的麵粉，混合均勻後，飲用。」

葡萄酒也可以外用——清潔患處、骨折、創口。《液體用途與疾病傷處》（*Use of Liquids, Affections, Wounds*）以及其他著作中，花了不少篇幅談論葡萄酒外用的方法，不過，「頭顱中的損傷不可沾染任何濕氣，連葡萄酒也不可。」將麵粉調水或葡萄酒後揉成團，可作為敷料使用；另一道藥方是用西洋菜（watercress）、亞麻、葡萄酒來幫助傷口邊緣重新接合。葡萄酒加上蜂蜜也被當作眼藥膏，而以「芬芳深色葡萄酒」來煮蛋，再塗抹於肛門處，則可治療直腸發炎。

古希臘人會使用蜂蜜或無花果來增加葡萄酒甜度，也會以苦艾、百里香、樹脂來增加風味。最初松脂的用途很可能是密封瓶口（雙耳細頸瓶），不過松脂在酒中也有防腐功效，被稱為「古代的二氧化硫」。

公元一世紀的羅馬學者科魯邁拉（**Columella**）清楚表示：「照此法，我們須備妥松脂，打算立即保存葡萄酒的話，當酒二度停止發酵後，必須在四十八賽塔里（**sextarii**，古羅馬度量衡）的葡萄汁中，放入二希亞提（**cyathi**，古羅馬度量衡）前述松脂。」

加入松脂的葡萄酒，到了今天以希臘松香酒（**retsina**）的形式存於世間。除了松樹樹脂，其他入酒的樹脂還有乳香（也作為焚香使用，並用於治療多種病痛，如毒芹的解毒劑）、沒藥（作為芬芳劑，但也可用於消毒劑、止痛藥、消除脹氣）。當今利口酒之一，乳香酒（**mastiha**），就是以乳香膠樹的樹脂命名，用來治胃痛、胃病，以及其他消化問題。

古希臘人以葡萄酒入藥，或直接作為藥物使用，不過大致上人們認為宜定量服用，而葡萄酒被視為是食物之一，如：「喝了不加稀釋的葡萄酒，可以驅除飢餓。」有時人們飲用調和葡萄酒來增加營養：某作家推薦瘦弱者服用「三種葡萄酒，一苦，一甜，一酸，調和後飲用」。

古希臘人尤其建議老人家應該喝葡萄酒，許多文化在酒飲上也有同樣的認知，直到接近現代為止。話說回來，古希臘的「老人家」跟今天相比，可是年輕許多。柏拉圖（約公元前四二八年—前三四八年）寫道：「人逾四十，在公共食堂大啖之後，得召喚其他神祇，尤其戴奧尼索斯，前來加入年老男性的神聖儀式，與其同歡——那歡樂之物使人的重荷變得輕盈，而神早已賜下，乃葡萄酒是也，易怒老年的良藥，吾等得藉此重溫青春，忘卻煩憂絕苦。」

蓋倫醫師與人體四大體液說

希臘人的知識與文化得以廣傳於地中海與中東地區，馬其頓的亞歷山大大帝（公元前三五六年—前三二三年）可謂功不可沒，他征服了波斯帝國，數度侵襲印度地區，所到之處留下了許多城市，由他麾下的將軍統治，如埃及的亞力山卓。亞歷山大大帝死後，到公元前三〇年，羅馬征服埃及之間的這段時間，稱為希臘化時期。

蓋倫（一二九年—一九九年）在亞力山卓習醫，他曾擔任羅馬鬥劍士團的主治醫師，後來也旅居羅馬。他的著作中對葡萄酒多有著墨（進一步深入希波克拉底式的分類，也留下不少個別葡萄園的資訊），也有大量醫學書寫，其他主題更是無所不包。人們估計他的著作只有三分之一留存至今，但這些作品總計已高達兩百五十萬字。

蓋倫尊希波克拉底為醫學之父，他自己則以人體四大體液理論（詳見下文），創立了系統性的治療方法論，在日後將近兩千年的時間主宰了醫學實踐。這套理論早於蓋倫，不過因為他針對該主題寫下大量作品，以至於蓋倫派醫學成為人體四大體液說的同義詞。

醫學實踐方法日漸講究邏輯，某位歷史學家對此曾在一九一〇年寫道：「希波克拉底的治療之道，轉化成蓋倫的治療科學。」這聽起來頗有兩把刷子，但所謂的「科學」基礎，其實是古人對人體解剖學的誤解，造成後來動不動就放血、灌腸的治療方式。

蓋倫的著作歷代有不同的醫師討論，不斷有新的詮釋，不過這裡為讀者提供人體四大體液學說的簡化版：亞里斯多德認為宇宙萬物都是四大元素組成，唯比例與含量各異，四大元素分別為風、火、土、水，此外另有第五種元素，也就是以太，也可稱為「初始物質」，日後在鍊金術頗為重要，我們在後面也會談到。四大元素對應人體中的四種液體：血液、黃膽汁、黑膽汁、黏液。各元素對應的體液為：風—血液、火—黃膽汁、土—黑膽汁、水—黏液。

此外，人類、植物、礦物、疾病，幾乎世上萬物，都有四種狀態：冷、熱、乾、濕，多數事物會同時展現其中兩種狀態，搭配組合：冷熱擇一、乾濕擇一。舉例而言，作為藥用的香料屬乾熱性質。而人體四大體液，個別具備兩種狀態——血液是濕熱，黃膽汁是乾熱，黑膽汁是乾冷，黏液是濕冷。

人的性格、某些體質也被看作是四大體液部分過盛：樂觀活潑（血液過盛）、暴躁易怒（黃膽汁）、鬱結憂悶（黑膽汁）、冷淡麻木（黏液）。當時的人認為，體液會依照節氣、年齡（從出生到衰老）、性別而集中在特定器官，甚至連一天的時辰都有影響。診斷、治療病人的時候，醫師可能會將病患的脾性，以及上述其他因素，一併納入考量後，才會擬定藥方或建議手術。這套方法條理分明，甚至可以讓醫師在沒有親眼看到病人的情況下，也能做出處置。哎呀，現在是八月，而你是正在發燒的男性？來，拿血蛭去放血。

治療需要重新平衡體內的四大體液，醫師可以針對貧弱的體液做增強處理，也能選擇降低過盛的體液。遇到屬黃疸質的病患，增強處理的手段可以是建議病人補充屬黏液質的食物，如小黃瓜、小牛肉；反言之，屬黏液質的病人，則可以補充屬黃膽質的食物，如薄荷、大蒜。減少體液來達到平衡的作法有放血、通便灌腸、催吐、祛痰（促進咳嗽以排痰）、排汗（促進出汗）、外用敷料（吸出毒素），加上其他能讓身體排出特定液體的手段。

蓋倫的醫學理論認為，疾病源自體液失衡，也就是說，各種疾病的治療方式大致上是互通的——人們要是相信頭痛與腹瀉皆來自同一種體液過多，兩者的處方箋就可能是同一種食物。換句話說，如果兩種不同的食物的屬性相同，病患食用哪一種都可以。

如果有人發燒（熱性），他們的處方可能是不加香料的水煮食物。此外，人們認為香料可以「烹煮」食物，讓食物更容易被消化吸收，而人們認為胃部的運作方式就像烤箱一樣。根據蓋倫醫學的觀點，乾熱性質的調味料如大蒜、芥末、巴西里、鼠尾草、韭蔥、葛縷子，及其他。薑、南薑較為特別，屬濕熱性香料。

醫師處方餐有針對個人的飲食計畫，也有開給群體的餐食，內容會依照他們的個性、年齡、性別及其他因素而定。這些處方餐，也可說是食療法，文獻至今尚存。以下摘文為蓋倫認為老年男性適合的食物：

老人攝取食物時，不可吃過多澱粉、乳酪、水煮蛋、蝸牛、洋蔥、豆子、豬肉，也不可多吃蛇或魚鷹，或任何肉質偏韌、不易消化的食物。由此來看，他們也不應食用甲殼動物、軟體動物、鮪魚或鯨類，或鹿肉、山羊肉、牛肉。這些食物對其他人來說也沒有益處，不過對年輕人而言，羊肉不算壞，只是老年人這些都不應該吃，也該少吃羔羊的肉，因為這種食物潮濕、黏稠、有膠質，屬黏液質。

一頓飯或某種食物的屬性並非固定不變。希波克拉底作者群之一寫道：「煮熟、放涼多次之後，就可以除去屬性強烈的食物所蘊含的力量，濕性食物若要去除濕氣，可以炙燒烘烤，乾性食物則可以浸潤處理，鹽性食物可以浸泡、水煮，苦味明顯的可以混合甜味，澀味則混合多油的食物。」下次你阿嬤抱怨你在蛋上淋太多辣醬，把好好的蛋給毀了，你就跟她說，你只是在修正歐姆蛋體液失衡的狀態。

香料作為藥材

幾乎所有的香料（可能全部都是）在入菜之前，都被古人當作是藥材，至少可以說香料被當作是食物裡的藥物。地中海地區的當地香料，或當地人熟知的香料，包含葛縷子、芫荽、孜然、杜松、番紅花，而從亞洲進口的香料則包含丁香、桂皮、肉桂、薑、肉豆蔻與肉豆蔻皮、胡椒。下文中提及的許多香料藥性，許多已獲現代科學證實，當然並非全部如此。

葛縷子在古早年代就用於治療消化類毛病、舒緩便祕、經期疼痛。傳統上會使用芫荽（芫荽葉）來治療糖尿病、泌尿道感染、皮膚問題、肝病及其他問題。古埃及人用孜然來幫助消化，後來也用於對抗心臟疾病、腫脹、嘔吐、長期發燒。番紅花能緩和胃部問題，可用於各種眼部、耳部病痛以及牙痛。羅馬人相信在葡萄酒中加入番紅花，可以避免宿醉。

亞洲香料具備「溫熱性質」，醫療用途不一。丁香舒緩胃痛、腹瀉、脹氣，另特別標榜能麻痺牙痛。桂皮、肉桂皆用於刺激循環系統，對抗著涼、發燒、咳嗽，這解釋了為何今天的冬季酒飲中會有它們。肉桂也用來對抗反胃，不過薑在這方面是首選藥材。此外，薑還有催情功效，也是對抗風寒、黏性問題的興奮劑，通常用於舒緩燒燙傷、促進身體復原，人們也相信可以用於關節炎消炎。

肉豆蔻皮、肉豆蔻有益於消化與神經系統，能對抗牙疼、咳嗽。黑胡椒能促進排尿，治療發燒時的顫抖，還能治蟲蛇咬傷，並能催生死胎。以上諸多效果，杜松也有（而杜松也用於墮胎）。第五世紀時《古敘利亞醫藥之書》（*Syriac Book of Medicines*）更推薦使用胡椒治療耳部疼痛、牙疼、肺部疾病、胸痛、便祕、腹瀉、疝氣及其他，人們認為胡椒藥效好，有益於全身系統。

這些古時當作藥來喝的香料，在漫長的歲月中演變成利口酒與調酒用苦精。使用亞洲香料的利口酒有班尼迪克丁（Bénédictine）、調酒用的安格仕苦精（Angostura）。葛縷子、芫荽是普遍會加在琴酒中的植物，一些品牌的香草組合則包含孜然、番紅花。其他使用番紅花的利口酒如女巫利口酒（Strega）、芙內布蘭卡草本酒（Fernet-Branca），另外班尼迪克丁、黃色夏特勒茲香甜酒（Chartreuse）也可能用上了番紅花。

這些增添風味的藥性香草植物，除了用來治療特定病痛，當代科學也發現它們具有抗菌功效。近來有研究顯示，當代藥物可以考慮使用孜然、芫荽、大蒜、薑、芥末、薑黃、黑胡椒、肉桂、丁香、肉豆蔻、八角。而歐白芷、葛縷子、杜松、迷迭香、鼠尾草、苦艾也都證實能阻礙病菌滋生。這些香草、香料加在啤酒、葡萄酒、食物之中，其抗菌功效可延遲腐敗。

不過，以蓋倫醫學的觀點來看，乾熱性香料可以平衡濕寒性的肉類。乾熱性的鹽可以用於防止肉類、魚類、水果腐敗，由於鹽能平衡其寒性，所以能保護食物不腐敗。香料是食物的良藥。

羅馬學者老普林尼（Pliny the Elder，二三年—七九年）的《自然史》（*Natural History*）是很重要的參照文獻，這是一本百科全書，他在書中引述希臘人所累積的智慧，如亞里斯多德等，另描述天文學、地貌變遷、動物學、農業、礦物質與醫學。對本書而言，最重要的是提及植物學與醫學的部分。他以內服與外用論葡萄酒：「葡萄酒有個特性，喝下可使體內部位升溫，淋在身上則可以降溫。」他似乎常被詢問相關話題，讓他頗為不耐而言道：「很難說葡萄酒到底對人是好是壞，世上沒有比這更難處理、細節更多的題目了。」這道理至今依舊。

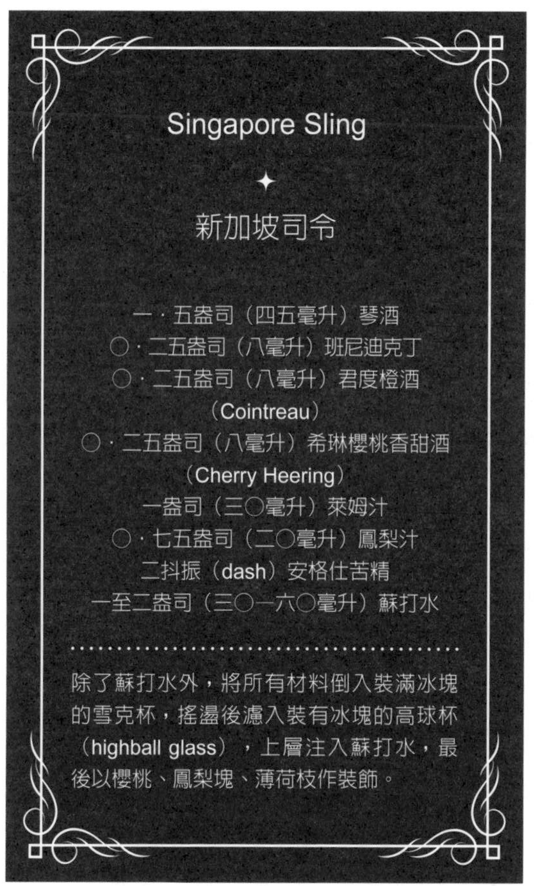

特黎亞克萬靈藥與米特拉達提斯解毒劑

老普林尼寫道：「世上有藥名為特黎亞克萬靈藥（theriac），配方繁複，材料不可勝數。而大自然已賜予我們許多良方，任取其一而用，都應綽綽有餘。米特拉達提斯解毒劑（Mithridatic）由五十四種材料組成，沒有一種材料分量與其他相等，有些材料的分量是六十分之一的第納里烏斯幣（denarius，古羅馬法定銀幣，作為度量衡使用）。以真理之名，諸神之中究竟是誰訂下如此荒謬的配比？人類之中沒有哪個腦袋會這麼靈活。這擺明是裝模作樣的手藝展示，科學的漫天胡扯。」

老普林尼對特黎亞克萬靈藥、米特拉達提斯解毒劑的態度堅定不移，不過這兩種藥品在人類社會中使用歷史悠長。

根據傳說，在今日土耳其地區稱王的米特拉達提斯四世（King Mithridates VI，公元前一二〇年－前六三年）每天服用某種預防性的藥品，該藥是由所有已知的解毒劑所組成。在他面臨政變的前夕，米特拉達提斯企圖自盡，只可惜所有的毒藥都起不了作用，他最後得用劍來自我了斷。他所服用的那種萬用解毒劑，據說有配方流傳下來，人稱為米特拉達提斯解毒劑（mithridatium 或 mithridate）。

這藥方傳入了羅馬，蓋倫與多位醫師都試圖改良配方，在原本的成分中加入更多藥材。特黎亞克萬靈藥也是類似的萬用解毒劑，但另外含有鴉片，還有毒蛇之肉，後者是為了取代米特拉達提斯藥中的四腳蛇成分。（以前的人們相信毒蛇本身帶有解毒劑，可解自身蛇毒，所以人們長年以蛇的各部位製作藥方。）人們把這些材料全部搗碎，加入蜂蜜後做成漿糊狀。服藥時溶入葡萄酒中，連酒一起喝，或者也可直接外用，抹在傷口上。這類解毒劑的製作過程有時超過月餘，而且建議至少陳放十二年，藥效才能發揮到極致。

從羅馬時期直到十九世紀之間，這類藥品屬於常見藥物。四大體液理論大多用來治療疾病，而不是蛇咬刀傷，不過特黎亞克萬靈藥、米特拉達提斯解毒劑的療效廣傳四方，人們對這兩種藥的認知逐漸從抗毒藥方，演變成神奇萬靈丹。任何病痛都可以使用這兩種藥，氣喘、瘧疾、水腫，甚至十七世紀英格蘭爆發鼠疫時，當時也拿來治療病人的淋巴腺腫，外敷內服，雙管齊下。

這些半凝固的黏稠古早藥品，就是我們今天喝的草本利口酒前身。特黎亞克萬靈藥、米特拉達提斯解毒劑中的成分，很多都出現在配方繁複的利口酒之中，如德國野格利口酒（Jägermeister）、夏特勒茲香甜酒。公元前八〇年左右，希臘醫師佐庇拉斯（Zopyrus）製作了一道米特拉達提斯解毒劑，材料含脂香菊（costmary，也稱艾菊）、乳香、白胡椒、肉桂、桂皮、番紅花、沒藥及其他。公元一世紀留下來的米特拉達提斯解毒劑配方還加上了金合歡（acacia）、菖蒲（sweet flag）、鳶尾（iris）、小豆蔻、大茴香、龍膽、巴西里、大黃、薑。這些基本上就是解構之後的內格羅尼雞尾酒。

蓋倫的年代，米特拉達提斯有四十一種成分，特黎亞克萬靈藥則有五十五種，但後世醫生們越加越多種（野格宣稱自己的配方包含五十六種植物，夏特勒茲則有一百三十種）。成分對消費者來說越稀有、越有異國情調，配藥商人就能開出越高的價格（中世紀時，複方藥草師是與醫師互不相涉的行業）。十六世紀的某萬靈丹包含兩百五十種成分，這時的內容物已有珍珠、紅珊瑚、綠寶石，還把特黎亞克萬靈藥、米特拉達提斯解毒劑也當作材料加進去。十七世紀的某個特黎亞克萬靈藥配方，幾乎沿用了上述所有材料，再添加洋甘草、苦薄荷（horehound）、月桂、玫瑰、薰衣草、杜松、丁香。這些加在一起，開始聽起來有點美味了，不過快樂的時光總是特別短，該年代最流行的成分也包含木乃伊屍粉。通通攪和在一起。

為了讓大眾對這類藥品有信心，配藥商人會將藥品裝瓶，瓶上有品牌商標，甚至也有裝飾華麗的藥瓶。藥商協會組織會在隆重的公共典禮上大量分裝萬靈藥，一方面為商品打廣告，另一方面凸顯製藥過程透明，禁得起檢視——畢竟這些藥品最後看起來就像是一團黏糊糊的東西，乾掉就變成碎屑，顧客若想分辨商品真偽，可不容易。大庭廣眾之下的分裝典禮在義大利地區十分流行，而「威尼斯糖蜜」變成了知名萬靈藥「品牌」，就像是那個年代的舒潔一樣。

大眾對無牌的萬靈藥抱持懷疑態度，有其道理。配藥商人的名聲叫人不大放心，有時他們賣的萬靈藥，實際上是把店裡過期腐壞的剩料全部摻在一起罷了。人們對藥行的認知是詐騙頻仍、能力不足，為減輕大眾疑慮，同一行政地區的配藥商人工會會推出正式認可的配方藥品，並聘用稽查員來確保藥師遵守規範。收錄正式規範藥品配置法的書，被稱為「藥典」，據信史上第一本藥典來自一四九八年的佛羅倫斯。第一版《倫敦藥典》（*London Pharmacopoeia*）則出版於一六一八年。

十八世紀中期，萬靈藥還沒有退出江湖，但也不久於世了。英國醫師威廉．赫伯登（William Heberden，一七一〇年－一八〇一年）鑽研萬靈藥的歷史後，在一七四五年發表文章〈反特黎亞克〉（Antitheriaka），該文頗有影響力，他稱：「這一大堆的藥，根本是思慮不周、顯擺招搖、荒唐放肆。」不是因為成分無效，而是因為材料不必要地繁複，可能會在互相作用下，引起負面的反應。他呼籲將特黎亞克、米特拉達提斯從藥典中移除，一七四六年之後的確如此，不過這兩種藥在其他國家的官方藥典中持續存在，直到十九世紀晚期。

特黎亞克、米特拉達提斯留下來的

文化遺產還在，歐洲所謂有藥性的草本靈藥可追溯至十七世紀，十八、十九世紀歐洲、美洲招搖撞騙的「醫師」兜售的萬用百寶「專利藥物」都可以看到這兩種藥的蹤影。號稱萬用藥品的其中少部分，成為現在我們調酒所用的「苦精」，也就是初代雞尾酒的必要材料。

健力士啤酒有益健康

幾個世紀以來，會喝啤酒的地方認為啤酒老少咸宜、男女不拘，白天夜晚都適合飲用這種健康飲料。在衛生條件進步前，啤酒是比水安全的替代品，即使衛生環境改善之後，人們依舊認為啤酒營養豐富，所以特別適合身體有某些狀況的人喝。

健力士（Guinness）創立於一七五九年，是愛爾蘭知名的司陶特黑啤酒（Stout）品牌，不過這家公司要到後來才會在全國性報紙上刊登第一則品牌廣告，也就是一九二九年，那廣告是這麼說的：「這是健力士有史以來首度在全國性報紙上刊登的廣告。」內文則描述了品牌一百五十年的歷史，並附上一些美譽，摘文如下：

健力士啤酒打造強壯肌肉，補足疲弱神經所需，提升血液濃度。眾醫師皆肯定健力士啤酒是流感後的重要補品，其他會造成虛弱的疾病也適用。面對失眠，健力士啤酒是天然的重要輔助。

富含營養價值

健力士啤酒是最有營養的飲品之一，比一杯牛奶含有更多碳水化合物。這就是為什麼人在疲勞倦怠時，很適合來一杯。

健力士啤酒
於你有益

其他廣告標語，還有「一天一杯健力士」、「健力士讓你身強體壯」之類。十九世紀末、二十世紀初，健力士推出了「營養大補帖司陶特」，也被稱為「體弱用司陶特」，這款啤酒是瓶內加工，也就是說，裝瓶後額外加入一點糖來進行碳酸作用：讓酵母在分解糖的過程中釋放二氧化碳。有不少他牌啤酒大概是受到健力士的啟發，也推出了超營養的體弱用司陶特。此外還有以相同的瓶內加工方式製造的燕麥司陶特、牛奶司陶特啤酒。二十世紀初，多倫多曾有一則廣告是「給媽媽的體弱用司陶特啤酒」，另一則廣告則描繪正在喝司陶特啤酒的老男人，文案表示：「讓你再度感覺像個男孩。」另外一則廣告則說：「喝過都覺得口感輕盈，健康又享受——就算腸胃虛弱的人也能安全享用。請指名體弱用司陶特啤酒，最適用你家情況的流質食物。」

手術後的病人、孕婦、剛分娩的女性，都會得到醫生開出（一般版）健力士處方箋，因為人們普遍認定健力士啤酒富含鐵質，能幫助補充血液。愛爾蘭向來有個傳統，凡捐血就送一品脫健力士啤酒，直到二〇〇九年這種作法才走入歷史。健力士母公司帝亞吉歐的代表曾在公司終止這項傳統後做出說明：「我們覺得，如今這種形式的餽贈與作風，已不再是最適合我們的情況。健力士早已不再宣傳產品具有醫療效果，我們希望能全面符合我們自主推動的行銷準則。」

今天，美國與其他國家都有頗為嚴格的行銷準則，不允許以健康、營養、有醫療功效等說詞來宣傳酒精飲品。甚至可說，連帶有趣味都不太行了。歐盟的電視廣告政策禁止將飲酒行為與強化體能、社交魅力或性魅力做連結，廣告「不得宣稱酒精有治療功效，也不得宣稱其為興奮劑、鎮定劑，或作為解決個人衝突的方法」。

第二章

第五元素
鍊金術與生命之水

> 在蒸餾後，從葡萄酒或酒糟中提煉出來的是「vin ardent」（烈酒），也稱為「eau-de-vie」（生命之水），是葡萄酒中最為細緻之處……由於這酒的本質叫人讚嘆不已，某些現代作家說這是黃金水。它能延長生命，這正是其之所以配稱為生命之水的原因。
>
> ——維拉諾瓦的阿納爾德（Arnald of Villanova）

酒精飲料的確可以非常好喝，不過稱之為「生命之水」，溢美之詞似乎流於浮誇了，不過，就事論事的話，蒸餾葡萄酒的字面意思曾經真的是這樣：人們認為生命之水是宇宙豐沛能量的實體展現，且帶有能治療人類疾病的能力。生命之水曾是藥物，是鍊金術中藉由蒸餾產生的結果。

蒸餾藉著沸點不同來分離物質。最陽春的蒸餾器的模樣就像是有蓋的鍋子，在蓋子上塞進一枝吸管，吸管延伸到鍋子側邊。

將葡萄酒或啤酒放入鍋中，加熱到幾近沸騰時，維持這個溫度，並採集吸管中冒出的蒸氣。因為啤酒或葡萄酒中的乙醇沸點較低，比水更早沸騰，所以這時產生的蒸氣大多是酒。將此蒸氣冷卻後還原至液態（讓吸管通過冰塊盆或冷水），得到結果大部分是液態酒。鍋中剩下的東西則是沸點較高的東西——水與固態物質。

這是將葡萄酒或啤酒中的酒從水中分離的方法，不過蒸餾法也可以用於分離其他物質。亞里斯多德（公元前三八四年—前三二二年）在作品《天象論》（*Meteorology*，又譯《氣象匯論》）中提過，公元前三〇〇年左右，曾有水手蒸餾海水以取得淡水：「鹽水變成蒸氣時會變甜，而這蒸氣在冷凝後不會再變回鹽水。這是我藉由實驗得知的。同樣的道理在這類事情都適用：葡萄酒及各類在蒸發冷凝後會回到液體狀態的東西，都能變成水。這些東西都是被某種混合物調整過的水，而混合物的本質則決定了各種水的風味。不過，這個主題必須等到更合適的時候再來討論。」

後來歷史上有許多與酒無關的蒸餾物，都被稱為水、露——玫瑰露、艾草露，諸如此類。將浸泡過玫瑰的水放進蒸餾器裡，會得到玫瑰香氣的水，玫瑰花瓣則可捨棄。蒸餾香露比蒸餾葡萄酒或啤酒容易，因為香露只需要分離液體（水）與固體（玫瑰花瓣），但蒸餾葡萄酒或啤酒則是要分離兩種液體，水與酒精。蒸餾葡萄酒需要更細膩的操作，也需要明白蒸餾器裡面究竟發生了什麼事。

技術差異加上蒸餾器材的改良，就是為什麼人類擁有蒸餾技術之後，又過了超過一千年之久，才搞懂蒸餾技術也能把葡萄酒變成生命之水。這都要歸功於鍊金術。

鍊金術理論與實作

早在亞歷山大設立亞歷山卓城之前（早於公元前三〇〇年），埃及冶金匠就會製作金銀合金，叫做「覆鍍」（doubling），還有「鍍金」。覆鍍是指使用次等金屬來稀釋目標金屬，這麼做可以讓黃金的分量看似增加，就像拿二十四度純金加入十度的金，降低了純度。如此操作可以製造出「更多」的黃金與貴重金屬，不過這時人們認為這是務實的技術，並不是什麼魔法。

歷史學家認為西方鍊金術可追溯自公元後一〇〇年—三〇〇年的埃及，這時的埃及是隸屬羅馬的行省，得以保存至今的文獻描述了不少當時鍊金術會操作的實驗室基本功，如熔合、鍛燒、溶解、腐蝕、過濾、結晶、昇華，還有對本書而言最重要的；蒸餾。這些都是基本的實驗操作或技巧，高中理化課都會示範（很可能不包括蒸餾），進行這些操作會用到去水作用、再水合作用、過濾、沸騰。

公元三〇〇年左右，帕諾波里斯的索西穆斯（Zosimos of Panopolis）以希臘文記載了這些埃及人所使用的鍊金法，透過他的著作，我們得知猶太女子瑪利亞（Maria the Jewess）曾生活於約二〇〇年前後，不過她也可能只是假託手法創造出來的文學角色。話說，瑪莉亞是老師，她發明了某種儀器能進行昇華作用（kerotakis）與蒸餾作用（tribikos）。人們說她發明的蒸餾儀器附三個收集瓶。

不過，烹飪界中的瑪利亞，所發明的是水浴瑪利槽（bain-marie，隔水加熱器具），以溫和的方式為食物加溫。話說回來，在瑪利亞之前，蒸餾器並沒有本章開頭所描述的蓋子，也沒有吸管，大多可能是在鍋上倒扣一只大碗，或者在鍋上鋪一張撐開的羊毛。鍋中的液體煮沸之後，再將碗中的蒸氣倒出，或者擰乾羊毛，藉此來收集冷凝液體。這麼做雖然效率不高，還是能達成目的。

我們今天認定的蒸餾器或古蒸餾壺，分為三部分：底部是個壺或鍋，上面蓋著洋蔥狀的圓蓋，從蓋上接出管子，一路延伸到收集瓶裡。後代改良的蒸餾器，會用水來冷卻出口管，再之後的改良版本將連接管盤繞在冷水盆中——也就是現代的冷凝器。總之，蒸餾壺只是操作鍊金術的一種儀器罷了。

提到鍊金術，最常聯想到的是將賤金屬變成黃金，但質變術的概念在整個鍊金術思想體系中，只是其中一個物理性的實作方法而已。鍊金術追求的目標是：淨化物質，使其臻至完善。比如，讓鉛變得完美，將之轉化成黃金；將人類變得完美，治癒其疾病。鍊金術的目標是使萬物按其本性變得完美，不過大抵被世人遺忘了。

為了讓物質臻近完美，鍊金術師必須藉由昇華、蒸餾等諸多化學作用，將純與不純的東西分開，一次又一次，直到想要的物質獨立分離出來。實際用在金屬上，可能要做的是加熱充滿礦物質的石塊，直到萃取出其中的金屬。用在植物上，可能要做的是將其中的精油從整株植物中分離出來。

古希臘人認為黃金是超凡的完美金屬，同樣觀點在其他文化也不少見。黃金不會生鏽，也不會失去光澤，吃下去沒有毒性，延展性高而容易加工，顏色又跟強大的太陽一樣。以前人們相信，黃金是地底下從較低階的金屬生長而來的，在溫熱的土壤中孵化成黃金，就像鳥巢中的蛋。黃金會演化，從上一種金屬的型態變成下一種金屬，直到變成銀，再來就是最後的完美狀態，也就是黃金。

鍊金術士因此認為，想要用賤金屬製造黃金的話，他們只需要搞清楚如何讓這種在地底發生的自然作用加速進行就可以了。想要將一種物質轉化成另一種，或許達成目標的方式是把它分解成最單純的小單位，再進行重組，好比將樂高積木堆成的海盜船拆開，再重新組成消防車的形狀。

可以縮減某物的體積、將之重組，是來自亞里斯多德的形式（form）與質料（matter）理論——宇宙中只有一種終極的質料，而它擁有多種不同形式。銅與金是同一種質料的不同形式，石頭與石造的房子也是一樣的道理。鍊金術師要將金屬分解成初階的質料的話，可以加入有腐蝕效果的酸，比如醋或尿，再將受腐蝕的金屬（可能放進蒸餾器裡）加熱，以模仿溫暖的地底，這些是將質料轉化成金的中間過程。

不管加入多少尿液，這麼做顯然沒辦法帶來多少質變效益，而人們對此問題提出的解釋是，這其中缺少了某個環節：來點宇宙的靈氣（spirit）替質料「指明方向」，質料才知道自己該變成什麼形式。宇宙的靈氣就像是樂高積木的組裝指南，質料化成某個形式所需的藍圖，它是宇宙「能產生作用的本質」，萬物之中皆蘊含的能量，人稱「第五元素」（在水、土、風、火之外），也被稱為精髓、精華。

後世的鍊金術師將第五元素的實體形式稱為「賢者之石」，此物乃是神話般的存在（一般認為這並不是真的石頭，而是種紅色粉末），在低階物質中加入賢者之石，物質可以轉化成完美的形式，若將一丁點黃金加上賢者之石，則可以造出更多黃金。用化學術語來形容，賢者之石是催化劑，能加速反應作用。

所以，鍊金術師想要製造出源源不絕的黃金或藥品的話，就得製作出賢者之石（理論上啦），而人們認為透過一大堆的複雜鍊金操作，有天就能達成目標。一七二五年有份文件含有製造賢者之石的步驟說明，明確要求：

> 以鹽、一般沙拉醋來清洗水銀，以硫酸鹽、硝酸鉀使之昇華，以強水（aquafortis，硝酸水）溶解之，再昇華一次，將其燒成灰（calcine）並固著化，取一部分放入沙拉油，蒸餾此液體以分離其中的靈之水、風、火，以靈水固著水銀體，或者蒸餾液態水銀以得到其靈氣，使一切腐爛，再使其膨脹並以無味白硫——也就是鹵砂（sal-ammoniac）——升鍊靈氣，以液態水銀之靈氣將鹵砂溶解，而蒸餾之後所得的液體正是「智者之醋」（Vinegar of the Sages），使其三次流經黃金至銻，隨後加熱濃縮，最後，將此溫熱的黃金浸泡於強醋中，任其腐爛。此物將膨脹至醋的表面，形式為如火的土，顏色為東方珍珠。以上為整體浩大工程中的起手式。

如果鍊金術師在操作時稍有差池，所得出的賢者之石就沒有功效。容我爆雷一下

結局：從來沒有人成功將第五元素單獨提煉成賢者之石的形式，不過你正在啜飲的杯中之物，倒有可能是加了冰塊、能產生作用的宇宙本質。

中國與印度的鍊金術

公元前一二二年前後，中國煉丹士劉安所留下的著作中，有段大意如此：「黃金生於地底，過程緩慢，按宇宙之非物質法則幻化而成，自一物化作另一物，至銀為止，後從銀化金。」

上述言論跟希臘人相似的程度，叫人吃驚，不過我們並不清楚中國與希臘的鍊金術是否源自對方或系出同源。目前史學家暫且將兩者看作並行文化。

穿著金飾、以金製器皿吃喝，甚至直接食用黃金，在當時的人看來都是藉此吸取黃金所蘊含的特性——永恆的完美狀態。中國的煉丹士對於鍊金的興趣不亞於西方的同行，不過目的不同：煉丹製藥是為了延年益壽，甚至長生不死。

公元二世紀的《周易參同契》（英文版引自麥斯威爾・史都華〔P. G. Maxwell-Stuart〕於《化學唱詩隊》〔*The Chemical Choir*〕所用之譯文）寫道：

> 巨勝尚延年，還丹可入口。
> 金性不敗朽，故為萬物寶。
> 術士伏食之，壽命得長久。

鍊金或其他材料可得此仙丹（藉由煉丹工具製成藥）。仙丹是用來轉化的工具，就像賢者之石，只不過被看作是藥方。其他延壽仙丹的材料有水銀、硫磺、砷——都是西方鍊金術常用材料。不過煉丹成果沒能讓中國皇帝長生不死，反倒是有不少皇帝疑似食用仙丹後中毒而死。

千百年來，印度與中國之間不斷有交流，也與希臘人有來往，因為亞歷山大大帝曾於公元前三二五年時侵略印度，不過我們也不清楚印度的鍊金術是源於本地還是引自外地。印度人不那麼在乎長生不死，不過也一樣致力於使金屬產生質變、鍊造植物或金屬的仙丹，也渴望能延年益壽。印度鍊金術特別鑽研水銀、礦物質靈藥，希望能藉此得到特異功能，比如飛翔或推倒房舍。

近來的考古證據顯示，中國、印度蒸餾製酒的時間早於西方，西方要到公元一千年後，才出現較為顯著的蒸餾製酒。史學家相信中國與印度的蒸餾酒材料可能有稻米、棕櫚樹汁、蔗糖，可上溯至公元前一五〇年至公元後三五〇年，印度的時間甚至可能往前推。現代巴基斯坦地區發現的陶器碎片，可重組成蒸餾壺，且與鄉村地區近年來使用的蒸餾壺頗為相似。此外，文獻中所稱「象頭」一詞，也與印式蒸餾壺形狀約略相似。至於中國，在九世紀的文獻中提到的酒，似乎暗示是透過蒸餾而得。不過，東方的蒸餾法是否來自鍊金煉丹之術，今天尚未確定。

伊斯蘭黃金年代

回到西方，希臘羅馬人的鍊金術在伊斯蘭統治之下，依舊持續發展。西羅馬帝國四七六年瓦解之後，到大約一一〇〇年左右歐洲進入中世紀中期之前，鍊金術重鎮東移。伊斯蘭黃金年代（七五〇年—一二五八年）長達五百年，當今伊朗境內的巴格達建立後不久，即拉開時代序幕，直到該城市被蒙兀兒人摧毀才畫下終點。

阿拉伯諸統治者因伊斯蘭教而團結（穆罕默德於六三二年逝世），控制的疆域包含埃及、敘利亞、波斯（伊朗）、部分北非與西班牙南部。

黃金年代的特色是巴格達的智慧宮（House of Wisdom），知識菁英在此集結，受阿拔斯王朝（Abbasid）哈里發所統轄，旨在將世上典籍翻譯成阿拉伯文，包含西方的希臘、羅馬經典，以及東方的波斯、中國、印度經典。

黃金年代終結後，伊斯蘭帝國邊陲地區再度將這些典籍從阿拉伯文翻成拉丁文，因此伊斯蘭黃金年代又被稱為接軌古代希臘羅馬與歐洲中古世紀晚期的「智識之橋」，但是這種說法忽略了阿拉伯人在其中的貢獻，如代數學、計算法、幾何學、三角學，以及天文學，如精確度高的星圖，再來還有機動學，如水力驅動鐘、噴水池、機器人，以及農業實務，如輪耕、嫁接、施肥、病蟲害管理，此外還有光學與視力、礦物學、藥理學等。

學者阿爾・金迪（al-Kindi，八〇一年—八七三年）識破鍊金術的伎倆，認為那是斂財騙局，不過他也運用了蒸餾技術，他的作品《香水與蒸餾法的鍊金術》（*The Alchemy of Perfume and Distillation*）中收錄了超過一百道香水配方，芬芳性原料如迷迭香、玫瑰大多使用水來進行蒸餾，不過有時也採用醋。其中某項操作說明包含：「依此法，我們可以使用水缸蒸餾葡萄酒，所得之物的顏色一如玫瑰露。」

阿爾・金迪很可能在蒸餾器裡煮沸全部的葡萄酒，成品清澈、充滿材料植物的香氣。

如果金迪沒有區隔出最先出現的蒸餾液（大多為酒）與後來出現的蒸餾液（大多

為水），那他所得的成果，酒精濃度不會太高。也就是說，雖然他的確蒸餾了葡萄酒，卻沒有跡象顯明金迪或同時代的其他人留意到蒸餾成果有何特殊之處。（另有歷史學家相信，酒精飲品的蒸餾方法應歸功於此時代進行蒸餾的人。）當時的人居然會使用葡萄酒來進行蒸餾，讓人對伊斯蘭統治下的飲酒文化產生了疑問。至少在伊斯蘭黃金年代之初，遵守信仰的穆斯林會喝酒，且能公開討論飲酒。《可蘭經》禁止飲酒，不過古時對此曾有辯論，究竟是反對所有的酒類，或只是反對葡萄酒、棗椰酒，還是說，反對的是喝到爛醉的狀態，而不必然是禁止飲酒行為。

此時期最重要的阿拉伯詩人之一，艾布・努瓦斯（Abu Nuwas，七五六年—八一四年），他的作品中不只有過量飲酒，還有來自希臘傳統的調情，對象有男有女，還有男孩。他曾多次入獄，是《一千零一夜》中的角色之一（《一千零一夜》為合集，公元後八〇〇年後其他文獻才開始提及此書），努瓦斯也寫過關於葡萄酒的詩，如下（摘自亞歷克斯・羅威爾〔Alex Rowell〕的〈葡萄酒幽默〉〔Vintage Humour〕）：

我該唾棄它嗎？神自己也不曾這麼做，
而我們自己的哈里發崇敬以待？
至高的葡萄酒啊，燦爛明亮
可比那太陽火光

我等浮生或不識天堂
卻得品嚐天之奠酒。

這段時期的醫學主流依舊是希波克拉底與蓋倫的四大體液說，要是你還記得，希臘人的治療方法採用大量的葡萄酒，所以伊斯蘭黃金年代的醫師抱持謹慎的態度書寫葡萄酒在醫學上的角色。《一千零一夜》其中一角在描述葡萄酒時，認為它實用卻又罪惡：

它能排除來自腎的結石，又能增強內臟，讓人毋須照護，叫人寬容大度，常保健康，有助消化；它能保護身體、去除關節疾病、淨化腐敗的體液結構，叫人心情愉悅，使人心快活、保持自然的溫度：它可助膀胱收縮，強肝除阻，使面色紅潤，清除腦中蛆蟲，讓頭髮不再灰白。簡言之，若非真主（願尊貴榮耀歸於祂！）禁止，地表上沒有任何事物能取而代之。

換句話說，葡萄酒若沒有被禁止，會是多麼神奇有用。猶太醫師暨哲學家麥蒙尼德（Moses Maimonides，一一三五年－一二〇四年）在西班牙與埃及的伊斯蘭社群中生活，他也深有同感：「醫師之間都知道，有營養的好食物之中，最好的正是穆斯林宗教禁止的那一樣，也就是葡萄酒。」他確實建議在病患被瘋狗咬傷時，用葡萄酒作敷料，若是蜘蛛咬傷則加上蘆筍煮過，或者加入搗碎的綠寶石來煮，不過，他加了註腳：「如果葡萄酒於病患是禁忌之物，則應服用大茴香製成的藥汁。」

鍊金術師賈比爾・伊本・哈揚（**Jabir ibn Hayyan**，七二一年—八一五年）據傳為上百份文獻的作者，不過其中許多是他人託其名而作，且賈比爾很可能並不存在，而是科學運動的名目。賈比爾在蓋倫的血液、黃膽汁、黑膽汁、黏液四大體液概念外，加上金屬的自然特性（冷、熱、乾、濕），就像人要健康需要四大體液平衡，鍊金術師要鍊出完美金屬也需要平衡四種自然特性，而能做到這件事的「藥方」，被稱為「鍊金液」（**elixir**）。賈比爾跟中國煉丹士一樣，不為黃金之財鍊金，而為了其藥用之功。

伊斯蘭黃金年代有影響力的科學家還有艾爾・拉齊（**al-Razi**，八六四年—九二五年）、伊本・辛納（**Ibn Sina**）。拉齊是波斯醫師，出版作品為《疑蓋倫》（*Doubts about Galen*），書中透過自己的實務實驗批評當時引領風潮的醫學理論。他也有鍊金術著作《祕中之祕》（*The Book of the Secret of Secrets*）描述了實驗器材與蒸餾法，顯示他有實務經驗（不像賈比爾的鍊金術僅為理論之說），他也在醫學寫作中記錄了礦物為基礎的藥品。

伊本・辛納（後人將他的名字拉丁化，稱他為阿維森納〔**Avicenna**〕，九八〇年—一〇三七年）對後世影響深遠，他的作品持續有人出版，在歐洲也有許多醫學院研究，直到十八世紀為止。辛納研究精神疾病，在他之前，人們認定此病出於神的作為，因此無法治療。辛納也使用水蒸氣蒸餾法來製作芳療用的精油。

伊本・辛納《醫典》（*The Canon of Medicine*）複述希波克拉底與蓋倫的醫學理論，並加入新的觀點。他推薦蒸餾水，認為是最好的治療方法，能使人健康，也推廣葡萄酒，認為不但可以藥用，還富含營養：

> 葡萄酒促進食物滲入身體各處的最佳之選。葡萄酒能阻止黏液形成，又能分解之，能去除尿液中的黃膽汁，可輕易化除黑膽汁，且對抗其效果。葡萄酒可以在沒有反常的過度加溫下，鎮住各種濃稠物質。

他反對醉酒，不過他看見了酒作為麻醉劑的價值：「人需要進入深沉的酒醉，才好度過痛苦的器官治療。」他也建議使用葡萄酒作為催吐劑，加上我們頗能感同身受的建言：「若有人用了一丁點酒精飲料來催吐，卻沒有效，他應該多喝一點。」

伊本・辛納《醫典》中的部分配方也出現在十三世紀的敘利亞知名食譜書《香味與風味》（*Scents and Flavors*），飲品章節中有帶大量澱粉又經過發酵的湯品，可作吃食也可作飲料，不過大概不會讓人有醉意。有些食譜的材料包含發酵水果啤酒。

《香味與風味》收錄的其他飲料以水果為基底，加上香水或藥用材料，飲料諸食譜中，有一篇叫做〈反胃之療方〉，食材是檸檬、番石榴、酸葡萄汁，搭配玫瑰露、羅望子、葡萄醋、榲桲、薄荷、香料、沉香（agarwood，用作焚香的一種木頭）。

該食譜書的最後一章有部分專寫蒸餾物香水——這些蒸餾物都是以水為基底，而不是葡萄酒，包含玫瑰露、沉香露、檀香露（sandalwood）、香石竹露（carnation）、肉桂露，還有羅勒小黃瓜複方水。這些香露用來灑在食物上、手上、衣物上，也能用來製作口氣清新劑。

雖然伊斯蘭黃金年代的阿拉伯人看起來沒有花太多心思在蒸餾酒上，英文中的酒「alcohol」字根卻是來自阿拉伯語「kohl」——用於繪製眼線的硫化銻。「kohl」這個字加上前綴「al」就是「alcohol」，不過意思跟現代不一樣，最初是指這種眼線粉，後來意思轉為「經過磨碎或蒸餾或昇華而縮小的物質」。

根據賽斯・拉斯姆森（Seth Rasmussen）《追尋生命之水》（*The Quest for Aqua Vitae*）一書，十六世紀時，蒸餾過的葡萄酒被稱為「alcoolvini」，意思是「葡萄酒的酒」或「葡萄酒之精妙處」，後人省略「vini」，「alcohol」一字的意思則變成「液態烈酒之精妙」或「蒸餾過的烈酒」。

生命之水

公元一〇〇〇年後，伊斯蘭黃金年代日漸衰落，羅馬天主教會取代了羅馬帝國，成為歐洲具有主導權的組織型勢力。曾受阿拉伯穆斯林統治的義大利南部、西班牙南部地區，學者著手翻譯古老的希臘知識，從阿拉伯文譯成拉丁文（若有希臘原文，通常譯自原文）。基督教科學家閱讀鍊金術的文獻，將其中概念融入當時自身的宗教思想之中。

十三世紀初，基督教鍊金術師暨醫學書寫作者包含道明會的麥格納斯（Albert the Great，一二〇〇年—一二八〇年）、其門生托馬斯·阿奎納（Thomas Aquinas，一二二五年—一二七四年）、羅傑·培根（Franciscan Roger Bacon，一二二〇年—一二九二年）。十四世紀的作家則有加泰隆尼亞醫師維拉諾瓦的阿納爾德（約一二四〇年—一三一一年）、法國的盧佩西薩之約翰（Franciscan John of Rupescissa，約一三一〇年—一三六〇年）、博學家拉蒙·魯爾（Ramon Llull，約一二三二年—一三一五年），不過魯爾的著作許多是在他死後被歸在他名下，並不是由他所作。

隨著時間推移，鍊金術的信念也逐漸改變，學者建構出新概念來解釋第五元素的組成，也為醫藥用途的鍊金術打下根基。部分作家提出，鉛是墮落狀態的黃金，用賢者之石可以治好問題。以此類推，人也可以某種煉化藥物治癒。沙勒諾醫學院（Schola Medica Salernitana）是最早的西方醫學院，於公元第九或十世紀創立於義大利南方的沙勒諾（Salerno），與本篤會修道院及其圖書館關係緊密。該醫學院不若我們今天定義的大學，比較像是團體性的師徒學習中心。非洲君士坦丁（Constantine the African，約一〇二〇年－一〇八七年）在此與許多學者一同將記載了希臘醫學理論的阿拉伯文羊皮卷翻譯成拉丁文，具有成文記載的希臘知識也藉此傳入歐洲。

這座醫學院尤其在十三世紀時頗有名氣，他們改良外科手術實作方式，也產作出不少著作，如醫師的參考書，裡頭寫著對待病患的行為準則，以及來自十二世紀的醫師，沙勒諾的托塔（Trota of Salerno）的作品，後者與其他人共同編纂了女性醫療問題專著《特蘿杜娜》（*Trotula*）。《特蘿杜娜》收錄了不少採用（未經蒸餾的）藥草葡萄酒的藥方，書中也建議：「欲除去面色潮紅，可使用各色水蛭，其得於蘆葦叢中。需先以葡萄酒清洗水蛭依附處；水蛭一般放置於鼻、兩耳四周。」

婦女在醫界的職涯發展十分受限，不過女性會擔任助產士協助分娩，有時也會看到婦女擔任藥劑師、理髮師兼任外科醫師，但整體而言，專門的醫藥產業公會各自成形之後，都拒絕婦女加入公會，而公會又壟斷了治療病患所需的證照，所以女性無法從醫。

有些女性設法將自己治療「婦疾」的知識分享出去，或者親身傳授，或者寫成書。一如先例《特蘿杜娜》，一六〇九年助產士露易·布爾喬亞（Louise Bourgeois）以法語出版《不孕、流產、生育力、生產及女性與新生兒的疾病之諸觀察》（*Several Observations on Sterility, Miscarriage, Fertility, Childbirth and Illnesses of Women and*

Newborn Infants），成為生產醫療事務的權威著作。

不過先讓我們回頭談談沙勒諾，我們找到了將葡萄酒蒸餾成生命之水的醫師（終於！），成果品質獨特，讓他記下了幾筆。沙勒諾斯大人（Magister Salernus，可能於一一六七年逝世）如此形容過程：「在葫蘆裡放一磅葡萄酒（紅白皆可）、一磅磨成粉的鹽、四盎司天然的琉、四盎司酒石（來自葡萄酒的酒石，tartar）。採集蒸餾液。取布吸滿此液體，點燃之，布將燃燒而不受損。」

我們不清楚這回的技術突破是習自阿拉伯文獻，還是當地研究自行發現的。上述指示中，添加的鹽可以在蒸餾過程中留住酒中部分的水分，使其在壺中保持液態，利於酒精蒸氣轉化。不論當時是透過什麼方法找到這個小訣竅，那時還沒有效率高的蒸餾壺，人們也不明白酒精與水具有不同沸點，能找到這個妙法實屬不易。總之，蒸餾成果是清澄的液體，看起來像水，卻是來自葡萄酒，有水的模樣卻是可燃的。對當時的人而言，可是件大事。

這種液體被稱為「aqua ardens」（火水或燃燒水）、「aqua flamens」（燃焰水）。這個術語至今還可以在西班牙文看到，「aguardientes」意思是烈酒，尤其常用於拉丁美洲與南美洲。

隨著蒸餾技術進步，人們可以生產出酒精含量更高的蒸餾葡萄酒，尤其仰賴重複蒸餾所得的蒸餾液。酒精濃度提高後，蒸餾酒不再被稱為「燃燒水」，而被稱為「生

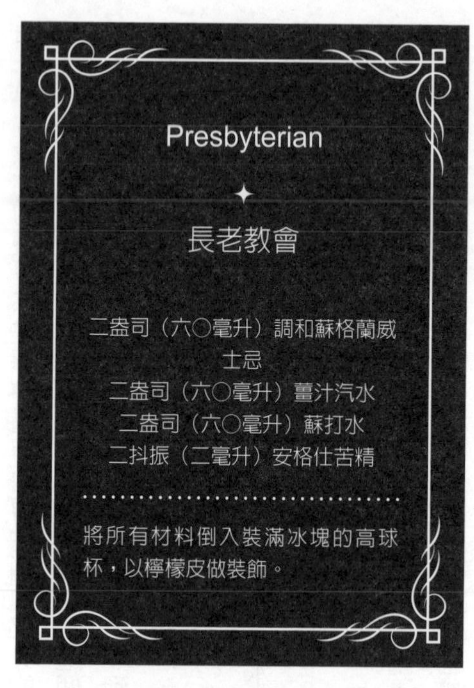

命之水」（aqua vitae）。

這一詞沿用至今，以不同形式存在於不同語言中：阿夸維特酒（aquavit）、法語中的酒直譯為生命之水（eau-de-vie）、威士忌（來自蘇格蘭蓋爾語uisgebeatha），可能還有伏特加（vodka，斯拉夫語直譯為「小水」）。

十三世紀描述蒸餾過程的文獻，留存至今還有其他，文中將酒視為飲用之物，特別是作為藥飲。約一二八〇年，義大利人塔迪歐・艾德羅第（Taddeo Alderotti，約一二一〇至二〇年—一二九五年）所著作品中提到使用蒸餾四次的葡萄酒作為藥物，並推薦用它來清洗傷口、治療牙疼、改善視力、治療耳聾、癲癇、憂鬱。他也改良蒸餾壺，還製作出蒸餾十次的葡萄酒（估計酒精度數至少有九〇％以上的純酒精），稱之為「完美的極致」（perfectissima）。

出生於西班牙的醫師暨鍊金術師，維拉諾瓦的阿納爾德（名字有多種拼法，常用的是Arnaud de Ville-Neuve）在世時是位名流醫生，病患包含多位教宗、國王，他寫下了許多小手冊，如《葡萄酒之書》（*Liber de Vinis*），成為以葡萄酒為基礎的藥學暢銷書，長達好幾個世紀。他曾任教於法國蒙佩利爾大學（University of Montpellier），也是早期重要醫學院之一。有些人認為是他把蒸餾壺從沙樂諾引進法國，也有人認為是他創造出螺旋狀的蒸餾壺冷凝器，不過許多歸功於他的事蹟或著作大多是死後才假託其名，可能並不是他的功勞。

阿納爾德可能曾經寫過蒸餾葡萄酒是「**aqua vini**」（葡萄酒之水），而也有人稱之為「黃金之水」或「生命之水」，他寫道：「此名再合適不過了，這真的是永生之水，它延長壽命、清除壞體液、使心臟復甦，讓人保持青春。」

阿納爾德明白蒸餾葡萄酒能讓人活力充沛之外，著作中也透露出他知道這是一種藥物，記錄酒可以用來清洗傷口。阿納爾德也評論了蒸餾酒有萃取的功效，可以「取走所有的風味、氣味，以及其他特性」，且萃取物可用在藥品中。他建議把薑、肉豆蔻皮放在葡萄酒中蒸餾，以治療四肢癱瘓，並可以讓女性「臉色白皙、秀緻且動人」。

當今的科學家已經證明，我們愛喝的酒精，又叫乙醇，是帶有極性端的化合物，能溶解親水性化合物，比如糖與鹽，這一點就跟水一樣。乙醇另有非極性端，能溶解疏水性化合物，如油與脂這類無法與水混合的物質。酒精幾乎是萬用溶劑，所以也常常被當作草藥類的溶液，以萃取植物中有效用的化合物，比如樹脂、精油。

乙醇這個特性，我們可以在苦艾酒的「霧化效果」（louche effect）上見識到，也就是苦艾酒加水之後會呈現混濁貌。酒瓶裡的苦艾酒是清澈的，裡面所含的艾草、大茴香油脂與乙醇分子連結在一起，但是加水之後，油脂會從溶劑中跑出來（產生「自發性乳化」），顏色轉為乳濁狀。有些琴酒油脂含量特別豐富，加水之後也會霧化。

蒸餾酒作為第五元素

鍊金術師的蒸餾壺裡的材料什麼都有，葡萄酒、牛奶、蛋、尿、血液、起司、頭髮、植物、動物、固體物質、液體物質，通通丟進蒸餾壺，目標除了「看會發生什麼事」之外，是想要萃取第五元素。法國的盧佩西薩之約翰《萬物中第五元素之研究》（*A Study of the Fifth Essence of Everything*，約一三五一年）書中說，若以蒸餾法從某物中萃取第五元素，並將此第五元素塗在新物質上，就可以將其鍊至完美境界。理論上，此法可用於金屬（鍊成金），也可用於藥品（煉出健康）。

有些古代學者認為，生命之水就是那第五元素，但經過實驗後人們發現，生命之水無法帶來宇宙的生命力，也無法生出無窮盡的黃金。那麼，生命之水可能是第五元素的某種形式，還不夠純粹，帶有部分塵世的特性。不過，古人認為蒸餾出靈魂的方法不止一種：由於第五元素是宇宙的能量，能指引一切質料的轉化形式，約翰認為任何東西都可以萃取出第五元素，材料不只有葡萄酒。所以，拿血液、雞蛋或牛奶來蒸餾，要是方法無誤、次數足夠的話，也可以從中取得第五元素。血液是生命的源頭，從中萃取而得的第五元素，理應是永恆青春的源頭。

阿納爾德可能也寫下了製作多種形式之血液的方法，其中之一是「蒸餾後的血之火」，給病危的病患服用。

此外，鍊金術師也可以抄捷徑，直接使用葡萄酒萃取出的第五元素，以其萃取植物中的第五元素。經過浸泡法製作的酒，味道與香氣就像是泡在酒中的肉桂、艾草或杜松，還會具備材料的藥性。盧佩西薩之約翰認為，生命之水還可以更上一層樓，若將熾熱的金箔放入生命之水中淬火，可以製作出「可飲用的黃金」，就像中國的仙藥。

歷史上，以完美藥品搭配完美金屬，是歷久彌新的概念——畢竟今天你還是買得到摻有黃金的利口酒。據說阿納爾德在一三〇〇年前後用含有黃金的酒，醫好了教皇。十六世紀初的帕拉塞爾蘇斯（Paracelsus，我們很快就會提到他）則推薦以黃金加強藥性烈酒。但澤金水利口酒（Danziger Goldwasser，意為波蘭但澤〔Gdansk〕地區的黃金水）品牌官方網站表示，此酒可上溯至一六〇六年，網站上沒有提到該酒最初是否用於醫療，不過按邏輯推論，這麼說並不為過。

瓶中有金箔漂浮的肉桂大茴香風味草本酒，發明者是荷蘭人安伯西恩・維穆崙

（Ambrosien Vermöllen，有一說認為他是鍊金術士），據說甫推出隨即受到皇室喜愛，如彼得大帝（Tsar Peter the Great，一六七二年—一七二五年），其他帶金箔的肉桂風味利口酒還有金施拉格（Goldschläger），還有波士公司（Bols）推出的利口酒「芭蕾女伶瓶」，收藏家的珍品，該酒瓶底座附帶一個音樂盒。

最古老的藥用利口酒有許多已融入當今的調酒世界，不過金箔強化版的酒也曾經是新鮮事。最有名的酒飲可能是黃金拖鞋（Golden Slipper），在許多早年酒譜中不斷出現，如哈利．強森（Harry Johnson）《改良新版調酒師手冊》（*New and Improved Bartender's Manual*，一八八二年）、《現代美國酒譜》（*Modern American Drinks*，一八九五年）、《薩伏伊雞尾酒譜》（*The Savoy Cocktail Book*，一九三〇年）。如果你想調一杯（真的要調的話，祝你好運），拿一只小型利口酒玻璃杯，倒入一盎司黃色夏特勒茲香甜酒，加入一顆蛋黃，再於表層浮上一層金水利口酒。請享用！

《蒸餾小冊》

一四四〇年左右，日耳曼的古騰堡發明了印刷術。在歷史與宗教書籍之外，首批大受歡迎的印刷書之中，有部分是跨領域的入門指南類資訊，有冶金學、醫學、染色法，還有其他技術類的主題。書籍設定的閱讀者是「鍊金術士、調酒師、調藥師、家管」，或是「或貧或富，或學識淵博，或未受教育」。布魯許威希（Hieronymus Brunschwig，約一四五〇年—一五一二年）在自己的書中表明該作是「為了居住地難尋藥品或醫師的平民而寫，也為了無力支付盎貴醫藥費的人而寫」。

布魯許威希是位外科醫師暨調藥師（他是首位以醫療角度描寫鎗傷的人），於十六世紀寫下《以簡單材料進行蒸餾的藝術》（*Liber de artedistillandi de simplicibus*），通常稱為《蒸餾小冊》（*Small Book of Distillation*），被認為是第一本專門談蒸餾法的印刷書籍。這本書討論的不是酒精飲料，而是特別為了蒸餾出「藥性之水」而寫，生命之水是諸多藥水之一。

布魯許威希受到盧佩西薩之約翰的蒸餾著作影響，也認為蒸餾不同事物是為了提煉出其中的第五元素，他筆下的蒸餾法，目的是「從粗糙之物中淨化細緻之物，從細緻之物中淨化粗糙之物……其旨在於將可腐朽之物化為不可腐朽之物……而那細緻靈氣得更加細緻，得以穿透、流經全身（並到達體內）最需要健康與安適之處」。

布魯許威希撰寫鍊金相關的資訊時，也附上實務性的資訊。該書部分探討如何打造蒸餾器，以及不同的蒸餾技術，其餘部分則收錄特定的蒸餾配方，萃取各種藥草與其藥性。書中也羅列出何種藥水得以治療何種疾病。布魯許威希並未在書中將各種蒸餾液稱作第五元素，而是看作含有所蒸餾植物之特性的液體——寒性、熱性、濕性、

乾性。這些特性則可由病人接收。蒸餾植物還可以將植物以液態方式保存。蒸餾法可以得到「脆弱卻無法摧毀之物」，將植物變成「有如仙物」的東西。

大多的藥品不是浸泡在葡萄酒、生命之水後再蒸餾，一如琴酒的製程，而是以水來蒸餾，就像伊斯蘭黃金年代的玫瑰露。不過，如果不是採用新鮮香草，而是要製作乾燥香料的蒸餾液，人們會先將香料浸泡在葡萄酒或生命之水中，讓酒精萃取其中的精油。

近年來，許多品牌推出「無酒精蒸餾烈酒」打入市場，如「Seedlip」，取代了琴酒等烈酒的位置，讓人們能製作出無酒精雞尾酒。這類酒款製造技術，許多就像布魯許威希書中的蒸餾液：先將植物浸泡在酒中，萃取其中含有風味的成分，再以水重新蒸餾。這麼做的目的是將酒精分離出來，好讓最終產品只剩下水。

《小冊》中最強效的藥物，可能是蒸餾葡萄酒本身。布魯許威希寫道：「生命之水常被稱為百藥夫人。它能舒緩受寒所得到的疾病，能平撫心臟，醫治頭痛，不論是老毛病或新問題。它能讓人氣色好，治療禿頭，讓人長出頭髮，殺死蝨蚤。它治療倦怠。睡前用棉花沾滿此液後擰乾，放入耳中過夜……則可抗耳聾。」此外，根據布魯許威希的說法，它還能紓解牙痛、增進消化、增加胃口、終止打嗝、緩解黃疸、痛風、水腫、胸部腫脹，同時也是食物中毒的解毒劑，還可以治療三日瘧與四日瘧疾，且可以治療瘋狗咬傷。

布魯許威希的書是「為了居住地難尋藥品或醫師的平民而寫」，後來有些含有蒸餾藥品配方的書，則是特意為了歐洲貴族夫人而作，因為她們是大戶人家的管理人。除了為家人與員工釀造啤酒，願做善事的女主人也會為沒有醫生的在地社群提供藥物。

一五六一年，《伊莎貝拉·寇提斯夫人的祕密》（*The Secrets of Lady Isabella Cortese*）由同名的鍊金術師所出版，內容還有製造黃金、製造萬靈藥的資訊，但也有製造肥皂、牙膏（以白葡萄酒製成），並有「讓小弟弟立正站好」的配方，材料是鵪鶉睪丸、大翅蟻、琥珀、麝香、接骨木與樹脂做成的油。

《鍊金術的化學》（*The Chemistry of Alchemy*）這本書討論的許多家庭用書內容滿是鍊金術，這些書的作者或讀者是女性，如《瑪格麗特手稿》（*The Margaret Manuscript*，約十七世紀，可能是寫給坎伯蘭伯爵夫人瑪格麗特·克里福德〔Lady

Magaret Clifford）的，並不是她自己寫的）、W・M・《打開皇后的密室》（*The Queen's Closet Opened*，一六五五年）、瑪麗・毛爾札克（Marie Meurdrac）《簡易實惠化學》（*Benevolent and Easy Chemistry*，一六六六年）

帕拉塞爾蘇斯

帕拉塞爾蘇斯的全名為菲利普斯・奧里歐勒斯・德奧弗拉斯特・博姆巴斯茨・馮・霍恩海姆（Philippus Aureolus Theophrastus Bombastus von Hohenheim，一四九三年—一五四一年），出生於瑞士，年少時研究金屬與挖礦。他替自己取了帕拉塞爾蘇斯這個名字，是位旅行醫師暨學者，他曾寫下：「大學並不教授萬事，所以醫師必須向老嫗、吉普賽人、巫師、漂泊各方的部族、老強盜、法外人士之流請益，從他們身上學習。」帕拉塞爾蘇斯寫下許多書，不過在他活著的時候出版的作品不多。

人們形容他「早上齋戒、晚上酒醉，滔滔不絕，想到的事都要全部講出來而毫無章法」，也有人說他是「無神論的豬」、「渾球」，個性「神經兮兮、老愛重複、虛榮、自吹自擂」，又說他「沒禮貌又迂迴的蒙昧主義者……極具破壞性，極少帶有思辨性的建言，就算難得說對了，也絕不是他自己想出來的主張」。

《惡魔的醫師》（*The Devil's Doctor*）作者菲利普・波爾（Philip Ball）這麼形容帕拉塞爾蘇斯：「他寫的東西充滿荒謬的虛榮心，如果不說他根本前言不對後語，也常常晦澀不明，叨叨絮絮、怪異莫名，他的書寫更接近童話故事與迷信的世界，而不是科學與理性的世界。」就連帕拉塞爾蘇斯這個名字也是吹牛皮，意思是超越凱爾蘇斯（Celsus），後者是一世紀著名的羅馬醫學作家。帕拉塞爾蘇斯在世時並不受人歡迎或敬重，死後亦然，但他對醫學有重大的影響。

帕拉塞爾蘇斯是位研究醫學的鍊金術師，志不在謀取暴利。他寫道：「許多人說鍊金術是為了製造黃金或白銀，那卻不是我的目標，我思考的只有藥物可以有怎樣的好處與力量。」他運用鍊金工具、金屬與礦物材料，讓醫學化學（iatrochemistry，也稱化學醫學派）蔚為流行，成為獨立的專門領域。

他提倡以最少醫療介入方式

來照護傷口與疾病，保持傷口乾淨，並提倡少用侵入性治療，好讓身體隨時間自然恢復。他晚期的作品中認為手術「在於保護自然不受磨難與意外，讓自然可以不受干擾地運作」。更有甚者：「若能預防感染，自然會自己癒合傷處。」

現代學者揣測帕拉塞爾蘇斯使用的藥方，跟同時代的其他醫生相比，劑量較低，也較沒有傷害性。他主張「藥即是毒」，也直接點明「萬物之中都帶毒，沒有無毒之物，唯有劑量多寡能決定帶毒之物是否為毒藥」。

蓋倫相信人體四大體液失衡造成疾病，治療疾病需要重新平衡體液。帕拉塞爾蘇斯則不這麼認為，據說他曾在某座大學前公開焚燬蓋倫的著作。他認為不是體內液體，而是外在因素對身體造成影響，干擾正常的運作。帕拉塞爾蘇斯的醫學流派後來的意思等同於以鍊金術製造的疾病藥方，蓋倫派則通常採用刺激性瀉藥、放血、穿顱、截肢或其他排除液體的手段。

因為他的藥方頗為有效，時人似乎頗能容忍帕拉塞爾蘇斯的惡劣性格。治療疾病時，帕拉塞爾蘇斯熱愛採用鍊金術取得的第五元素，特別鍾情以蒸餾法、過濾法、昇華等作用所處理過的礦物與金屬，加以淨化、濃縮該物，讓材料效力更強。

材料經過蒸餾，再將所得到的稀釋無機酸用於治療，如鹽酸、硝酸。舉例而言，作者推薦使用非常危險的硫酸來治療癲癇、痛風與其他疾病，不過他的製藥方式會先稀釋或中和鹽酸，某道配方中，鹽酸與迷迭香精油混合，另一道則先混合葡萄酒後再蒸餾。

帕拉塞爾蘇斯也記錄梅毒治療，在蓋倫的時代，此病尚不為人所知。帕拉塞爾蘇斯為文章下的標題不怎麼委婉，〈法國病之治療：論招搖撞騙者〉（Essay on the French Diseases: About Imposters），批評那些以零陵香（guaiac，煮過的木屑）當作梅毒治療處方的醫生。至於他開的藥方則含水銀，在當時水銀也被用來治療痲瘋病，痲瘋病因其外部病徵，被古人當作是梅毒相關的皮膚類疾病。用水銀治療梅毒的歷史一直延續到一九一〇年，保羅・埃爾利希（Paul Ehrlich）研發出含砷的藥物「灑爾佛散」（Salvarsan），這部分我們後續再討論。

蓋倫派醫學著重於藉由物質（植物性藥品）、手術（放血、清瀉排液）讓導致疾病的體液重新平衡，不過，用於治療病患的煉化精華，到了帕拉塞爾蘇斯手上，還加上了靈性意義。有種稍嫌搞笑的萃取藥方是武器藥膏，人稱「同情之粉」，藥方可能受到民俗療法啟發，武器藥膏治療的對象不是傷口，而是造成傷口的武器。這種作法唯一的功效是不會在傷患的創口上亂搞，讓傷口得以自行癒合。最叫人吃驚的是，帕拉塞爾蘇斯的影響力不容小覷，武器藥膏在十七世紀時風行了好一陣子。

他也相信「何蒙庫魯茲」（homunculus），這是由鍊金術製造出來的人造人，培養方式是在瓶中置入腐壞的精液，並以人血餵養此物。不怎麼樣的療方不只這些，比如他也採用木乃伊的粉末，木乃伊來源必須是「生前身體健康、無病痛，因非自然因素死亡之人」，這樣的遺體製成的木乃伊才能派上用場。

帕拉塞爾蘇斯死後不久——死因成謎，可能是金屬中毒造成的癌症（但謠傳是有毒的葡萄酒），也可能是喝醉之後從樓梯上摔下來，或者是在巴伐利亞薩爾茲堡的白馬旅店「跟刺客打了起來」——他的學生與追隨者整理了他遺留文件中比較合理的建議，並出版了針對其作品的分析報告。此後，使用含有礦物、金屬之藥品的醫療風俗，流傳了幾百年之久。

一世紀之後，約翰·法蘭奇（**John French**，一六一六年—一六五七年）在著作《蒸餾之道》（*The Art of Distillation*）中採用了帕拉塞爾蘇斯的蒸餾方法。《蒸餾之道》一如布魯許威希《蒸餾小冊》，內容主要是醫藥，不過收錄的配方更為複雜，又多了些鍊金術的魔術把戲，比如「在上面吐口水就會燒起來的粉末」。

書中有些配方在製作生命之水時，不只使用葡萄酒，也會拿啤酒、蜂蜜酒來蒸餾；書中採用酒的配方裡，會以酒來浸泡動物身體部位、蔬菜、礦物、金屬，再重新蒸餾一次。運用這些材料為的是其中的實際效用，此外也為了其靈性效用。

法蘭奇的書記錄了多種蒸餾芬芳植物的方法，比如萃取花卉，需要先將花浸泡在葡萄酒中，而不是泡水，這樣才能透過蒸餾取得更多氣味。書中有道配方是萃取所有蔬菜的第五元素，製作方法是將浸漬液體做成生命之水後，再進行分離精油的步驟。

《蒸餾之道》少數幾道配方極為複雜，製作的是「複方水」，像是「天水」（aqua

celestis），這是種「非常可口的藥水，能抗昏厥、感染」。

讀者要是看了配方內容，可能會認為這水的功效應該不只如此，畢竟裡面含有肉桂、丁香、薑、肉豆蔻、莪朮（zedoary）、南薑、長胡椒、檸檬皮、穗甘松（spikenard）、菖蒲、香科屬植物（germander）、筋骨草（ground pine）、肉寇皮、白乳香、杜松子、楊梅（bay berries）、灰白益母草（motherwort）、茴香、大茴香、酸模（sorrel）、鼠尾草、迷迭香、馬鬱蘭（marjoram）、薄荷、普列薄荷（pennyroyal）、接骨木花、玫瑰、芸香（rue）、苦苣（endive）、蘆薈、琥珀、大黃、龍膽、苦艾、無花果、葡萄乾、棗椰、甜扁桃仁、糖、蜂蜜、東方珍珠及其他。這些東西都放入生命之水後，加入熱燙的黃金淬火，浸泡二十四小時，再進行蒸餾。

書中其他的複方水藥方用來對抗寄生蟲、抽搐、水腫、腹絞痛、眩暈、腎結石、黑死病及其他。書中有一部分談的是蒸餾動物身體部位（包含人類），比如血液、大腦（「對抗癲癇最可靠的藥品」）、骷髏頭（「萬靈藥之一」）、木乃伊（「抗感染的好用防腐劑」）、牛奶（「在肺臟、腎臟性的動物瘟熱病上大有功效」）、健康童子尿（「針對癲癇、痛風、水腫、抽搐十分有效」）、毛髮（「灑在圍欄上，可以防止野生又會傷人的牛靠近，因為這種藥水的臭味會讓牠們嚇得不敢接近」）。放進蒸餾壺中的非人類動物部位，則有小牛、狐狸、蛇、蟻、千足蟲、螃蟹、蝌蚪，還有鴿糞、牛糞、馬糞。

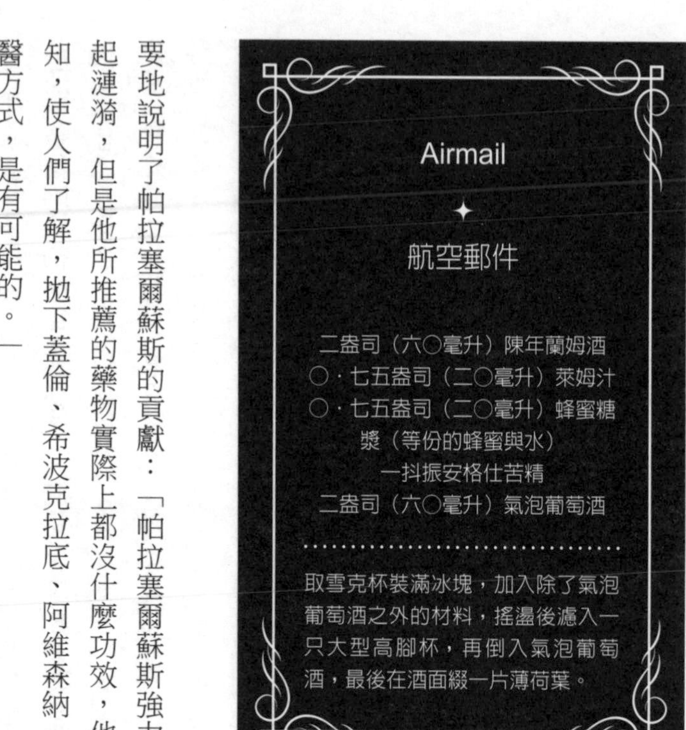

帕拉塞爾蘇斯的著作讓當時正在退流行的鍊金術掀起一波復興，而帕拉塞爾蘇斯關注鍊金術與醫藥中抽象、靈性的層面，也促成了一些有趣的發展。F‧薛伍德‧泰勒（F. Sherwood Taylor）《科學與科學思想簡史》（*A Short History of Science and Scientific Thought*）扼要地說明了帕拉塞爾蘇斯的貢獻：「帕拉塞爾蘇斯強力提倡含礦物的藥物，在醫界激起漣漪，但是他所推薦的藥物實際上都沒什麼功效，他所做的僅止於喚起醫藥界的認知，使人們了解，拋下蓋倫、希波克拉底、阿維森納（伊本‧辛納）等醫學權威的行醫方式，是有可能的。」

藥屍

十六世紀晚期，中國的藥草文獻記錄了某個阿拉伯國家的蜜人風俗（可能是神話），當地的老人捨身為藥，只食用蜂蜜，直到死亡，屍身也以蜂蜜保存，直到日後他人用來作為藥材。藥草學家李時珍（一五一八年—一五九三年）寫道：「按陶九成《輟耕錄》云：天方國有人年七八十歲，願捨身濟眾者，絕不飲食，惟澡身啖蜜，經月便溺皆蜜。既死，國人殮以石棺，仍滿用蜜浸之，鐫年月於棺，瘞之。俟百年後起封，則成蜜劑。遇人折傷肢體，服少許立癒。雖彼中亦不多得，亦謂之蜜人。」

就算蜜人可能並不存在，李時珍在著作中也大量提到了人體衍生出來的藥材，比如頭髮、眼淚、耳垢、嬰兒糞便、汗水，各有其治療用途。不過，屍體入藥並不是中國的專利。飲用木乃伊製作的藥品在歐洲大行其道，甚至導致優質木乃伊難以尋得。理查・沙格（Richard Sugg）《木乃伊、食人者與吸血鬼》（*Mummies, Cannibals and Vampires*）書中對屍體入藥有詳盡的討論。

使用藥屍的風俗，在歐洲約十二世紀時為人所知，十五世紀後變得流行，在十六、十七世紀達到高峰，後來依然有零星案例，一直到將近十九世紀為止。非洲君士坦丁形容木米亞（mumia）為「一種香料，可於死者墓中取得……。又黑又臭、閃閃發亮又巨大的那類，效果最好」。

十八世紀初，某位藥草學家形容木乃伊為「表面似樹脂，經過硬化而黑得發亮，嚐起來略帶刺激性與苦味，氣味芬芳」。

埃及木乃伊特別在十五世紀後需求大增，人們從墓裡盜取正宗木乃伊，整具售出。次於埃及木乃伊的好貨，則是在沙漠沙塵暴中罹難的旅人屍體。尋找木乃伊變成一門專業，轉售木乃伊則是另一門專業，這麼一來，自然也出現了偽造木乃伊。

中東出現了木乃伊貿易，商品有些是完整的木乃伊，也有磨成粉的木乃伊部位，購買者是歐洲的調藥師。若遇上供貨量不足，市場上會冒出走私販來滿足需求。他們試著製作假木乃伊，外觀發黑，看起來跟真的一樣。有份來自埃及的文獻描述他們拿瀝青灌入奴隸或其他死者的屍體中，用布包裹後，曝曬乾燥，等屍體變黑。

十六世紀後，連剛死不久的屍體也成了藥典會記載的藥材。而促成這事的人，不是別人，正是我們的老朋友，帕拉塞爾蘇斯。帕拉塞爾蘇斯的追隨者記錄了製作帕氏木乃伊藥材的方法，清楚要求屍體得是男性，年二十四，死因為絞刑、車裂之刑或遭刺身亡。（在醫學史上，當人們使用屍體入藥時，該死者必定得是外力致死的年輕人，這樣可以確保該身體不帶疾病。）屍上的肉須切片或切丁，再撒上沒藥粉與蘆薈，然後浸泡在葡萄酒中，最後加以乾燥，就可以使用了。

約翰．法蘭奇《蒸餾之道》（一六五一年）中，有道配方是木乃伊鍊金液。只要把木乃伊身上「硬化的人肉」浸泡在葡萄烈酒中，再加以過濾並蒸發其中的液體，「直到壺底剩下的像是油脂，那就是真正的木乃伊靈藥。這種鍊金液效果奇佳，可對抗各式感染，也富含香脂。」

木乃伊藥方如同許多藥用蒸餾配方，日後也被收錄在寫給貴族女性的家用配方全書之中。

不過，使用木乃伊作為藥材或藥品的一切風俗，可能得歸咎於錯誤的翻譯！「木米亞」一詞有許多寫法，用以描述黏稠、半凝固的黑色天然石油瀝青，此物在普林尼、蓋倫等人的文獻記載中具醫療用途。其他黏稠的樹脂或蜂蜜，可以外敷於傷口上封閉創口，也可加在葡萄酒中內服。埃及製作木乃伊的防腐程序中也使用了瀝青，但在自然界中不易尋得瀝青，人們開始蒐集木乃伊來萃取瀝青。假以時日，人們逐漸分不清需要的是從木乃伊身上取得的木米亞瀝青，還是真的要拿木乃伊身上的肉來用。

藥用木乃伊通常會浸潤在某種酒類中，古人認為適合用來治療中風、眩暈、內出血與痛風，不過更常用來治療外傷，如瘀青、跌倒流血。普林尼的作品中提到，瀝青配葡萄酒服用，可以治療痢疾、咳嗽、呼吸急促。伊斯蘭黃金年代的伊本・辛納的作品則認為此物無所不能治，膿瘡、癱瘓、癲癇、心悸之外，還可以解毒。某道藥方中，瀝青需要搭配馬鬱蘭、百里香、接骨木、大麥、蜂蜜、葡萄酒、牛奶、奶油與油。

癲癇症病患所得到的處方箋成分，除了木乃伊，還加上其他由人或動物做成的藥材，各式各樣、多不勝數。人們大多認定癲癇症狀是邪靈附身造成的，而喝血則莫名

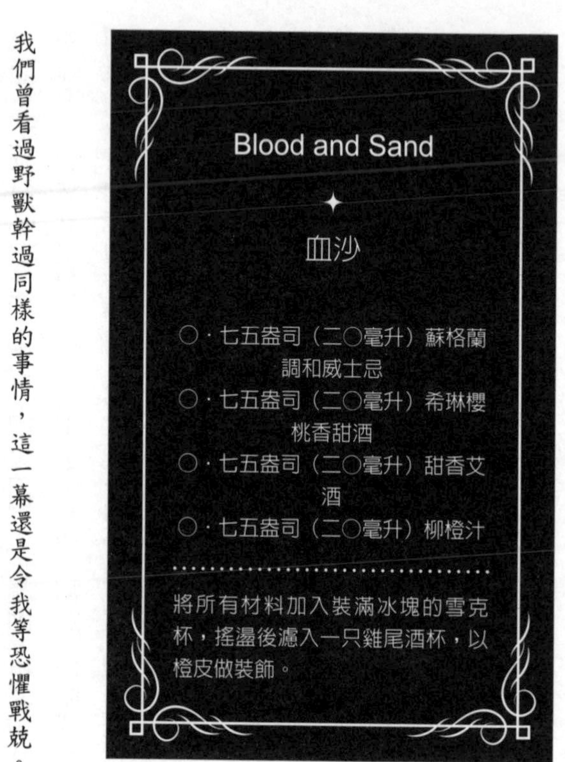

地成為上上之選。

古羅馬一度最為流行的藥，是不支倒地的競技鬥劍士身上的鮮血，人們有時甚至直接從傷口上吸吮。普林尼為此大受震撼，不得不評論兩句：

> 癲癇病患喝鬥劍士鮮血的方式，彷彿牛飲的是生命。即便在同一個競技場，我們曾看過野獸幹過同樣的事情，這一幕還是令我等恐懼戰兢。但是病患認定，要趁著鮮血還溫熱，直接從活人身上吸吮才是最有效的。我的老天啊！他們將嘴唇湊到傷口上，吸乾那生命。一般就算是野獸咬傷的傷口，人類也不會以口就之。還有人會找腿部的骨髓、嬰兒的腦來吃……阿特蒙（Artemon）治療癲癇的方式是飲用大量夜間汲取的泉水，需以骷髏頭盛裝，該骷髏頭需來自遇害身亡、未受火化之人。

其他的癲癇藥方的製作與調配方式百百種，材料包含顱骨粉末、狼心、蛙肝、禿鷹肝、黃鼠狼腦、熊睪丸、駱駝腦、腐爛羊鼻頭上的蛆、貓血、黑馬之尿、乾燥人類心臟、人類大腦。

約翰．法蘭奇所收錄的癲癇治療配方含有人腦、主動脈、血管、神經，該人必須是遭受外力而死。這些材料放進杵臼搗過之後，浸置葡萄蒸餾酒中半年，再進行蒸餾。除了人肉，法蘭奇的書中也有配方的材料是「喝太多葡萄酒的年輕人之尿」，蒸餾之前需要先任其腐敗。該藥品用於治療痛風與其他問題。

古人用血液來治療癲癇，透過蒸餾而得的血液精華則可以使人恢復健康。維拉諾瓦的阿納爾德可能也曾經在著作中推薦此物，而幾百年之後，丹尼爾．波德（Daniel Border）在一六五一年留下的著作認為，此物能挽救瀕死之人。更有甚者，蒸餾之血顯然還能保鮮葡萄酒。波德寫道：「若在一大酒桶葡萄酒中放入此物，得淨化之，保存效果長久，遠超過任何其他東西。」

骷髏頭與「骷髏頭苔蘚」，也就是長在骷髏頭上的苔蘚或地衣，都常用於屍體藥材。英王查理二世（一六三〇年—一六八五年）有一招牌特調，叫做「王之露」，就是把骷髏頭磨成粉來摻酒。此酒因他聞名四方，不只有國王才能享用。一六八六年某位女子寫信給妹妹，描述自己把王之露當作「媽媽的小幫手」，或許也可說是抗憂鬱劑，她寫道：「我服用來照料我這瘋狂的身子，讓這身筋疲力竭的骨頭得以維繫下去，我日夜操勞，難以歇息。我服用王之露、喝巧克力，當我的靈魂哀傷至死時，我趕緊跑去跟孩子們玩。」

歷久彌新的鍊金術

鍊金術士窮究的是如何變出更多金屬、將其鍊至完美，而他們總是可以將鍊金術融入自身既有的世界觀，宗教層面（先是異教信仰，再來是伊斯蘭教，再來是基督教）與哲學層面皆然。不過，操作鍊金術的工具與方法倒是十分科學，而在接下來的科學革命之中，鍊金術師也將為化學效力。法蘭德斯鍊金術師約罕拿・凡・海蒙（Johannes van Helmont，一五七九年－一六四四年）臨摹並改良了一些帕拉塞爾蘇斯的療方，不過從他留下的紀錄可知，他觀察到可飲用的金、銀，甚至珍珠，喝下之後都會從身體排出，不會消化。他反對把砷當作藥物服用（明智！），贊成服用貝殼粉（碳酸鈣）來治胃酸問題。

鍊金術也進入了美洲殖民地。小約翰・溫斯洛普（John Winthrop Jr.，一六〇六年－一六七六年）於都柏林的三一學院研讀法律與鍊金術，後來搬去麻州灣殖民地（Massachusetts Bay Colony）。人們喜歡鍊金術實用的層面，如製藥、製造染劑、肥料。溫斯洛普成為康乃狄克州州長，也是女巫的捍衛者。他與喬治．史塔奇（George Starkey，一六二八年－一六六五年）合作，研擬出一套準則來辨識白爛魔法，史塔奇是受過哈佛教育的醫療從業員，也是實踐派鍊金術師。

史塔奇（筆名菲拉勒西〔Philalethes〕）的影響力傳回歐洲，影響了科學巨擘牛頓與波以耳。

波以耳（Boyle，一六二七年－一六九一年）是現代化學的開創者，以波以耳定律聞名，該定律描述氣體體積與壓力下的關係。波以耳在部分著作中表示反對過去的鍊金術，稱其粗鄙，也排拒亞里斯多德與帕拉塞爾蘇斯的許多作品，但是，波以耳依然相信鍊金質變術，甚至認定曾親眼見證過質變，他還寫了一本書討論蒸餾人血。牛頓（一六四二年－一七二七年）是位數學家暨物理學家，他闡述運動定律，改變了光學的世界，發明了微積分。他也鑽研鍊金術，還收藏了一份賢者之石的製造計畫書。

隨著時代變遷，人們摒棄了鍊金術信仰觀中不受客觀科學支持的部分，賢者之石也不再是眾人追求的目標。化學與醫學持續發展，拋下質變術與第五元素的歷史包袱。今天，還有一些圈子會借用鍊金術的概念，常見於神祕學、含藥草礦物的酊劑與藥物調配。世上也有座帕拉塞爾蘇斯學院，「獻給鍊金術，其口傳與實驗性傳統依然存在，為意識之演化服務」；還有赫密斯主義研究學會，其致力於「研究與實踐西方傳統玄學」；另外是鍊金術公會，目標是「保存與推進古老的鍊金術原則及赫密斯式的智慧，並將所學用於貢獻現代社會，促進人類在靈性、心理、生理上的健全」。

含有金屬的當代飲品

牛奶有時候會為了對抗貧血而添加鐵質，這麼一想的話，或許汽水或酒添加金屬就不那麼奇怪了。

橘色的碳酸飲料品牌「Irn-Bru」於一九〇一年創立，宣傳自稱為蘇格蘭的「另一種國民飲料」，僅次於威士忌。該品牌是為了格拉斯哥的鋼鐵業勞工所設計，他們在工作時喝了太多啤酒，品牌於是創造出一款含咖啡因的非酒精性飲料來替代啤酒。本來商品名稱為「Iron Brew」（鐵之釀），產品形象為「讓人活力充沛、煥然一新的通寧飲料」，直到一九四六年的法律改變產品規範，要求商品的品牌塑造要完全「名符其實」。品牌表示這種汽水確實含有鐵質，只是並非釀造飲料，所以就把鐵之釀換成以蘇格蘭腔拼音的「Irn-Bru」。這款汽水添加咖啡因、奎寧、檸檬酸鐵胺，後者即為鐵質來源。

「Irn-Bru」飲料罐上的圖案一開始是知名蘇格蘭運動員的照片，早期的產品廣告包含多位運動員名人的使用心得與推薦。品牌（過了很久以後）也推出了減肥版，以及能量飲料版。二〇一八年該品牌宣布將以其他甜味劑取代原料中一半的糖，輿論譁然。據說該品牌在蘇格蘭的銷售量比可口可樂還好——部分原因想必是，長久以來，蘇格蘭人喝了第一名的國民飲料而宿醉時，會拿第二名國民飲料來解酒。

「Ferro china」也拼作「ferro-kina」，費洛雞納藥酒，屬於義大利苦味利口酒阿馬禮（amari）中的一種類型，內含檸檬酸鐵（ferro）及奎寧（quina 或 kina）。費洛雞納藥酒誕生於一八八一年，或一八九四年，看你採信哪個品牌故事，市場上最早出現的品牌為巴利瓦（Baliva，由巴利瓦醫師〔Ernesto Baliva〕創造）、比斯萊利（Bisleri，由創業家比斯萊利〔Felice Bisleri〕推出）。我們之後的章節會再多談阿馬禮與阿馬羅（amaro，為阿馬禮的複數型態），不過只有費洛雞納這類利口酒會添加金屬，其他的義大利苦味利口酒都沒有。今天人們依然會喝阿馬禮，餐後喝當作消化酒，也用來治感冒，或當作日常健康通寧水飲用，有點被當成液體綜合維他命。

費洛雞納藥酒的產品形象曾是幫助消化，補充鐵質，於貧血之人有益，廣告中推薦女性與孩童飲用，孩童的推薦劑量是睡前一茶匙，有時摻入打散的蛋液中服用，有益健康。

比斯萊利後來還推出了另一個產品「埃散諾非」（Esanofele），含有奎寧、鐵，並添加砷。在十九世紀末時這項產品在市場上表現不俗，日後卻逐漸衰退，到了一九七〇年代時已經無人聞問。比斯萊利牌的酒如今已停產，不過巴利瓦牌的產品現在是由帕里尼（Pallini）製造，後者為檸檬香甜酒（limoncello）製造商。義大利苦精製造商拉札羅尼（Lazzaroni）推出了現代版的費洛雞納藥酒，此外，會賣費洛雞納的品牌還有來自華盛頓特區的「Don Ciccio &Figli」，他們所使用的配方可以上溯至一九六七年。帕拉塞爾蘇斯若是地下有知，也會感到驕傲吧。

第三章

僧侶修士
修道院香甜酒與中古世紀

書上說，修士應滴酒不沾，但這無法說服我們這一代的修士。那至少讓我們達成共識，飲酒應適量，不應放縱狂飲，因為「醇酒與美女，迷惑明智人」（《德訓篇》十九章二節）。不過，若所處環境要求飲酒量少於上述，甚至要求不得飲酒，住在該處的人則應祝福上主而不滿腹牢騷。我們尤其勸誡他們克制心中怨言。

——《聖本篤會規》

鍊金術士還在辯論第五元素與含金屬藥品的時候，歐洲中古世紀的病人大部分可能並不介意來點老派的藥酒療方。中古時期從第五世紀羅馬帝國崩潰，一直到十五世紀左右的歐洲文藝復興時期，中間歷經十二到十四世紀的十字軍東征，以及十四世紀的黑死病，後者消滅了歐洲大陸三分之一的人口。

其後的時代如今被稱為早期近代（十六至十九世紀），這段期間與海外國度的交流與探索，讓人們有了新穎且罕見的飲料與藥物。

這段期間，大多時候的歐洲人口分布大致上是五%為貴族統治階級，九成為農民與其他勞工，剩下的則是神職人員，後者是受過教育的階級，自成一類。天主教修道院成為識字能力、植物性藥品、農耕等技術之發展重心。

修道院的歷史

修道院團體最初是隱士遁世而居後所形成的社群——這些隱士受到聖經理念感召，渴望遠離城市生活、離群索居，他們通常單獨生活，但會住在其他隱士附近。修道院式的生活方式則是由埃及的聖帕科謬（Saint Pachomius）在公元三四六年左右訂立的，明定修道院團體的修士得花時間祈禱、工作，過著貧窮、守貞的生活，並順服上級。這些修道院經營醫院、孤兒院、學校，為所在地的社群提供服務。

聖本篤（Saint Benedict，約四八〇年—五五〇年）訂下的會規形塑了西方修道院制度，他在義大利創立了十二座修道院。聖本篤會規嚴令修士畢生在祈禱、研究、付出勞力中度過，且要求進餐時保持靜默，一天只能喝半瓶葡萄酒。他底下的修士認為規定的飲食內容太嚴苛，渴望得到更多酒，根據傳說，他們曾計畫謀害聖本篤。修士們將毒藥摻進聖本篤的葡萄酒中，他一如往常在飲用之前為酒祝謝，就在那一刻，酒杯裂開了，毒酒灑了滿地。

後來，聖本篤不情不願地遂了修士們的心願，一如本章開頭的引文。

由於修士與修女每天都得依規定進行閱讀，本篤會修道院必定設有圖書館。即使當時有許多目不識丁的貴族，神職人員卻大多識字。修道院成為知識的綠洲，資訊在此匯集、分享。修道院之間彼此傳遞、複製書籍或其他手抄本，有些修會每年會到隸屬教堂舉辦例行性會議。

款待旅人是本篤會修道院的義務，有些客旅為了親眼看到聖物，踏上朝聖之途，也有些是為了其他宗教因素。客旅在修道院歇腳時，也會分享沿途聽聞的消息與資訊。不少修道院設有專為旅人所備的客房，也有為病人準備的醫務室，修士、修女擔任工作人員，管理人則是醫師，他們有的長駐修道院，也有的是旅行醫師。（沙勒諾、蒙佩利爾這類的醫學院並不是修道院，雖然教職員中常有神職人員。）修道院也有香草、藥草圃，還有以植物性藥物為主的調藥師。

修道院所在的土地通常是由擁有地產權的貴族所捐贈，許多修會也持續享有地主的贊助與恩澤。有些祭司、修女是貴族的次子與女兒，在長子繼承頭銜與家產之後，被送到修道院生活。由於修士不得結婚，他們若擁有財富，死後都歸所屬修會。部分修會隨著時間逐漸變得富裕，失去了創立時的初衷，不再是為了安靜祈禱、省思而設立的地方。

這引起了反彈，歷世歷代不斷有新的「改革派」修道會脫離母會，他們通常抱負遠大，冀望復興聖本篤最初設立的方向。

熙篤會（Cistercians，也稱西多會）即為其中之一，約創立於一一一五年，為了改變墮落的呂克尼修道會（Cluniacs）。（熙篤會的台柱聖伯爾納多〔Saint Bernard〕聲稱，呂克尼聖本篤修道院的人都用貓毛皮氈保暖，他們需要大量的葡萄酒助興，總是縱情引吭高歌。）熙篤會重新投入勞動，遷移到更偏僻、不受貴族影響的地區，日後成為歐洲各地農業進步的先驅。（戴斯蒙．史都華《修士與葡萄酒》（*Monks and Wine by Desmond Seward*）書中稱熙篤會為「中世紀的排水系統專家」。）特拉普修道會（Trappist）所釀造的啤酒，今天依舊是世界頂尖，該修會是自熙篤會脫離出來的改革派。

加爾都西會（Carthusians，創立於一〇八四年）與上述修會所追求的截然不同，他們是一群想要回歸埃及隱士作風的修士——擁抱孤獨，不只是住在偏遠的山區，大多時候也各自獨處於室。他們按照熙篤會的組織方式設立母堂，每座修道院為其母堂之附屬。

為了避免重蹈覆轍，不被贊助制度腐化，加爾都西會決意自給自足，他們向周邊社區販售商品，藉此取得無法自行生產的物資，修會生產的商品一般是手工藝品、麵包、起司、蜂蜜，當然還有啤酒、葡萄酒、利口酒。夏特勒茲香甜酒就是由加爾都西會修士發明的，今天依舊由修會製造，販售所得用於修會活動。

本篤會、熙篤會這類修道會，通常會在特定的修道院之內活動，不過也有一派修道會採取托缽（mendicant）作風，居無定所，不受限於某地，如方濟會（Franciscans）、道明會（Dominicans）。兩者都創立於十三世紀，修會成員皆安於守貧，不受物累。托缽修士可能會到沒有教區祭司的小鎮服務，為居民提供醫療建議，通常他們也成為知識的傳聲筒，讓知識不只留在修道院圖書館。托缽修士也諳蒸餾之道，並以植物與動物來製藥，一如同時代有學養的人。

有份一四二〇年左右的英國文件，其中敘述托缽修士某些活動，其一是蒸餾血液。文獻中寫道：「一經蒸餾即妥善保存，將血液混合等量的燃燒水，再將混合液放入蒸餾壺中蒸餾。所得之水用於療傷，勝過世上任何其他的水。」

黑死病

一三四七年至一三五一年間，黑死病估計造成兩千五百萬歐洲人死亡，此瘟疫大概是經由病媒鼠傳播。黑死病源於中國，隨著貿易路線一路西行進入中東，再傳入地中海地區，並從地中海地區往北傳，自陸路進入歐洲，又經由船隻傳入英格蘭與斯堪地那維亞。

史上有三波黑死病大流行，歐洲的黑死病是第二波大流行，另外兩次流行分別發生於六世紀與十九世紀末（受影響的地區主要是中國與印度），大流行之間有許多小規模疫情波動。倫敦大瘟疫發生於一六六五至六六年，相較歐洲其他地區的疫情，留下的文字記載較多，比如《大疫年紀事》（*A Journal of the Plague Year*），作者為丹尼爾·笛福（Daniel Defoe，著有名作《魯賓遜漂流記》）。腺鼠疫迄今尚未完全絕跡：現代美國每年平均會有七人因接觸野生齧齒動物而感染腺鼠疫，不過現在可以藉由抗生素治療而痊癒。

黑死病並不是由玄鼠咬傷而引起（玄鼠學名 *Rattus rattus*），而是細菌，老鼠身上的跳蚤有鼠疫耶氏桿菌（Yersinia pestis）寄生，一旦老鼠死亡，跳蚤就會轉移戰場，跳到人類身上咬人。

跳蚤體內的禍害細菌阻礙宿主進食，跳蚤吸了血卻進不了肚子裡，飢餓難耐的跳蚤只好不斷叮咬宿主，這麼一來，有些病菌就藉機進入了宿主的血液循環系統之中。受到鼠疫耶氏桿菌感染的老鼠跳蚤一旦叮咬人類，細菌會在淋巴結處集結，造成結腫，也就是為何黑死病的名字是淋巴腺鼠疫。

疫情蔓延之時，有各種討論黑死病成因的理論，有的認為是天譴，有的認為是星象不正導致地球排出毒氣，稱為瘴氣（miasma），透過風來傳染。瘴氣很臭，有害健康，被古人認定是病因（在今天的我們看來都是傳染性疾病），引起疾病如黑死病、瘧疾、霍亂、流感、痢疾等。此說自古就有，一直流行到十九世紀晚期，屆時病菌理論才逐漸成形。

較晚期的黑死病流行時，醫生會使用特殊穿著來阻隔惡臭的瘴氣。今天你可以在萬聖節裝飾或蒸氣龐克風服飾店找到的裝扮。以前的疫病醫生制服：束腰長大衣抹油或上蠟處理、寬邊帽、護目鏡、附有鳥喙的面罩。由於這樣的打扮大致上可以讓跳蚤不近身，倒是挺有效果的，也能防止人傳人的感染。肺鼠疫型態就可能發生人傳人的狀況。

醫生會在面罩與鳥喙中填入芬芳的香草或花卉，以阻隔瘴氣，不過這麼做想必也可以讓人從死亡的腐臭中抽離。好聞而被拿來抗瘴氣的植物有：丁香、肉桂、茴香、柳橙鑲丁香、麝香、檀香木。古人認為番紅花可以預防黑死病，是上等藥材，十四世紀時還爆發了為期十四週的「番紅花戰爭」，八百磅重的番紅花，本該運往瑞士巴塞爾，卻在中途遭到劫持。

有位醫生在對抗瘴氣的作法上有異於主流的見解。約翰·柯爾（John Colle）提倡以毒攻毒，人們應去聞更糟糕的味道來反制臭氣，所以他建議人們去兵營公廁大口狂吸惡臭。有些人還真的這麼做了。

至於那些不願意去公廁茅坑大吸臭氣的人，會在家中四處薰香，使用各種抗瘴薰煙，焚燒杜松枝、迷迭香、紫羅蘭、薰衣草、百里香、奧勒岡、鼠尾草、松木。據說燃燒杜松木所產生的燃煙極少，而芬芳異常，正好適用於春季大掃除，人們用來驅除室中巫術，燻煙除疫。（據說，蘇格蘭高地威士忌酒廠曾在製酒違法的時期，選用杜松當作薪柴，因為杜松木有少煙的特質，燃煙少就比較不容易被注意到。）

杜松子自古以來就是香料、防腐材料，可能真能有效對抗瘟疫的傳媒：因為杜松

South London

✦

南倫敦

一・五盎司（四五毫升）琴酒
〇・七五盎司（二〇毫升）提歐佩佩雪莉酒（Tio Pepe sherry）
〇・七五盎司（二〇毫升）簡易糖漿
〇・七五盎司（二〇毫升）檸檬汁
三抖振雷橙苦精（Regans' Orange Bitters）

將所有材料加入裝滿冰塊的雪克杯，略加搖盪後，濾入裝滿冰塊的經典杯。以薄荷枝裝飾。

子是天然驅蟲劑，今天有些天然驅蚤粉的成分依然有杜松子。

抗疫招數不只燻煙，人們也會在家中噴灑氣味強烈的液體，比如醋，甚至也用尿液。人們還會把醫療用醋當作體味除臭劑來用。塗在身上的醋會泡過艾草、歐洲合歡子（meadowsweet）、馬鬱蘭、鼠尾草、丁香、迷迭香、苦薄荷、樟腦及其他。人們身上會帶著人工增香的「香味蘋果」，拿在手上保護自己不受毒氣侵害，還會服用萬用的抗毒劑：特黎亞克、米特拉達提斯。

大多數的抗疫藥方著重預防，沒有治療效果，治療方式也大多是外敷而不是內服。由於蓋倫醫學還是主流學說，替病人放血自然是普遍的作法。至於可供內用的藥物，人們釀造特製的預防黑死病專用啤酒、蒸餾「防疫露」。現存某份一六六七年的防疫露配方，內含纈草（valerian）、歐白芷、龍膽、土木香（elecampane，也譯祁木香）、莪朮、南薑、大黃、芸香、苦薄荷、聖薊（blessed thistle）、接骨木花、薰衣草、肉豆蔻皮、杜松、青核桃、大茴香籽，再加上特黎亞克與米特拉達提斯萬靈藥（後兩者可能各自含有超過五十種材料）。將以上材料蒸餾之後，再加糖調味，即大功告成。

十七世紀時，佛羅倫斯與托斯卡尼各地區經歷了一波晚期的黑死病，疫情期間酒吧與各商家在店面建物上增建小型「葡萄酒窗口」，客人可以在窗口付款、領取飲料，雙方不必接觸。二〇二〇年的新冠肺炎疫情爆發時，部分歷史小窗再度開張，而當代的防疫露由艾普羅氣泡酒（Aperol Spritzes）勝任。

一般認為黑死病造成的人口下滑讓許多農民階級生活品質提高，由於勞動人口不足，他們得以跟地主協調更好的待遇，不過，這同時也導致部分女性無法繼續在釀酒業立足。

綜觀歷史，釀啤酒向來是女性的家務，因為烘焙與釀啤酒所使用的材料相同。有時候女性生產的家用啤酒分量充足，可以額外贈送或出售，有些女子也得以在自宅或隔壁開設酒家、旅店。只是，一旦小型的啤酒買賣擴大經營，變為一門生意之後，男性總是會接手經營權，而有能力自主掌握經營權的女子，形象則會遭到醜化。（有個常見的迷思是，謠傳會操弄巫術的酒館女老闆，其形象造就了女巫的原始人設：戴黑色尖帽、騎掃帚。而事實上，這樣的視覺形象是來自晚近的童書作品。）

公元一〇〇〇年後修道院開始釀造艾爾啤酒，女性被逐出啤酒業，而十四世紀黑死病造成人口下滑的時候，女性遭到排擠的歷史又再度重演。較大規模的商業營運需要更多資金，女性拿不出錢來，而釀酒公會要求經歷漫長的實習以取得資格，女性也難以參與，最終無法進入產業。

修道院的改良

啤酒釀造的規模擴張後，需要製造出保存期限長一點的啤酒，所以具有防腐功效的啤酒花，就成了重要的材料。早在八世紀時，人們就會在啤酒中添加啤酒花，不過十二世紀之後這樣的作法越來越常見。啤酒跟葡萄酒一樣，在人們懂得釀造的最開始，就利用浸泡法在酒裡加上各式各樣材料以增添風味與延長保鮮，這些材料有時具備藥性。人們廣泛使用啤酒花之前，查理曼大帝（七四二年—八一四年）支持販售古魯特啤酒（gruit）的修道院，這種啤酒添加香草香料，如香楊梅（bog mrytle）、迷迭香、歐蓍草（yarrow）、艾草、石南（heather）、葛縷子，晚期尤其會加入進口香料，如肉豆蔻、肉桂等。這些材料各有抗菌特性，可能的確有防止腐敗的效果。人們也使用其他的材料來保鮮啤酒，如杜松、野艾、苦薄荷、刺蕁麻（stinging nettle）、睡菜

（buckbean）、梣樹葉（ash tree）、長青樹嫩芽等，有的材料單獨使用，也有搭配成組合來入酒。不過，啤酒花流行之後，大致取代了上述的各種風味材料。

歷史上關於啤酒花的相關紀錄通常來自修道院。法國科爾比的本篤會修道院在公元八二二年所載的紀錄指出，啤酒花與釀啤酒有關。同時期還有其他文獻提及在菜園中種植啤酒花。來自十二世紀的日耳曼本篤會女修道院院長暨作曲家賓根（Hildegard von Bingen），她所留下的自然史著作《聖物理學》（*Physica sacra*）記錄了在釀啤酒時使用啤酒花，認為啤酒花除了有益身體健康，還有防腐的效果。

啤酒花可「保存啤酒，且讓啤酒更為健康、可口，又能讓啤酒有幫助排尿的功效。啤酒能清洗血液，可治療黃疸與疑心病」，這是一六九四年約翰・皮契（John Pechy）《藥草植物大全》（*Herbal of Physical Plants*）中的記載。另一方面，約翰・伊凡林（John Evelyn）一六七〇年所著《果樹譜》（*Pomona*）中認為，啤酒花是「藥用的蔬果，〔而非〕滋補用」，「關於此物，有些人認為並非毫無價值，確實能延長飲品的鮮期，而用於苦病、短命之人更顯其效。」

修道院能進行較大規模的釀造，促使人們發明更衛生的設備環境，因而促進更大規模的啤酒生產。人們研發出特別烈的啤酒以提供營養所需，專門用於五旬節禁食；雙倍勃克啤酒（doppelbock）因而被戲稱為「液體麵包」，直到今天，特拉普啤酒依然以高酒精含量著稱。

十九世紀初，許多修士在法國大革命後遭到驅逐，他們最後落腳荷蘭、比利時等地，這些國家至今還保有不少知名特拉普啤酒釀酒廠，持續營運中。依照慣例，修士們自食其力，耕作、釀酒，向大眾販售工藝品與貨物以支持修會運作。今天的國際特拉普協會，官方網站「trappist.be」詳列各大修道院販售的產品，如啤酒、葡萄酒、利口酒、香皂、橄欖油、乳酪、麵包、蠟燭、酵母等等。

本書寫作之際，國際特拉普協會核可的釀酒廠共有十四座，其生產商品為「特拉普認證產品」（Authentic Trappist Product，簡稱 ATP），其修道院分布於比利時、荷蘭、美國、西班牙、奧地利、法國、義大利、英國等地。特拉普認證產品需要符合規定，啤酒的釀造地點必須緊鄰修道院，且生產過程由修士或修女監督（他們不需要親自釀酒，擔任監製的職位即可），產品利潤必須「用於修道院社群所需，為特拉普修會之團結、修會之發展與慈善工作之目的」。

特拉普啤酒的材料除了穀物，常會加入糖，如此會提高發酵過程的酒精濃度。特拉普啤酒還有分雙倍（dubbel）、三倍（tripel）、四倍（quadrupel），每一款的酒精濃度都高於前一款。最有名的特拉普啤酒品牌為奇美（Chimay）、塔珀（La Trappe）、侯旭弗（Rochefort）、西弗萊特倫（Westvleteren），倒是沒有任何一家聲稱產品具有藥性。

部分史學家認為，是修道院僧侶在中古世紀早期保存了歐式葡萄酒釀造法。當時

葡萄酒是彌撒儀式必需品，也是日常飲料，而我們也發現靠近古老修道院附近的葡萄園在培植技術上有所突破。（葡萄園絕不是只有修士進行勞動工作，修士是地主，修道院所屬的土地由佃農來耕作，且課徵十一稅。）各修道會開墾葡萄園，反覆試驗葡萄栽培方法，直到發現適合當地風土生長的品種，為今天歐洲知名葡萄酒產區打下基礎。當修士前往新的地區傳教時，他們會在當地開拓葡萄園作為己用，如北美、墨西哥的耶穌會。

唐貝里儂神父（Dom Pérignon，一六三八年—一七一五年）是香檳之王這款酒的命名由來，他是本篤會的修士，對葡萄酒釀造技術有諸多貢獻，如大量修剪葡萄藤、採收葡萄應於早晨天候涼爽潮濕時，還有以各種溫和的方式壓榨葡萄汁等。唐貝里儂本人並沒有發明香檳，發明者另有其人，不過也很有可能是修士：最古老的氣泡葡萄酒文獻紀錄是一五三一年，產地是南法聖伊萊爾（Saint-Hilaire）本篤會修道院。

夏特勒茲香甜酒

夏特勒茲香甜酒（Chartreuse，也稱夏翠絲、查特酒、蕁麻酒）是一款利口酒品牌，由加爾都西會修士釀造，產地位於法國阿爾卑斯山，年銷售量為一百五十萬瓶。這款酒所採用的材料高達一百三十種，配方是機密，最初是為了治百病而煉製的鍊金液，在今天則是一款知名飲料，名氣大到甚至成為青黃色的代名詞，夏特勒茲這顏色正是以此酒命名。

加爾都西修道會創立於一〇八四年，由科隆的博諾（Bruno of Cologne，後世尊為聖博諾，約一〇三〇年—一一〇一年）所成立，他是法國漢斯大學（University of Reims）知名教育家，卻離開學校，偕六名同伴尋覓清淨之地鑽研學問。博諾在格勒諾勃（Grenoble）外的山谷裡打造了一處隱廬（修道院），今人稱之為夏特勒茲大修道院（Grande Chartreuse）。修會以夏特勒茲山命名，後來成為夏特勒茲酒的名字，再來又成了顏色的名字[3]。

創辦修道院六年後，博諾受召前去輔佐他昔日的學生，教宗烏爾班二世（Pope

3 加爾都西、夏特勒茲為英譯詞彙，這兩個詞在法語原文中為同一字根加上不同尾綴，都是指該修道會，「茲」為適應英語發音規則而增添的音素。

Urban II），在義大利卡拉布里亞地區終老。聖博諾主張的「靜思默禱」修道方式，廣受人們接納，不久後就有了好幾所加爾都西修道會之家。

至於夏特勒茲香甜酒的故事，則始於一六〇五年，地點在沃韋爾（Vauvert）的加爾都西修道院，當時屬於巴黎近郊，位於今天的盧森堡公園（Jardin du Luxembourg）。亨利四世（一五五三年－一六一〇年）在位時，艾斯特爾元帥（Maréchal d' Estrées）將一份手抄本託付於修道院，可能有幾百年歷史手抄本上記載了一道祕密靈藥，長久以來被人稱為「長壽鍊金液」。不過，夏特勒茲香甜酒品牌出版的官方研究專著《夏特勒茲香甜酒》出乎意料地誠實，特別表明原始文件中從未出現這番用語。

該書表示：「該手抄本甚至沒有封面頁，裡面記載的配方繁複，筆調樸實，若非文末大力盛讚這款功效不明的鍊金液，恐怕不會引起人們關切。」沃韋爾的修道院設有菜圃、果園，還有製藥所，修道院製作出一款醫療用的鍊金液可供販售，頗有口碑名望，但我們對這款鍊金液的了解僅限於此。

到了十八世紀初，歐洲許多國家都有加爾都西修道院，多達一百七十座。雖然位於沃韋爾的分會頗為富有，座落山間的母會，夏特勒茲大修道院，卻面臨開銷日增的狀況。此前數百年來，大修道院能自給自足，畜牧牛群，以當地煤礦木材為燃料來營運鑄鐵廠，他們也砍伐高大筆直的樹，作為船桅材料出售。但是到了十七世紀末、十八世紀初，法國國王下令限制工業用伐林活動，導致修道院鑄鐵廠與林業生意一蹶不振，不得不開發新的收入來源。

夏特勒茲大修道院的修士要求沃韋爾分會將手抄本的複製品送一份來給母會，他們收到了。我們今天可以看到的倖存文獻，是這份複製品的複製品，原始文件已不幸佚失。夏特勒茲大修道院的弟兄接到了任務，他們要研究配方、製造鍊金液以供銷售。留下的實驗紀錄有「色澤微綠，其味苦、辛、濃」等描述，並註記他們正在持續改良風味與功效。

調藥師修士傑宏・毛北（Jérôme Maubec）在一七五五年記錄了他的成果，手稿迄今依然存留，他留下來的文字敘述了收成植栽、調和材料，不過他還來不及寫下製造靈藥的完整方法，就與世長辭了。

一七六二年傑宏逝世之後，他的接班人安東（Antoine）繼續鑽研配方，緩和其味道，改善「鍊金液的解毒功效並調整色澤」。聽起來很像萬用解毒劑。

配方中明定，基底得要是優良的生命之水，需要以手邊最上等的葡萄酒蒸餾製作而成，蒸餾的步驟包含以融冰或雪來冷卻蒸餾壺，冰雪在高山上不難取得。夏特勒茲的顏色也不是湊巧出現的，傑宏明確點出該色應為「草綠，微帶黃色」，他的接班人留下的實驗紀錄，看得出為了重現色澤而反覆嘗試，最後終於成功，一七六四年，安東弟兄寫下一份大約六頁長的手稿，裡面是「夏特勒茲鍊金液之組成」。

由於這份配方來到當地之後經過多番改良，修道院並未宣稱這份鍊金液是來自一六〇五年的古老文獻。品牌專書上寫著：「加爾都西修士並不是以照單全收的方式來保存配方，且原版配方也並不完善。悠久的傳統成就了元帥的手抄本，修士接手配方後，持續進行研究，將自身的知識與傳統匯流……。當初交付予加爾都西修士的原始配方並不包含一百三十種植物，只有比一半多一點的數量。」不過，修士明言，原始手抄本中的每種材料，都出現在最終定案的香甜酒之中，僅有一個例外，而他們並未點名捨棄的是何材料，事實上，他們沒有點名夏特勒茲香甜酒所採用的任何一種植物。

一七八九年的法國大革命大幅削弱了法國天主教會的勢力，教會不再有權威能課徵十一稅，當年政府廢除修道院誓約，隔年甚至廢除了法國境內所有宗教性的修道會，多數的加爾都西修士隨後逃離法國。

直到一八一六年，修士才獲准結束流亡生涯，歸國生活，但原本的修道院早已遭人劫掠，因閒置而荒廢（不過大多數附設藥局依舊維持運作），修道會財務困難，也是到了這個時候，這道鍊金液才真正商業化。

最終成品是「夏特勒茲大修道院之植物鍊金液」，建議用於「受到驚嚇、病痛、意外時，又無法等到醫生來訪，本療方大多適用以上處境」。修道院標榜此水「無與倫比，適用於嚴重中風、昏厥、窒息、心悸、昏倒、因難產而虛弱，及一般急需救助以恢復力氣性命的各種處境」。

今天我們在法國藥局還是可以買到名為「植物性鍊金液」（Elixir Vegetal）的東西，以小圓瓶為產品容器，以木罐作為外部包裝。有些人每日服用，當作預防保健藥品使用。服用時，通常在湯匙上放顆方糖，再把鍊金液淋在糖上，放進嘴裡吃下肚。據說這種服用方式能大大提振精神（瓶上標籤的酒精濃度為六九%）、緩解消化不良、治療嚴重感冒。也有人會拿來外敷，治療疹子、緩解外部疼痛或搔癢。古早的夏特勒茲香甜酒廣告，呈現了二十世紀初的修女在霍亂疫情間給病人服用植物鍊金液。一九五〇年代間的夏特勒茲香甜酒的廣告也標榜可以緩解暈車。

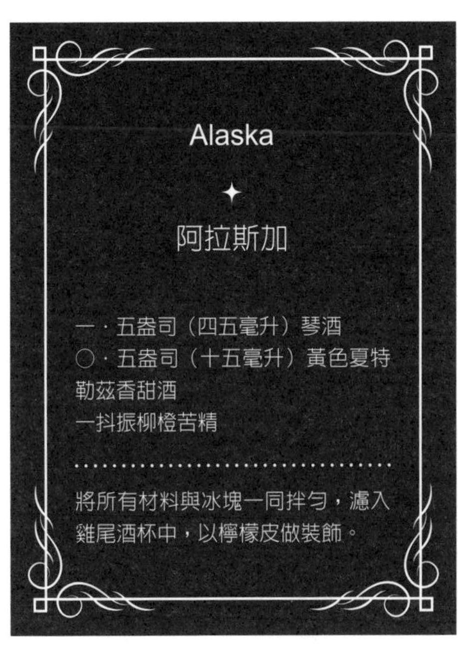

作為「健康鍊金液」服用量是每次一匙，而修士除了販售這款鍊金液，同時還販售三種香甜酒，基底都是同樣的藥草。我們今天熟知的綠色夏特勒茲香甜酒，是修士研發出來的「佐餐鍊金液」，味道較甜，酒精濃度較低。以前曾有一款白色夏特勒茲，以檸檬香蜂草（lemon balm）為基底，此外還有黃色夏特勒茲，如今持續販售中。這三款酒早在一八七四年就在生產了。多年來，修會還賣過多種其他的利口酒，比如在酗酒文化嚴重的一九七〇年代間推出的橙香風味、覆盆莓風味、藍莓風味夏特勒茲。加爾都西修會早期曾販售過的其他商品還有牙膏、營養補鐵劑等等。

根據《美國科學食譜配方百科全書》（*The Scientific American Cyclopedia of Formulas*，一九一一年）的說法，你可以在家仿造綠色夏特勒茲香甜酒的味道，需要的材料有歐白芷的根與籽、山金車花（arnica flower）、脂香菊（別名流香艾菊、香菊，為菊蒿〔tansy〕的親戚）、肉桂、蒿草（genepi）、牛膝草（hyssop）、檸檬香蜂草、肉豆蔻皮、歐薄荷、香脂楊花苞（poplar balsam bud）以及百里香，其中分量最重的材料為脂香菊與歐白芷，其次為肉桂、肉豆蔻皮。這些材料加起來離一百三十種還差得遠了，但是這組合有暖人的辛香料、沁脾的翠綠香草，也很接近目標了。想要黃色夏特勒茲香甜酒的話，（根據該百科全書）去掉清單中的歐薄荷、百里香、脂香菊、香脂楊花苞，另加入苦蘆薈、豆蔻與芫荽。

時至十九世紀中葉，這款鍊金液的生產地點變成巴黎的沃韋爾分會，而配方也由夏特勒茲大修道院重新調整過。加爾都西修會的命運曲折，以致日後還會出現五座不同的酒廠負責生產商品。不論是鍊金液還是利口酒，都受到市場肯定，修道會的財務健康也因而穩固，只是商品太過熱門也對修會造成了壓力。一八六四年，修道會為了善加區隔宗教性質與財務性質的活動，將釀造地點從夏特勒茲大修道院母會轉移至鄰近小鎮弗瓦利（Fourvoirie），由專屬酒廠執行。一切如常運作，一直到一九〇三年，法國政府將這座酒廠（及夏特勒茲商標）收歸國有，且再度將修士驅逐出境。修士在西班牙塔拉哥納（Tarragona）設置新酒廠，一九〇三至一九八九年之間，夏特勒茲香甜酒在這座西班牙酒廠釀造（即使日後修士得以返國也是如此），不過由於他們不能使用夏特勒茲的商標，所以產品名稱改為「塔拉哥夏特勒神父利口酒」（Liqueur Peres Chartreux Tarragone）。從一九二一年直到一九三〇年代早期，另有第二間酒廠在馬賽營運（地址在已倒閉的苦艾酒酒廠），這家酒廠所製造的產品用於內銷法國市場。不過，修士們總是期盼有天能重回阿爾卑斯山上的酒廠。

這段時間裡，法國政府將夏特勒茲的商標賣給酒商，讓他們利用這個商標賣自家配方的酒，不過大眾並不買單，普遍認為比不上原版的夏特勒茲。接手夏特勒茲商標的新酒廠不再販售牙膏、鐵劑，或者將這些產品線賣給了其他公司，一九二九年，這間酒廠倒閉，夏特勒茲的商標又回到了修士手中。

加爾都西修道會的釀酒師重回弗瓦利酒廠，一九三二年該酒廠重新營運，但是三年後，一場山崩幾乎摧毀了整座酒廠。

生產線只得再度遷移到附近的佛瓦隆（Voiron）酒廠，一九三六年至二〇一七年間的夏特勒茲利口酒都是從這裡生產，直到產能跟不上日益擴張的需求。二〇一八年，新的夏特勒茲酒廠於埃根瓦（Aiguenoire）啟用，原佛瓦隆酒廠則改作休閒觀光景點。

今天夏特勒茲香甜酒製造過程中最重要的一環，負責操作的人僅有兩名修士。他們的工作地點不在酒廠，而在夏特勒茲大修道院（以防外人窺視），由他們碾碎、調和酒中的植物成分：每年運送至修道院的原料總重量約二十公噸。乾燥植物由兩名修士秤重、調配組合，裝入有編號的袋子，再運送到酒廠。香料袋最後進入酒中進行浸漬，蒸餾後再分類，並與糖漿調和，然後還會在酒中浸泡更多植物，以賦予夏特勒茲獨特的黃或綠色。裝瓶之前，需要將酒液置入大型橡木桶中熟成一段時間（熟成時間長短是機密，此酒祕密不嫌多，不過估計為三至五年）。

夏特勒茲四百年的歷史高潮迭底，這款酒也因而成為藝文人士的最愛。英國作家薩基（H. H. Munro，一八七〇年－一九一六年，薩基是筆名）所作短篇小說寫道：「關於基督教式微，人們愛怎麼說就怎麼說，但是，能打造出綠色夏特勒茲的宗教，永遠不會真正死去。」提過夏特勒茲利口酒的藝文作品還有費茲傑羅《大亨小傳》、伊夫林．沃（Evelyn Waugh）《慾望莊園》（*Brideshead Revisited*），以及威廉．華茲華斯的詩作，詩人還曾親自造訪夏特勒茲修道院。搖滾歌星也愛喝夏特勒茲——綠色夏特勒茲酒精濃度五五%，想必是派對玩咖的好朋友。此酒曾啟發 **ZZ Top** 寫歌（酒名搭配的歌詞是「你帶的顏色叫我解放」），湯姆．威茲（Tom Waits）也曾在歌詞中提過這款酒。杭特．湯普森（Hunter S. Thompson）不但文字作品中有它，生活中也有它。

一九九三年出版的書所描述的據說是湯普森典型的日常，他在午夜到早上六點之間，服下了「夏特勒茲、古柯鹼、大麻、起瓦士威士忌（Chivas）、咖啡、海尼根、丁香菸、葡萄柚、登喜路香菸（Dunhills）、柳橙汁、琴酒，〔以及〕輪播不停的色情電影」。二〇〇七年的電影《不死殺陣》（*Death Proof*）中，導演昆丁．塔倫提諾身兼演員，在片中大呼：「夏特勒茲！只有這酒好到變成顏色的名字！」

夏特勒茲的品牌有許多鐵粉，買酒只是為了擁有。收藏家尋覓關閉的夏特勒茲酒廠所製造年分最久遠的酒，願意花上幾千美元買一瓶。獵酒人會看酒標上的多種線索來判定一九九〇年以前製造的夏特勒茲年分，如酒廠名稱、進口商出貨國、黃色夏特勒茲的證明（一九七二年曾改變一次）、是否缺少統一商品編碼符號（一九七七年才新增）。

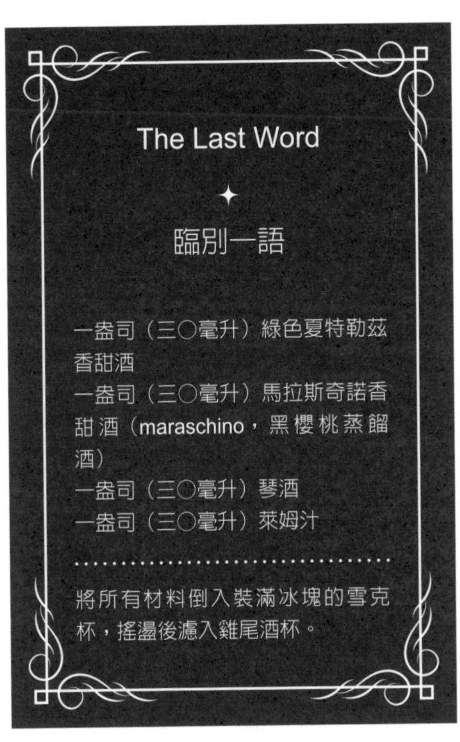

一九九〇年，夏特勒

茲在酒瓶瓶頸上加了一道日期編碼，以L開頭，加上六位數。裝瓶日期可以算出來，將編碼的前三位數加上一〇八四（加爾都西修道會創立之年），就是裝瓶的年分，後三碼則是日期，該年三六五天按順序，從〇〇一排到三六五。所以若瓶身上的編碼是「L933006」，裝瓶日期則為二〇一七年一月六日（一〇八四＋九三三）。

世上有幾家酒吧販售陳年夏特勒茲，以杯計價。來自十九世紀末弗瓦利酒廠的綠色夏特勒茲，是珍稀版之一，在舊金山餐廳「Spruce」裡，一盎司要價一二五〇美元。

其他的修道院香甜酒

夏特勒茲開始商業販售之後，群起傚之，有的是真的修士僧侶，也有牟利之徒。其他品牌沒有哪個像夏特勒茲一樣淵遠流長，不過有些存在的時間夠久，也逐漸受到敬重。其他（至少曾經）製造利口酒的本篤會修道院還有德國巴伐利亞的艾塔爾修道院（Kloster Ettal）、西班牙薩摩斯（Samos）、耶路撒冷鄰近的阿布哥什（Abu Ghosh），而熙篤會修道院品牌則有法國的主恩（La Grâce Dieu）、萊蘭聖母院（Notre-Dame de Lérins），此外還有許多修道院。

據說，百草利口酒（centerbe，意思是一百種香草）於中世紀時問世，由義大利阿布魯佐（Abruzzo）地區本篤會聖克利門蒂修道院（Abbey of San Clemente）所製作，材料來自當地山區的香草。朝聖者在旅途中造訪該修道院，百草利口酒於是有了口碑。修道院後來關閉了，不過當地居民繼續在該地區製造這款利口酒。

一八一七年，有位名叫班尼阿米諾．托羅（Beniamino Toro）的調藥師開始製造托羅百草酒（Centerba Toro），一開始在他的藥局販售，酒色是明亮的綠色，裝瓶酒精濃度為七〇%。

一八六五年的都柏林國際博覽會型錄如此描述：「這百草利口酒頗烈，是絕佳的健胃劑。除了內服有藥效之外，也適合外敷於割傷、創口。」據說十九世紀初，那不勒斯爆發霍亂疫情時，百草利口酒的市場需求也隨之上升。

今天，百草利口酒主要作為消化酒飲用，人們也會摻進咖啡、熱巧克力、牛奶來喝（這

Vert Chaud

✦

溫綠

一．五至二盎司（四五－六〇毫升）百草利口酒，或以綠色夏特勒茲香甜酒取代
六盎司（一八〇毫升）熱巧克力

將材料加入耐熱馬克杯或玻璃杯，最後在上面放幾塊棉花糖或鮮奶油霜。

樣喝夏特勒茲也很不錯）。網路上有道自製百草利口酒的配方，材料有羅勒、鼠尾草、月桂、綠薄荷、馬鬱蘭、柑橘、柳橙、檸檬、檸檬馬鞭草、薰衣草、蕁麻、錦葵（mauve）、椴樹（linden）、百里香、迷迭香、萊姆花、洋甘菊、玫瑰花瓣、丁香、烘焙過的咖啡豆、杜松子、大茴香或茴香、肉桂、番紅花、紅茶、肉豆蔻。

托羅百草酒的酒瓶上註明該產品是遵循古法製造，配方機密（那還用說）。產品容器是玻璃壺，壺外以稻草環繞包覆，彰顯其兩百年的歷史。有網站的品酒筆記描述托羅利口酒：「帶著螢光的萊姆綠色澤，味道迷人，香氣帶有些許甜味，以香草氣息為主，帶有百里香、奧勒岡、綠薄荷、松樹樹汁以及新鮮的長條洋甘草糖。」

還有一款酒叫史塔琳納（Stellina），神似夏特勒茲，也分黃綠色二款，製造地點距離埃根瓦僅二十五英里，祕密配方來自聖家修道會（Sainte Famille order）。綠色史塔琳納由十二種植物製作而成，酒精濃度為五〇%，黃色史塔琳納則是由二十四種植物組成，酒精濃度為四二%。

聖家會創立於一八二九年，不像加爾都西會避世而居，與外界多有交流，將利潤用於建造學校、傳播農業技術、在貧困地區設置輸水馬達。一九〇三年時，聖家會也跟加爾都西會一樣被逐出法國國境，修士後來在義大利杜林（Turin）南方的皮埃德蒙（Piedmont）重建據點，將重心轉往葡萄園栽培。園藝經驗老到的修士伯厥比雍（Henri-Marie Berger-Billon）則在此研發出史塔琳納的配方，他希望這款利口酒

「可口又有益」，配方在一九〇四年定案。一九三九年，聖家會修士返回法國，到了一九五〇年代間才將這款酒做成商品。

班尼迪克丁

修道院利口酒很多，常與夏特勒茲相提並論的是班尼迪克丁，這款酒並不是修士製造的，而是受到修道院鍊金液啟發而創造出來的酒。從巴黎往西北走向英吉利海峽，在海邊的費康（Fécamp）有座修女院，建立於公元六五八年，是重要的朝聖地點，因為院內有神聖遺物——基督的寶血，被發現時藏在岸上的無花果樹漂流木之中。八四二年時維京人摧毀了修女院，其遺址在一一七五年至一二二〇年間經過重建，變成一座宏偉的本篤會修道院。

根據班尼迪克丁品牌的說法，一五一〇年，有位本篤會修士溫賽里（Dom Bernardo Vincelli）在費康創造出一種藥用的鍊金液，而現存的修道院文獻紀錄中說「此飲由調藥所配製，花了很大一筆錢」。當時這款鍊金液並沒有商品化，不過在法國大革命期間持續製造，供修士自用，直到修士們被驅逐出境。有位修士將一本配方集保存了下來，其中也記載了這個鍊金液配方，法國大革命期間這本書輾轉到了另一位朋友手上，該友人的孫輩，勒格倫（Alexandre Le Grand，一八三〇年—一八九八年）就是發明班尼迪克丁利口酒的人。

「經過他的改良，口味才變得符合現代品味，本來是藥劑的東西，變成一款可口的利口酒。一八六三年，配方在他手中完成了翻新的過程，依然保有二十七種香草、香料，並依照一樣的製作方式製造。」文化遺產策展人班卡迪（Sébastien Roncin of Bacardi）如此表示，如今他是該品牌的所有人。

勒格倫打造了一座富麗堂皇的宮殿來製造這款利口酒，費康的班尼迪克丁宮殿（Palais Bénédictine）至今還在運作，依然是觀光景點（勒格倫的藝術收藏品也存放於此），遊客可以造訪冬季花園，並「一品班尼迪克丁細緻的香氣與調酒」。採用班尼迪克丁的知名雞尾酒，如：鮑比伯恩斯（Bobby Burns）、新加坡司令，還有紐奧良經典雞尾酒——老廣場（Vieux Carré）。通常班尼迪克丁會搭配干邑一同飲用，所以該品牌在一九三八年推出了「B&B」班尼迪克丁與白蘭地。

班尼迪克丁利口酒的味道主要是蜂蜜與烘焙香料。有非官方說法推測班尼迪克丁採用的材料含有：歐白芷、牛膝草、杜松、沒藥、番紅花、肉豆蔻皮、冷杉毬果、蘆薈、檸檬香蜂草、紅茶、百里香、芫荽、丁香、檸檬、香草、蜂蜜、肉桂、肉豆蔻。也有人認為還要再加上杏、蒿草、小豆蔻、鐵線蕨（maidenhair fern）或橙皮，以及山金車。

根據《美國科學食譜配方百科全書》，想要在家模仿班尼迪克丁的味道，可以使用丁香、肉豆蔻、肉桂、檸檬香蜂草、綠薄荷、歐白芷、山金車、菖蒲、小豆蔻、山金車花，將上述材料浸泡在酒中，蒸餾後調甜。

班尼迪克丁至今仍是傳統藥方，主要使用者為新加坡與馬來西亞的華人族群。人們認為可以當作「坐月子補帖」，或者健康補帖，在生產後三十到四十天內服用，加在湯裡喝，也可以直接啜飲。有些人認為坐月子期間，應該要喝完一整瓶的班尼迪克丁。

班尼迪克丁曾經宣傳其療效。一八六六年某份新加坡報紙上的廣告對班尼迪克丁的描述為：「滋補、抗中風、助消化，風味細緻……還是最能有效預防流行性傳染病的良方之一。近來法國醫藥人士幾乎一致推薦班尼迪克丁給腸胃容易感染熱病與霍亂的病人。」

接近一九五〇年時，班尼迪克丁的行銷對象也包含在嚴寒的氣候中從事戶外工作的中產階級華僑勞工，該品牌也在女性之間引起風潮，雖然說內含成分中的歐白芷並非傳統中藥所使用的當歸，兩者英語俗稱一樣都是「angelica」，前者為 *Angelica archangelica*，後者為 *Angelica sinensis*。網路上有份食譜「雞精佐班尼迪克丁香甜酒」則在雞湯與利口酒之外又加了幾片當歸。一九六四年的廣告表示：「班尼迪克丁香甜酒內含二十七種精選草藥，有益健康，能在產後強健血氣，促進身體健康。」

就算到了接近當代的一九八〇年代，新加坡出現過這樣的禮盒：包裝長得像名牌玻璃器皿聖誕節禮盒，裡面裝的是一瓶班尼迪克丁香甜酒，搭配嬰兒爽身粉、兩塊嬰兒皂。

Vieux Carré

✦

老廣場

一盎司（三〇毫升）裸麥威士忌
一盎司（三〇毫升）干邑白蘭地
一盎司（三〇毫升）甜香艾酒
〇・二五盎司（八毫升）班尼迪克丁香甜酒
二抖振裴喬氏苦精（Peychaud's Bitters）
二抖振安格仕苦精

將所有材料倒入裝滿冰塊的攪拌壺中，拌勻後濾入裝滿新冰塊的經典杯。

華人社群也會服用另一款利口酒，服用方式雷同，就是日本的「養命酒」（Yomeishu），酒精含量為十四%，內有十四種香草與藥草，包含番紅花、丁香、人參、地黃（Chinese foxglove）、薑黃、肉桂、芍藥（peony）及其他具有藥性的植物，再加上一些毒蛇。養命酒的網站列出的食譜還有「昌盛雞」、「養命酒醉蝦」等。

巴克法斯特酒

巴克法斯特酒全名為巴克法斯特滋補葡萄酒（Buckfast Tonic Wine），暱稱「巴克」

或「砸房飲料」（wreck the hoose juice），被稱為「具有幾近超自然毀滅力量的飲品」、英國版四洛克（Four Loko，斷片酒）。

巴克法斯特是添加咖啡因的加烈葡萄酒，價格低廉，對一般民眾來說，提到巴克法斯特就想到行為脫序的蘇格蘭青年。根據某份報導，一瓶標準容量的巴克法斯特含有等於八罐可口可樂的咖啡因，味道就像「莓果口味可樂加上咳嗽糖漿混合，很好喝」。

巴克法斯特的基底實際上並不是葡萄酒，而是葡萄汁摻烈酒（mistelle）：葡萄汁不發酵成酒，而是直接加入烈酒，類似法國干邑地區的皮諾甜酒（pineau des Charentes）、法國雅馬邑地區（Armagnac）的加斯科涅福洛克甜酒（floc de Gascogne）、法國卡爾瓦多斯地區（Calvados）的波莫蘋果甜酒（pommeau）。巴克法斯特的酒精含量為十五％，是蘇格蘭格拉斯哥小混混的最愛。二〇一七年英國《每日郵報》報導指出，「兩年之間，就有高達六千五百起反社會行為與暴力事件」與巴克法斯特酒有關聯。

巴克法斯特以英格蘭南部德文郡的一座修道院為名，該修道院可追溯至一〇一八年，早年修士以牧羊為主，不過在一八八二年，該修道院被賣給從法國第戎（Dijon）逃離壓迫的本篤會修士。修士為了有所收入，販售痠痛藥膏與藥品，其中之一是種興奮劑，後來成為巴克法斯特的基礎。（也有其他的修道會製造滋補葡萄酒。巨石陣所在的威斯特郡（Wiltshire）呂克尼修道會，一二四一年有紀錄指出曾經提供鐵味的葡萄酒。）巴克法斯特的建議用量為「一日三小杯，活化血氣，有益健康」。報紙上的廣告則宣稱：「預防流感與感冒，請服用巴克法斯特滋補葡萄酒。」

一九二七年，有鑒於修會無法取得適當販酒許可，他們為了能夠銷售產品，與葡萄酒商J．錢德勒有限公司（J. Chandler & Company Limited）達成協議。生產由修士負責，在巴克法斯特修道院製酒（採用法國進口的加烈葡萄汁），而錢德勒公司負責銷售。協商的時候，巴克法斯特酒的配方也改變了，而該品牌承認配方有變，從醫藥背景轉變為更商業化的樣貌。

曾有理論解釋這款英格蘭出身的酒之所以在蘇格蘭青年之間大受歡迎，是因為格拉斯哥的法規嚴格控制酒類銷售營業時間（週間晚上十點停止販售，週日不販售酒類），導致藥局販售的「藥用」葡萄酒成為代替啤酒的好方案。二○一七年，巴克的銷售額高達四千三百二十萬英鎊，而巴克法斯特修道院信託基金在二○一六年所得將近一千二百萬英鎊，且毋須繳稅。由於巴克法斯特在蘇格蘭與犯罪行為密不可分，許多團體動員呼籲禁售巴克法斯特酒，或者廢除修道院免稅許可，只是功敗垂成。

中世紀的修士、修女保存了歐洲醫療、農業、鍊金術知識，他們也改良了啤酒、葡萄酒、藥酒。不過，中古世紀結束之際，研究酒的科學家所做出的醫學發現，即將改變世界。

第四章

科學：燃素、皮蒙、巴斯德、病菌

我已移除了生命，因為生命即病菌，而病菌即生命。

——路易．巴斯德

修士忙著調合藥材製作萬靈藥的同時，其他同時代的知識分子將改變科學思潮，脫離古希臘羅馬人的世界觀，轉向更接近現代的觀點。印刷術帶來的資訊傳播交流促使十六、十七世紀發生科學革命，新興商人階級（以及後來的製造業）特別對工業技術感興趣；新的資訊、材料，甚至疾病從美洲傳回歐洲，古傳知識無法解釋。人們結合天文學、物理學、光學、數學，對力學有新的理解。哥白尼（一四七三年—一五四三年）提出了日心說，意即太陽是宇宙的中心。克卜勒（一五七一年—一六三〇年）發現了三大行星運動定律。伽利略（一五六四年—一六四二年）利用望遠鏡對運動定律進行更深入的研究。牛頓發展出微積分與萬有引力定律。既然世界越來越能理解成一座依循宇宙定律有序運行的機器，法國哲學家笛卡兒（一五九六年—一六五〇年）提出理論認為，所有的物體，包含人類在內，都是依照機械原理運作的機器。

話雖如此，時至十六世紀中葉，純科學的化學依舊深陷於鍊金術偽科學之中，醫藥學也依舊包含沒啥道理的治療方式，比如以橄欖油烹煮過的綠蜥蜴來密合傷口，再用葡萄酒清洗過的蚯蚓配樹脂來治療傷口。帕拉塞爾蘇斯的化學醫藥雖然講求象徵意義又常常沒什麼實際效果，卻爲世人帶來較為理性的診斷方式，針對生理症狀下判斷，而非病患脾性或天體運行。帕拉塞爾蘇斯治療的是疾病，而非體液。

雖然帕拉塞爾蘇斯蔑視蓋倫的著作（甚至還燒了它），並推動醫學進步，不過僅憑他一己之力，並不能撼動四大體液學說，是人體解剖學揭露的真相促成了改變。蓋倫認為人體內部循環是肝臟造血後，流入身體其他部位後被吸收。蓋倫之後的數百年間，醫師若想實際解剖人體，在某些時代是禁忌行為，某些時代又寬容容許（蓋倫自己解剖過的是猿猴，而非人體），卻少有人出面質疑蓋倫的論點。

一五四三年，法蘭德斯外科醫師薩維里（Andreas Vesalius，一五一四年—一五六四年）在研究無數屍體之後，出版作品《人體的構造》（*De humani corporis fabrica*），顯示像蓋倫想像的血液流動方式，依照人體構造看來可能是做不到的。

一六二八年，英國外科醫師哈維（William Harvey，一五七八年—一六五七年）明確指出血液循環的方式（雖然十三世紀阿拉伯外科醫師伊本．納菲斯〔Ibn al-Nafis〕已得到類似結論），而且他在觀眾面前演示自己的理論，好讓結論不會遭到否認。既然證據顯示血液流動是循環式，而非持續造血後由身體吸收，人們也就能清楚認知到血量是有限的，所以醫生恐怕不應該花太多力氣排除病患這種「過量」的體液。

一如歷史大多數情況，醫界並沒有一夕之間風雲變色，甚至在一世紀內都沒有大轉彎：放血療法持續施行直到十九世紀後期。人們想出了新的理由來支持放血。

氣體與燃素

十八世紀，啤酒與葡萄酒讓化學、微生物學、醫學領域等出現了關鍵性的進展。發酵的過程中，酵母吃掉糖分，製造出酒精與二氧化碳。如前所述，人們長期以來以酒為藥，或獨立使用或搭配植物。二氧化碳的發現則促使人們對氣體有初步的理解，能夠在製作飲品的過程運用碳酸作用，也將氣體知識應用在醫療麻醉上。酵母的研究讓人們了解微生物組織、病菌理論、疾病傳染途徑與手術衛生。

英國科學家波以爾（Robert Boyle）不完全認同亞里斯多德的四大元素理論，也就是萬物之中都含有四種元素，分量不一。

波以爾進行研究，分析礦泉水，也提議在航程中蒸餾海水以去除鹽分（他並非頭一個作此想的人），另外研究空氣的物理特性，其研究成果就是波以爾定律，點出了氣體體積與氣壓的關聯。在他之後的科學家則更進一步，辨識空氣中的氣體有何不同。

許多十八世紀的氣體研究，是在玻璃罩內進行實驗，就是今天餐廳展示蛋糕用的那種玻璃罩，或是用來當作植物栽培箱的玻璃缸。科學家在玻璃罩內點燃蠟燭，玻璃罩下方的開口處沒入水中，當其中的蠟燭燃盡氧氣之後，玻璃罩中的水位會上升，顯示罩中的氣體減少了，火消耗了空氣。

不過，在蠟燭熄滅之後，玻璃罩中還是有些空間。早期科學家對該現象的解釋是燃素（phlogiston），這個概念從鍊金術而來，一七〇三年由德國醫生施塔爾（Georg Ernst Stahl，一六六〇年—一七三四年）確立。人們認為燃素存在於可以燃燒的事物之中，燃素本身並不是火，而是可燃的特性。

無法繼續燃燒的東西，比如灰燼，則是因為其中的燃素已經耗盡。人們認為，玻璃罩下自行熄滅的蠟燭，並不是因為耗盡了燃素，而是因為蠟燭在燃燒的過程中釋放出燃素，周圍的空氣因而充斥著燃素。至於可燃的液體——生命之水——則曾被認為是水與燃素的複合物。

但是，燃素這個概念並不是在所有情況下都合理（結局爆雷：燃素根本不存在）。史塔爾認為，氧化作用（比如生鏽）與燃燒有關，但是當金屬產生氧化作用時，其重量並不會減少，反而會增加。如此看來，唯一合理的解釋就是，燃素含有負數重量。這種說法雖然可能性極低，人們卻花上將近一世紀才得出反證。

另有實驗是在太陽下使用放大鏡，隔著玻璃罩點燃罩內的材料，然後測量實驗產生的固體與氣體物質重量，並進行測試。他們將老鼠放在實驗結果產生的氣體中，觀察老鼠可以維持呼吸多久。也有實驗是將植物放在這種氣體中，直到植株死亡、腐爛後，再將實驗順序倒過來重做一次。（十八世紀的氣體學家悶死了一堆老鼠。）科學家將氣體的特質條列出來，發現空氣是以兩種氣體組成，而只有其中之一是可燃的。一七五〇年代，蘇格蘭化學家布萊克（Joseph Black，一七二八年—一七九九年）

展示了許多當今小學科學課堂實驗會做的小型火山秀，他將小蘇打放入醋中，觀察產生的氣泡。布萊克也研究石灰石（粉筆）遇酸後冒泡、釋出「定性氣體」（fixed air），他測量實驗過程中的前後變化，還能反向操作實驗。他的成果顯示經由特定反應製造出來的空氣，跟一般的空氣有不同的特性。「定性氣體」就是後人所知的二氧化碳。

普利斯里（Joseph Priestley，一七三三年—一八〇四年）是牧師，搬家到啤酒釀酒廠旁邊之後開始研究氣體，發現釀酒桶中的啤酒所製造出的空氣，特性與布萊克所述相同。他還發現將老鼠置於這種空氣之中，老鼠會死亡。這種氣體也是定性氣體。

普利斯里可能還是世上做出人工碳酸水的第一人，他在會產生滅鼠氣體的釀酒桶上方，反覆把水在兩個容器之間倒來倒去。後來普利斯里在實驗室裡造出了一種儀器來製造這種氣泡水，並在一七七二年寫下《將定性氣體溶入水中之指南：以聯結皮蒙之水及其他天性相似礦泉水之奇異優勢》（*Directions for Impregnating Water with Fixed Air: In Order to Communicate to It the Peculiar Spirit and Virtues of Pyrmont Water, and Other Mineral Waters of a Similar Nature*），書中說明如何製作人工碳酸水。

他設計了多種設備以利進行氣體實驗，其中之一到了一七七四年演變成「輕便汽水機」（gasogene），本來的設計企圖是要製造碳酸水，使用小蘇打（酒石酸加碳酸氫鈉）讓儀器內的水產生變化，輕便汽水機後來成為如今的虹吸式氣泡水機，也稱為蘇打瓶（soda siphon）。輕便汽水機衍生出的另一儀器則用來施行麻醉。

至於文章完整篇名中提到的「皮蒙」則是一處知名的天然礦物氣泡湧泉。普利斯里在文章裡說，將礦物加入水與定性氣體之中，就可以讓水更像這種泉水，不過泉水的「奇異優勢」是來自氣泡。普利斯里認為這種充滿二氧化碳的水可以治療壞血病與熱病，他寫道：「我不願妨礙醫師的天命，但既然有了這個念頭，若不藉此機會，帶著敬意來提出一點建議，將溶入定性氣體的水作為藥用，我將有所抱憾……水溶定性氣體極有可能得以發揮益處的疾病，則是具有腐臭本質一類的疾病，海上壞血病即為其一。」書中還建議，這水可能也適合拿來灌腸（哇啊！）、治療肺部潰瘍、緩和癌症，還有其他的「腐臭性疾病」。

歷史上，人們曾數度明白檸檬可用於預防或治療壞血病，但又數次將之遺忘，不過到了十八世紀，為了找到解方，有人進行了一連串的實驗，某種程度上還是控制條件的實驗。

我們今天知道壞血病是來自缺乏維生素，古人曾提出各式各樣的嘗試方案，比如發酵食物與飲品，特別是酸菜。古人認為壞血病是身體內部腐壞（因為早期症狀之一是牙齦腫脹、牙齒掉落），所以經過發酵卻沒有腐壞的蔬菜搞不好可以將自身抗腐壞的能力傳授給水手。愛爾蘭醫師大衛・麥博（David MacBirde，一七二六年—一七七八年）就有此聯想，他提倡在船上備有濃縮發芽大麥，認為水手吃了之後，麥芽會在體內發酵。啤酒發酵時會產生二氧化碳（定性氣體），所以或許定性氣體溶入水中，也可以阻止腐壞。

普利斯里曾獲皇家學會的科普利獎（Copley Medal），一七七三年學會會長表示，得獎理由為：

> 我們從布萊克博士學到這種定性或有害的空氣可藉由粉筆與稀釋蒸餾硫酸大量製造，又從麥博博士得知此該流體具有抗菌防腐特質，也從卡文迪許博士（Henry Cavendish，一七三一年—一八一〇年）得知，量大時此物可被水吸收，從布朗令格博士（Brownrigg）得知正是這種空氣賦予礦泉與皮蒙水益處與清凜特質，而普利斯里博士知識淵博，想出一般的水只要溶入此氣體，就能作為有效藥物，尤其可為長途航程的水手治療或預防海上壞血病。

這獎頒得太早了，蘇打水當然拿壞血病一點辦法也沒有（本書第六章會談到壞血病真正的治療方式）。不過普利斯里確實預見了這種含氣之水在未來的用途：「依照此法，可將定性氣體置入葡萄酒、啤酒，幾乎任何液體都可行：當啤酒沒了氣泡而無味時，可以用這個方法恢復滋味；而定性氣體那細微宜人，或說帶點酸的風味，在水中頗為明顯，到了葡萄酒中卻幾乎嚐不出來，其他自身風味鮮明的液體亦然。」

普利斯里後來又發現了幾種新氣體，比如笑氣（nitrous oxide，一氧化二氮）、二氧化硫、氮（也被稱為「火質氣」、「含燃素氣」）、氧氣（被稱為「脫燃素氣」、「生命之氣」）。另有人獨立發現了氧氣（稱為「火之氣」），他是瑞典科學家卡爾．威廉．舍勒（Carl Wilhelm Scheele）。

普利斯里也看出植物能復原人與動物呼出來的空氣，他寫道：「大批動物恣意呼吸對大氣所造成的傷害……至少有一部分，可經由植物的製造力修復。」

他甚至進一步藉由實驗發現，老鼠（被悶死前）在氧氣中能存活的時間，比在一般空氣中多兩倍，所以他認為，氧氣也應該可以應用於醫藥之中。他寫道：「將來，這種純空氣或許將變成一種奢侈的時尚配件，迄今只有我與兩隻老鼠曾有幸呼吸之。」

拉瓦錫

從歷史看來，普利斯里給人的印象是個出身寒微的科學家，埋首桌上的實驗，脾氣跟同代的科學家安東・拉瓦錫（Antoine Lavoisier，一七四三年—一七九四年）恰恰相反。拉瓦錫是富有的貴族，他為私有的徵稅辦事處工作，向法國政府匯報。拉瓦錫做了許多實驗，不過並沒有獨立從實驗中得到新發現，他所做的實驗大部分是重現普利斯里與他人的實驗（他會假裝從來沒聽過這些實驗），採用更好的儀器（他能買到最好的等級），他避談他人，卻從實驗中獲得精彩的結論。

拉瓦錫的妻子是瑪麗安（Marie-Anne，一七五八年—一八三六年），從事插畫、翻譯，也是他的事業夥伴，科學界也承認她的貢獻，這是那個年代極罕見之事。紐約大都會美術館有幅他倆的肖像畫，安東坐在桌邊書寫科學筆記，瑪麗安則站在一旁，一手搭在丈夫肩上，身旁是她的畫架。

拉瓦錫相信化學反應不會創造物質，也不會摧毀物質（這個概念本身極為重要），他一開始只是在著作中討論葡萄酒發酵之化學過程，某章節中順便提到這個概念。他也試著在實驗中展示這個概念，在化學反應前後蒐集並測量所有的物質，這樣不只能顯示出物質不滅，還能看出各種物質改變了多少——比如，一般空氣中，氮氣、氧氣的相對分量。拉瓦錫看出氧氣的基礎特質，且知道物質能夠燃燒必備的所謂燃素，更好的解釋方式是空氣中的氧氣。從這個角度來看，氧氣的重量就能列入計算，而燃素就不需要有負數的重量。話說回來，普利斯里並不相信這番說法，發表了《確立燃素理論，駁斥水的組成》（*Doctrine of Phlogiston Established, and That of the Composition of Water Refuted*）。

拉瓦錫也重現了亨利・卡文迪許的實驗，以電火花結合氧氣與氫氣。不過卡文迪許相信氧氣與氫氣都含有燃素，而拉瓦錫則得出這個化學反應並不需要用燃素來解釋。

拉瓦錫寫下了〈再思燃素〉（Reflections on Phlogiston）：「本文誠摯籲請讀者盡可能拋下成見，單看事實本身如何呈現，拋棄所有邏輯假設，把自己帶到比『定義燃素的』施塔爾更早的時代，暫且忘記他的理論確實存在，如果做得到的話。」

拉瓦錫為氧氣命名，也與人合作創造出化學物質的命名系統，沿用至今，他還列出了三十三種當時懷疑存在的元素。他解讀了氧氣在燃燒與呼吸作用裡的角色。在他不久後，其他科學家展示植物在光線下將二氧化碳轉化為氧氣的過程。十八世紀末時，偉大的實驗科學家的觀念已經從將空氣視為單一元素，進步到理解氣體元素與混合氣體、人與動物的呼吸作用、燃燒、光合作用。科學進展在這個世紀突飛猛進。

話題回到拉瓦錫，雖然他如此才華洋溢，最後卻因為他為法國政府效力而殞命。一七九四年法國大革命時，他遭人監禁，最後上了斷頭台，當天他的岳父也落得同樣的命運。瑪麗安在先生被處刑之後整理文件，為他出版了回憶錄。

人們檢驗氣體，想知道是否具備醫療功效，其一為年輕科學家杭弗瑞・戴維（Humphry Davy，一七七八年－一八二九年），他任職於英國布里斯托的氣體研究所（Pneumatic Institution），工作就是測試氣體。（戴維在展示摩擦生熱的概念時，將

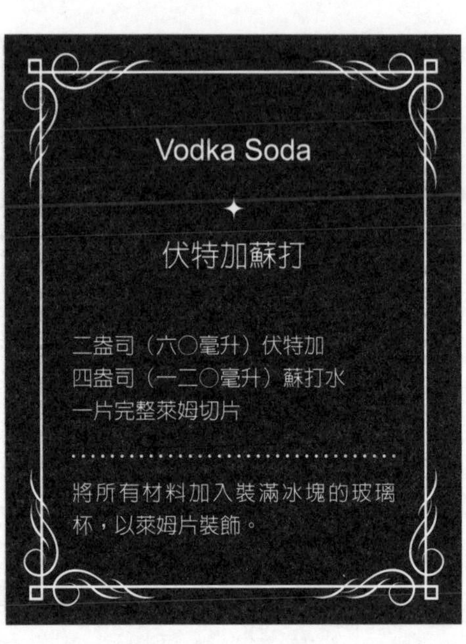

兩塊冰塊互相摩擦至融化，讓他小有名氣。）戴維拿自己進行氣體實驗，大口吸入一氧化碳，差點害死自己，相較之下，他比較喜歡讓自己笑個不停的一氧化氮。笑氣成了他舉辦的派對上的重頭戲，他也在一八〇〇年以此為題發表了一篇精彩的作品。

人們猜想一氧化氮或許可以作為麻醉劑，美國的外科醫生對這個主意很感興趣。一八四六年，波士頓的牙醫威廉・莫頓（William Morton，一八一九年—一八六八年）示範如何吸入液態乙醚（預備材料是酒精與硫酸的混合液），不久之後人們開始使用氯仿，且成為較常使用的麻醉方式，部分原因是氯仿不像乙醚具有可燃性。乙醚也曾經在科學家舉辦的派對上大出風頭一陣子，但是用於醫療上則被認為操作時「安全範圍太小」，而且使用乙醚的人經常意外死亡，所以乙醚很快就被其他的麻醉方法取代。

今天，人們在醫療上利用氣體的方式有許多。缺氧的病人可以使用氧氣，麻醉也使用一氧化氮，特定手術需要讓腹腔與直腸膨脹時會採用二氧化碳。乾冰（固態二氧化碳）、液態氮不只是分子調酒術（molecular mixology）的寵兒，也用於醫療。二氧化碳在飲料中的應用是使液體碳酸化，健力士的標誌泡沫則是來自氮氣。氬氣、氮氣單獨使用或混用，都可用來保鮮開封過的葡萄酒。

水療

一五四二年，安德魯・博迪（Andrew Boorde，約一四九〇年—一五四九年）曾寫道：「對英國人來說，水本身並非健康之物。」博迪是位醫生，也是寫出第一本以英文寫成的歐洲旅遊指南出版專著的人。

水不得人心，相較之下，礦泉位於靜僻之處，環境悠閒，則是人人嚮往。帕拉塞爾蘇斯曾研究礦泉，他的醫療方法採用礦物質可能也是受此影響。

早在羅馬人的時代以前，就有以天然泉水為中心的礦泉療養區，不過羅馬人也熱衷建造澡堂，在本國或他們征服的歐洲地區都能見到。英國人的泡澡，並不像羅馬人在公元一世紀時打造的那種公共溫泉。公元前八六三年時，一位流亡的王子發現礦泉具備修復能力（傳說如此），他看見當地的豬隻在溫暖的泥巴裡打滾，他也有樣學樣，結果治好了他的痲瘋病。

造訪礦泉水療地區，代表能享受優良、乾淨、無瘴氣的空氣，以及純淨程度可供飲用的水源，這類的地方有英國巴斯（Bath），或德國阿波利那瑞（Apollinaris）、塞特（Selters，也就是氣泡礦泉水「seltzer」一詞的由來），以及法國的波多（Badoit）、比利時斯巴（Spa）。富含礦物質的泉水有許多種：井水是有治療功效的飲用水，礦泉浴則能泡澡、作為休閒之用，而礦泉療養區，除了可以飲用，還能在其中「游泳」。

原本造訪礦泉區是上層階級的事，到了十八世紀時也開始在新興的商人階級之間流行了起來。到礦泉區待上一段時間，就像今天帶全家大小去紐約州卡奇茲山（Catskills）的避暑勝地一樣。飲用調養礦泉的泉水也蔚為潮流，不只身體有特定病況的人會喝，一般為了強身健體也會喝。

十七世紀晚期，日耳曼醫學教授佛德里契．赫夫曼（Friedrich Hoffmann，一六六○年－一七四二年）在著作中表示，礦泉水的治癒效果只有帶氣泡的礦泉才有，他還將不同的礦泉分門別類，富含鐵礦的可以強健四肢、治療潰瘍，富含中性鹽的適合間斷性發燒。醫生常推薦「血質貧瘠」者使用鹽鐵礦泉。世界上受缺鐵性貧血影響的人口數量頗高，尤其好發於孕婦、孩童、老人，但也可能是由鉤蟲這種寄生蟲造成的。富含鐵質的礦泉是貧血的天然療方。

有些泉水富含鎂，瀉鹽則是硫酸鎂，今天我們依然用硫酸鎂來外敷以減緩疼痛，內服則可作為通便劑。而古人用富含碳酸氫鈉的礦泉舒緩胃部。人們還推薦使用另一類礦泉來治療甲狀腺腫大，通常病灶是缺碘，以前的人沒有碘鹽可用。

一八七五年的著作《礦泉浴與礦泉水的療效：歐洲礦泉手冊》（*On the Curative Effects of Baths and Waters: Being a Handbook to the Spas of Europe*），其作者朱里烏斯．布羅恩（Julius Braun）醫師先討論了飲食、運動、鄉間空氣、海拔等一般健康事項，才開始討論冷熱礦泉的療效差異，再進一步描述鹹礦泉、硫磺泉、海水泉、泥泉、鹼性泉、鹽鐵泉及其他各式礦泉。這本手冊認為阿波利那瑞礦泉「對慢性支氣管黏膜炎〔積痰〕非常有幫助，適合容易膽結石者、痛風、膀胱酸性體質者。此泉，以及其他含氣量高的鹼性礦泉作為某些藥物，更是有效又宜人的手段，還適合搭配通便苦水額外服用，在許多情況下都可以強化通便劑的效力，所以可以降低通便劑劑量，也減緩其令人虛弱的副作用。」

人們將最出名的礦泉之水裝瓶販售，作為帶有藥性的解渴之物，且特別註明用於調和飲品。當時的阿波利那瑞就像今天的沛綠雅（Perrier），自稱為「餐桌飲用水女王」。「威士忌波利」（Scotch and Polly）則是蘇格蘭威士忌加上阿波利那瑞礦泉水，這款飲料風行的原因部分是一九〇〇年後的一首同名搞笑歌曲。一八六二年傑瑞．湯瑪斯（Jerry Thomas，一八三〇年—一八八五年）所著《調酒師指南》（*The Bar-Tender's Guide*，又名 *How to Mix Drinks*，*the Bon-Vivant's Companion*）中的酒譜，就指名使用塞特礦泉水，後來的版本也加了阿波利那瑞。哈利・強生一八八二年的書《改良新版調酒師手冊》則提到了薇姿礦泉水（Vichy）。

沛綠雅來自法國韋爾爵（Vergèze）附近的礦泉，據說此地在公元前二〇〇年時，是迦太基將軍漢尼拔前往羅馬途中暫駐，讓軍隊馬匹、戰爭用象休息的地方。很久以後，拿破崙三世在一八六三年核可該地作為天然礦泉，當地成為礦泉療養中心，後來這座礦泉先是由沛綠雅博士購得，他宣傳溫泉好處，不過後來礦泉轉賣給一位商人，而商人關閉了礦泉療養中心，一九〇〇年後決定進攻無酒精飲料產業。沛綠雅的瓶裝外型設計原意是要仿照特技雜耍棒，這種棒子以前曾是運動用品，這麼設計是希望讓消費者將沛綠雅產品跟健身的概念連在一起。

波多天然氣泡水的水源在古羅馬時代之前就已為人所知，根據該品牌網站，一七七八年時，路易十六的御醫開的處方箋是波多礦泉的天然氣泡水，以「增進食慾、緩和消化、讓人精神愉悅」。一八四一年時此地的水已經開始裝瓶販售，標榜「在家也可以水療」，一九三〇年代的品牌廣告的主角則是卡通人物「優活醫師」，由他來說明產品如何讓人活力充沛。

根據依雲礦泉水（Evian）品牌網站，該礦泉在一七八九年時「由當地的法國貴族雷瑟侯爵（Marquis de Lessert）於小鎮埃維盎萊班（Évian-les-Bains）所發現」。以前礦泉水只在當地販售，一八〇六年有了一座溫泉水療中心，一八二六年增設瓶裝工廠。

一九七八年，依雲礦泉水首度出口到美國，在當地的品牌定位是奢侈品，還聘請設計師推出特別款的瓶身設計。

至於美國，當今的瓶裝水水源（或至少其品牌名稱）也通常來自礦泉療養區，或有這樣的歷史的地方。薩拉托加礦泉水（Saratoga Springs）是以往伊洛奎族（Iroquois）與莫霍克族（Mohawk）常常造訪的地方，而納帕谷（Napa Valley）的瓦波族（Wappo）會去的加州卡利斯托加溫泉（Calistoga）也成了品牌。

波蘭泉水（Poland Spring）的水源來自緬因州，據說在一八四〇年代曾治好某位農夫的腎結石，該礦泉則變成了蒸氣浴與水療治療休閒中心。如今市售品牌礦泉水的水源，比較可能從他處取得，不是來自演變成熱門水浴場的特定礦泉。

到了一九〇〇年時，德州某小鎮的礦泉井變得知名，每年湧入十五萬觀光客，當地有「瘋癲水」，據說可以讓神智清明的人變得瘋癲，反之亦然。（後來人們發現這些井泉之中，有些富含鋰，也就是開給躁鬱症患者服用的藥物成分，有穩定情緒的效果。）十九世紀後期還曾掀起一陣氧化鋰瓶裝水的養生熱潮。

來自墨西哥蒙特瑞（Monterrey）的托普奇科（Topo Chico）是款氣泡量超多的瓶裝礦泉水，從一八九五年起就開始裝瓶出售，今天隸屬可口可樂公司。該品牌網站曾經寫了一段十五世紀「美麗的阿茲提克公主」傳說。「莫克特蘇馬一世（Moctezuma I）的女兒、祭司、廚師在那裡度過了一段時光，以泉為浴、為飲，他們回到阿納瓦克

（Anahuac）的領地時，心懷樂觀、強壯愉悅、神采奕奕。公主康復的消息傳遍了王國各地，代代相傳，直到如今。」

托普奇科在德州成了「農莊之水」（Ranch Water）這款調酒的首選氣泡水，不過這款酒原始版本可能比較像有氣泡的馬格利特。今天不少罐裝的酒精蘇打水與雞尾酒品牌也推出已經調好的農莊之水，讓不想自己動手調酒的人可以直接買來喝。

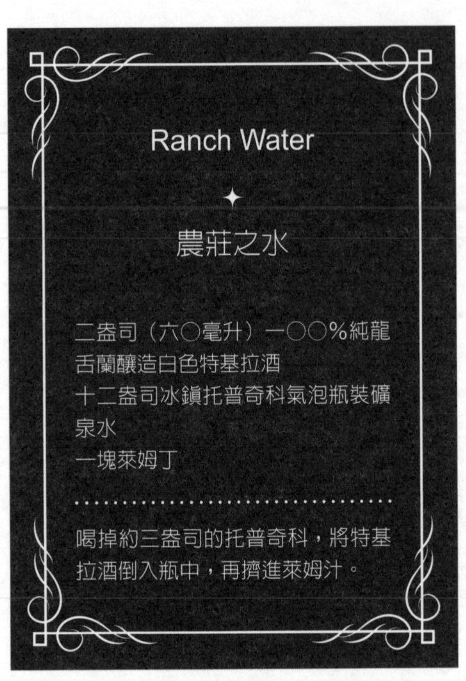

世界各地的烈酒公司，尤其威士忌酒廠，在提到水源的時候，行銷的重點擺在純淨，而非有益健康。傑克・丹尼的田納西威士忌（Jack Daniel's Tennessee Whiskey）酒廠導覽中，導覽員會向遊客展示酒廠收集石灰石水的洞窟。山崎酒廠地點則選在「桂川、淀川、木津川三川匯流之處，此處霧氣瀰漫，天候獨特，還有日本水質最軟的水」。蘇格蘭的格蘭傑威士忌酒廠（Glenmorangie）為媒體規劃的導覽則包含泰洛希湧泉

（Tarlogie Springs）。

不過，大多數的情況下，釀酒廠所說的特殊水質只會用於發酵基礎麥芽或其他的材料。多數烈酒並非以蒸餾後所得的酒精直接裝瓶，而會加入不含礦物質的逆滲透自來水，稀釋成標示裝瓶濃度，才成為市售烈酒。

氣泡水大升級

由於礦泉水給人健康的印象，實業家紛紛銷售起礦泉水，讓懂得避免飲用泰晤士河水或都市水源的明智大眾可以買得到。

初代人工礦泉水就曾企圖重現知名礦泉的水，還添加了與正牌相似的礦物質內容。波以爾在一六八五年發表了《礦泉水的自然實驗歷史之短篇回憶錄》（*Short Memoirs for the Natural Experimental History of Mineral Waters*），解釋了多種分析水浴礦泉水的方法，以確認其中的礦物內容，藉此得知其藥效。

碳酸性天然礦泉水之所以帶有氣泡，是來自地底岩漿釋放的氣體，這些氣體流到上方的水源處，被包含在水中。由於這樣的氣泡水特別受到重視，所以在普利斯里向人展示如何以人工外力將水碳酸化之後，一場重現天然氣泡水的競賽就此展開。

英國諾福克（Norfolk）調藥師布里（William Bewley，一七二六年—一七八三年）發表配方「布氏臭味朱利普」（Bewley's Mephitic Julep），但這個配方不是雞尾酒，而是加了碳酸氫鈉的氣泡水。「朱利普」一詞來自阿拉伯語，是一種藥飲，後來才變成酒精飲料的名字。醫生會把布里的飲料當成處方，治療「斑疹傷寒、壞血病、痢疾、吐黃膽汁等等」。

除了布氏臭味朱利普，另一位調藥師，湯瑪斯·亨利（Thomas Henry，一七三四年—一八一六年）增強普利斯里的碳酸法，想要大量製造模擬水療礦泉的氣泡水，亨利被認為是第一位銷售人工碳酸水商品的人。亨利遵照普利斯里的建議，使用打氣筒壓縮氣體，原始設計採用豬膀胱來打氣，謝天謝地，有人建議把豬膀胱換成壁爐風箱，很可能大大提升了成品的味道。

日內瓦的雅各·施威普（Jacob Schweppe，一七四〇年—一八二一年。按：知名飲料公司舒味思 Schweppes 創辦人）是位業餘科學家，他讀到如何製作水溶氣體的新穎技術，在家自己重現實驗，還擴張了實驗規模。

他在一七八三年自行架設了可供商用的儀器，開始向外提供自製的氣泡水，第一批對象是當地醫生，後來，隨著生意日漸茁壯，他販售兩種水，一種是一般的「酸性蘇打水」，另一種是人工礦泉水，模擬對象是皮蒙、塞特、斯巴與其他的天然礦泉水，他的人工礦泉水有些還依照強度變化來區隔，以添加的礦物鹽含量區分為一般、雙倍、三倍。塞特牌氣泡礦泉水在以前被認為具有降溫效果，給「講太多話而虛脫、跳太多舞而燥熱的人，也給想離開熱烘烘的室內或擁擠人群的人」。

蟲與啤酒

英國科學家普利斯里觀察啤酒發酵過程，發現了氣體，法國化學家暨微生物學家路易・巴斯德（**Louis Pasteur**，一八二二年—一八九五年）研究葡萄酒與啤酒，揭開了致病細菌理論的序幕。巴斯德不是第一個提出病菌理論的人，公認率先提出的是義大利醫生吉若拉摩・弗拉卡斯托羅（**Girolamo Fracastoro**，約一四七八年—一五五三年），弗拉卡斯托羅也是一五三〇年的經典著作《論梅毒，又稱法國病》（*Syphilis, or the French Disease*）的作者，該作以拉丁韻文寫成，後來他還寫下了《論傳染》（*On Contagion*，一五四六年），書中解釋「疾病的微小種子」傳播的方式不是藉由瘴氣，而是與感染者直接接觸，或者接觸到感染者的貼身物品，比如穿過的衣服。可惜的是，弗拉卡斯托羅的時代並沒有顯微鏡可以證明理論。

十七世紀起，人們開始用起顯微鏡，而十八世紀顯微鏡技術大幅躍進，巴斯德跟上了最新的進步科技。一八四七年，他取得科學博士學位，隔年發表他的第一篇科學

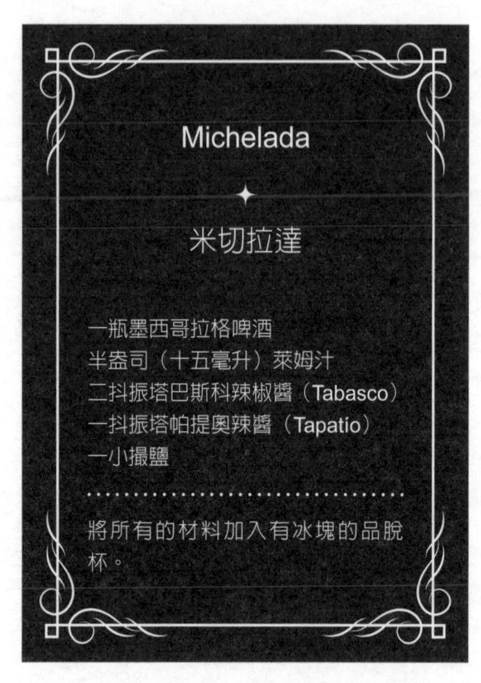

發現，日後他將發現更多事物，改變世人對世界的認知。他研究葡萄酒酒石酸鹽（葡萄酒發酵與陳放過程中沉澱的結晶物），發現了分子不對稱性，也就是分子可以擁有同樣的化學式，卻有不同的構型，就像左右兩邊的鞋子。這是立體化學領域的基礎，研究分子在三維空間的特性。

巴斯德研究發酵過程的目的是希望能顯示這是生物性程序，而非化學性程序。回想一下之前提過的火山噴發科學小實驗：粉筆或其他鹼性物質，加上醋或其他酸性物質，在有水的情況下，會冒出大量氣泡，釋放出二氧化碳。如果那是純粹的化學反應，那麼，同樣也會產生氣泡與釋放二氧化碳的發酵作用，顯然必定是另一種化學程序。

不過，巴斯德研究葡萄酒酒石酸鹽後，產生了一個念頭：只有活物能產生具有光學活性的不對稱分子化合物（光學活性的意思是，以極化光照射該物時，極化光會順著物體以不同角度旋轉）。他潛心研究發酵，希望可以看出這是個微生物程序，在發表發現結晶體之後過了十年，他終於發表了第一篇可以證實此概念的作品。該論文研究乳酸發酵，也就是讓牛乳發酸或變成優格、使酸菜泡菜發酵、讓酸啤酒發酸的東西。巴斯德寫道，他發現了一種特別的發酵作用，能藉由糖製造乳酸，且堅持這個過程之所以發生，是源於一種有生命的微生物組織。

他又以不接觸皮膚的方式來榨葡萄汁，在他的觀察下，葡萄汁後來並未發酵。巴斯德相信這些實驗透露的是，要產生發酵（或腐敗）這樣的生物程序，需要活的有機體。若沒有這些有機體，發酵作用就不會發生。這樣的說法也暗示，當時主流的自然發生論（spontaneous generation）必定是錯的。

自然發生論認為，生命起源於無生命之物，就像蛆會從廚餘肉塊中「冒出來」，或者桌上的湯長期放著不管就會「長出」黴菌。巴斯德並不是第一個質疑自然發生論的人，但他以著作提供了反證。他也公開演示證明，若沒有既存生命（微生物有機體），蛆、黴菌都不會出現。

巴斯德進行了一系列的細頸燒瓶實驗，燒瓶裡放的是很容易在環境中發酵的酵母糖水，他在實驗中將酵母糖水煮沸，將有些燒瓶暴露在空氣中，有些燒瓶在注入溶液後不再有空氣流入，因為彎曲細瓶頸阻礙空氣流通。如他所料，密封的燒瓶內，溶液沒有腐壞，因為沒有被活的微生物汙染。巴斯德展示了唯有具有生命的東西，才能產生活體。他宣稱：「這番簡單實驗所產生的結果，對自然發生論是致命一擊，永遠無法恢復。」

自然發生論在當時的科學界根深蒂固，得花上好幾年的倡議才能讓世人徹底拋開，所以巴斯德的發現與其說是終結性的致命一擊，不如說是種長期傷害。巴斯德也用其他液體來進行實驗，如尿液、牛奶（並未混在一起），實驗顯示若將液體加熱到一定程度後，就不會腐敗。也因此，用加熱來替食產品滅菌以延長保鮮期限的程序，被稱為巴氏滅菌法。

巴斯德在二十年內的研究中（其中五年拿來研究蠶的疾病，拯救了法國絲綢業）釐清了啤酒、葡萄酒在發酵、儲藏、運輸過程中酸敗的各種原因，並想出了一套標準作業程序來預防食物腐壞、延長食品保鮮期。他知道微生物有機體有偏好的酵母菌株，彼此互相競爭，這導致發酵失敗或走味。由於他的研究，現代的酒精飲料製程在發酵葡萄或穀物時，會添加特定的酵母菌株，數量足夠大幅超越在自然環境下漂浮於大氣中的酵母。發酵的溫度也受到控制，使得我們選定的酵母更容易繁殖，其他細菌難以與之競爭。一八六六年，巴斯德發表了《葡萄酒研究》（*Études sur le vin*），探討葡萄酒的疾病，又在一八七六年發表《啤酒研究》（*Études sur la bière*），為這個階段的研究畫下句點，轉而鑽研動物與人的感染疾病，那些研究又再度改變了世界。

天花這種疾病，據估計，光是二十世紀就殺死了三億人，在十八世紀初，瑪莉·

渥特莉・孟塔古夫人（Mary Wortley Montagu，一六八九年－一七六二年）與丈夫旅行至土耳其，在當地學到了人痘技術（預防接種法），在此之前她曾感染天花，僥倖存活卻因此毀容。她讓兒子在土耳其接受人痘接種，返鄉之前其他的孩子也都接種了。

人痘接種技術需要從病患身上的天花痘上採集一點樣本，並在健康的接種者的手或腿上刮個小傷，將樣本放上去，這樣接種者得到通常沒有傷害性的小規模天花。瑪莉夫人大力宣傳人痘接種風俗的好處，不過卻遭到醫界反對，認為只是偏門民俗療法。不過，瑪莉夫人還是說服了一些統治階級成員，讓他們願意與子嗣進行接種，俄羅斯的凱薩琳大帝就在一七六八年同意了。

土耳其式的人痘接種會讓危險的病菌組織在受到控制的情況下進入病人體內，而疫苗不同，疫苗是讓經過弱化的病菌進入人體。就在這個世紀結束之前，愛德華・詹納（Edward Jenner，一七四九年－一八二三年）已成功使用牛天花來進行接種，讓人體產生抗體，而不是直接使用真正的天花病毒。天花是人類史上頭幾個藉由疫苗控制疫情的疾病，當時人們並不了解具感染性的微生物組織。

到了巴斯德的世紀，他的發現讓更多疾病有了疫苗。一八七六年，德國醫師羅伯特・科赫（Robert Koch，一八四三年－一九一〇年）分離出炭疽病毒，他與巴斯德都證實此病毒能散播炭疽病，這就確立了疾病的病菌理論。從發酵作用的細菌理論開始，自然而然發展出病菌理論。一般認為病菌理論的功臣是巴斯德、科赫、李斯特（Joseph

Lister），後者宣導消毒作業。巴斯德後來還研發了狂犬病疫苗，首度人類施打是在一八八五年。

李斯特

瘴氣理論認為臭氣帶有疾病，源頭可能是鄉間沼澤死水、人口密集處的汙水下水道，像是人擠人的貧民區。十九世紀的醫院，既有擁擠的人群，又有臭氣四溢的病體與體液。佛羅倫斯・南丁格爾（Florence Nightingale，一八二〇年—一九一〇年）在克里米亞戰爭（一八五三年—一八五六年）期間示範了衛生的環境可以提高病患生存率。醫院空間因此重新規劃，在情況允許時，讓病人之間有更大的間隔，並增加空氣流通，以降低瘴氣一類的疾病發生。

可是，因為人們相信疾病是從空氣而來，所以沒有必要清理環境。外科醫生不同於內科醫生，他們經由實習來學習技術。醫學史上大多時候，外科手術與醫學無關，是理髮匠兼職的，這些人負責僕侍工作，如放血、剪髮、刮鬍子、拔牙等，即使到了十九世紀初，外科醫生還是有許多並沒有上過大學，雖然說就算這時他們上大學，也不會學到病菌理論，那是十九世紀下半葉才發生的事情。

外科醫師開刀的方式是手術一場接一場，中途不會清潔開刀工具，醫護也不會清洗衣服，更不會更換床單。難怪大家都怕醫院怕得要命，只有在病況極糟時才願意入院。到醫院接受外科手術是走投無路的選擇，有些病人甚至一聽到他們得動手術，還會選擇逃跑（真的立刻起身逃出醫院）。就算病人沒有死在開刀過程中，感染也讓死亡率高得嚇人。

瘴氣致病理論碰上霍亂就難以解釋，霍亂是小腸受到細菌感染，造成嚴重腹瀉，短時間內大量損失體液。霍亂明顯與人口數有關，疫情一陣一陣，常常在沒有什麼特別的臭味時爆發。人們為了治療霍亂試了很多方法，包含醋、樟腦、葡萄酒、辣根、薄荷、芥末藥膏、水蛭、放血、鴉片酊、甘汞（汞鹽）、蒸氣浴等。

有位外科醫師名為約翰・史諾（John Snow，一八一三年－一八五八年），他在一八五四年發現，某場霍亂疫情中，多數的死者都從同一處水源汲水，也就是倫敦博德街上的水泵。而這條街上也有一座釀酒廠，卻沒有任何一位酒廠工人死於這場霍亂。這座釀酒廠使用自家的水井。距離該地幾碼之外，有另一家工廠，裡面的工人卻得了霍亂，工廠工人與酒廠工人呼吸的空氣是一樣的，喝的水卻不一樣，這不可能是瘴氣造成的。謎題揭曉：博德街的水泵與下水道距離只有幾碼之遙。今天人們稱史諾為流行病學之父，因為他追蹤疾病起源有功。

當時還有另一個論點也反對瘴氣理論。一八五八年夏，倫敦上空飄起一陣「大惡

臭」，來自泰晤士河岸堆積的人類糞便。這場災難造成的空氣汙染之嚴重，讓人們紛紛逃離城市，深信接下來馬上會爆發霍亂，但是疫情卻沒有隨之而來。

後來，維也納的艾洛儀斯·皮克教授（Alois Pick，一八五九年－一九四五年）證實，將葡萄酒加入水中，能殺死其中的霍亂與傷寒桿菌，而且倒入越多葡萄酒，殺菌的速度就越快。這項發現在一八九二年漢堡發生霍亂疫情時對外公布，建議市民喝水前先把紅酒倒進水中，放幾小時再喝。

約瑟夫·李斯特（一八二七年－一九一二年）是英國外科醫師，他對顯微鏡相關研究十分熟悉，所具備的醫學實務知識也超越同行。他父親是葡萄酒商兼業餘科學家，對顯微鏡器材做出了重大改良。李斯特熟悉巴斯德研究微生物做出的發酵細菌理論，李斯特猜想，病菌可能也會進入外科手術造成的傷口，就像酵母進入壓碎的葡萄一樣。

巴斯德的實驗證實高溫、過濾、抗菌劑都可以消毒，李斯特把重心放在皮膚唯一可以承受的那一種，他寫道：「讀巴斯德的文章時，我心裡想：我們既然可以在遭受頭蝨與蝨子寄生的孩童頭上搽毒藥卻不對頭皮造成傷口，那麼我想我們也能在病患的傷口上擦能夠消滅細菌的有毒物質，卻不傷害病人身上組織柔軟的部分。」

當時市面上有幾款消毒產品是其他外科醫師在思量後加以推廣的（雖然那些醫生並不相信病菌理論），而李斯特最後選擇了石碳酸。石炭酸是從焦煤萃取而來，而焦煤則是通寧水與梅毒歷史中重要的一環，這個我們第八章再詳細討論。

當時人們用石炭酸來清潔汙水道，並以此消去排放到牧場的汙水惡臭。一八六五年起，李斯特開始使用石炭酸來消毒傷口、醫師本人、器材，甚至在開刀時還消毒手術房的空氣。但是石炭酸會造成嚴重的皮膚反應，所以李斯特為了降低對病患皮膚的影響，加水稀釋石碳酸，後來又以橄欖油代替水。此舉立即奏效，病患術後死亡率驟降，不過李斯特還是得跟人爭論成功原理是病菌。他後來在許多國家巡迴展示這項新技術，也包含美國。

羅伯特・伍德・強森（Robert Wood Johnson，一八四五年—一九一〇年）去聽了李斯特在費城的演講，大受啟發，跟他的兄弟合作，著手進行消毒敷料與縫線的生意。他們的公司就叫嬌生（Johnson & Johnson）。

當時在費城現場的還有約瑟・約書亞・羅倫斯醫師（Joseph Joshua Lawrence）。他在一八七九年推出向李斯特致敬的消毒劑李施德霖（Listerine），「適用於手術、清潔傷口。」產品最初的配方以酒精為基底，後來宣傳方向轉為萬用殺菌劑，也推薦作為除臭劑、用來治療香港腳與頭皮屑、清潔地板，用來預防天花、淋病與其他疾病。李施德霖鎖定牙醫做行銷，後來成為美國第一種不用處方箋就可以購買的漱口水。

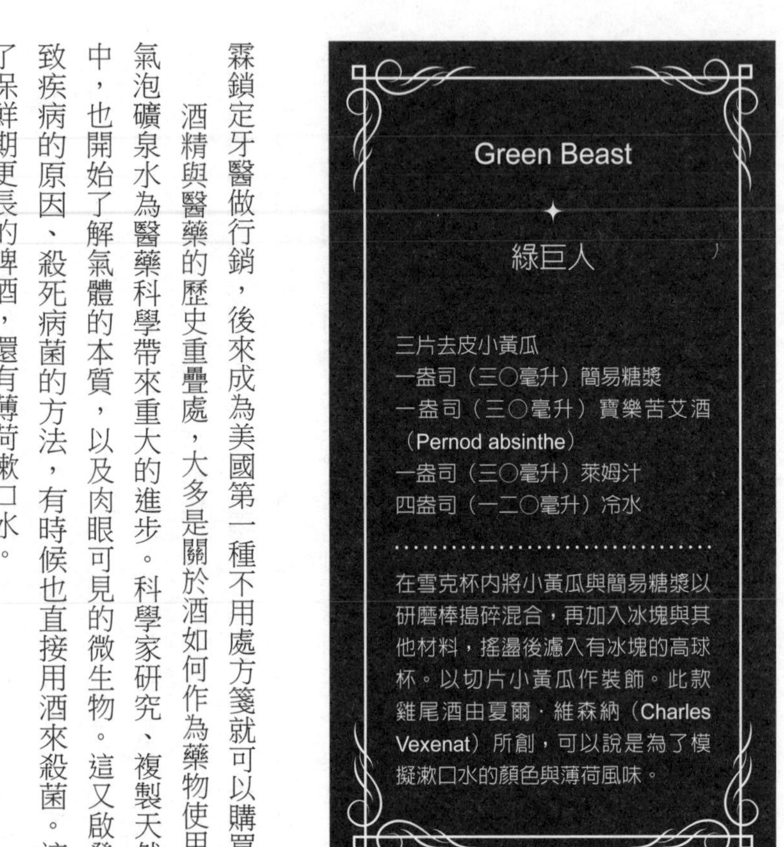

酒精與醫藥的歷史重疊處，大多是關於酒如何作為藥物使用，不過啤酒、葡萄酒、氣泡礦泉水為醫藥科學帶來重大的進步。科學家研究、複製天然的碳酸化與發酵過程中，也開始了解氣體的本質，以及肉眼可見的微生物。這又啟發人們做出理論探究導致疾病的原因、殺死病菌的方法，有時候也直接用酒來殺菌。這趟旅程也為我們帶來了保鮮期更長的啤酒，還有薄荷漱口水。

第五章

苦甜交織：開胃酒、苦艾酒、餐後酒

> 倫敦，四月二十四日。現在倫敦的酒吧將免費提供帶點「樂子」的雞尾酒，也就是加了幾滴純苦艾酒，即使該酒在法國、德國、義大利都遭到禁售，醫學專刊《柳葉刀》（*Lancet*，或譯《刺胳針》）針對飲用後果也發表嚴峻警告。
>
> 《柳葉刀》文章表示，苦艾酒可導致幻覺、譫妄，喝了會更想喝，似嗎啡與古柯鹼成癮者感覺到的渴望。該專刊呼籲政府應即刻在一般禁酒令外，增加苦艾酒禁令。
>
> ——《紐約時報》四月二十五日，一九三〇年

人類的鼻子裡有約四億個嗅覺受體，最近科學研究估計我們可以感覺到的氣味有一兆種，比過往估計的一萬種還多。相較之下，舌頭的味覺較為遲鈍，目前已知能分辨的只有「基礎五味」，甜、鹹、酸、苦、鮮。

舌頭就像探測器，是人類面對食物時，決定接受或拒絕的最後一道關卡。我們會先使用其他的感官：觀看食物，是否顏色正確、可食用，然後聞味道，摸摸看是已經成熟或腐爛，然後才嚐看看，決定要吐出來還是吞下去。

當我們吃到像糖或蜂蜜這類的甜食，我們知道其中含有蔗糖。舌頭上的麩胺酸受體（glutamate receptors）能感應到鮮味，也就是肉、海鮮、發酵物如醬油裡的香味。這些令人愉悅的風味，組合起來效果加倍，讓我們知道舌頭剛剛舔到的是高熱量或高蛋白的食物來源。

酸味辨識的是酸性物質，可能美味也可能超難吃。這種味道警告我們，面對的可能是未熟的水果、腐壞的肉類。吃到酸糖果時，我們的臉會皺起來、嘴吧嘟起——徵兆很明確，告訴我們不應該吃下肚，除非我們另有考量。酸甜之間的平衡告訴我們水果熟度何時恰到好處，或是一杯戴綺麗雞尾酒的萊姆與糖是否達到完美平衡。鹹味也是正反兼具——有點鹹是美味的，太鹹就很恐怖。人體需要在鹽分與水分之間達到平衡，所以我們吃完整包洋芋片後會覺得口渴。

苦味使我們警覺食物是否有毒，如馬錢子（nux vomica tree）種子含有的番木鼈鹼（strychnine），如果吃了會造成嘔吐。若我們習慣苦味，也可能覺得美味，把苦味連結正面事物，比如咖啡與茶所帶來的能量，或是浸漬艾草與龍膽的酒所帶來的興奮感。吃喝苦味食物時，我們自然而然地會分泌唾液，胃液也開始翻騰。同樣的苦味食物，食用分量稍高可能會造成腹瀉，或導致流產。不論是分泌唾液或排泄，種種反應都是身體試圖盡速處理並消除毒物。

人與其他動物已在飲食上適應了苦味，讓身體能利用之。用於酒飲的苦味植物主要是艾草、龍膽、奎寧、大黃根，較不常見的還有幾十種。微苦的香艾酒跟其他的開胃酒，主要是餐前飲用，以刺激食慾、「開胃」。苦味利口酒阿馬禮及其他消化酒幫助我們在餐後消化食物、舒緩過量飲食的痛苦。苦味酒是具備功能性的飲品。

糖與咖啡因

不過，在深入討論苦味酒之前，先來點甜頭。糖與蜂蜜都被古人當作藥材，當今也有醫藥關聯的用途。蜂蜜能抗菌，人們曾用來幫助傷口密合、治療傷口，今天還是有藥用蜂蜜一類的商業產品，用於「創傷與燒燙傷敷料」。古人也會用來外敷，用於腫瘡以及蛇吻。

蜂蜜與葡萄酒的調合物，在古羅馬時叫做「穆森」，作家普林尼與其他人都大力推薦，可用來刺激食慾、抗黃疸、強心劑、治發燒咳嗽，若不幸喝了毒藥也可以用穆森來通便（中毒好像是古時常有的事）。蜂蜜混合醋、水叫做醋蜜劑（oxymel），是種藥物，專門用來治療天花。十九世紀時的品牌貝氏苦薄荷醋蜜劑（Bake's Oxymel of Horehound）廣告上說「咳嗽、氣喘、百日咳良方」。

蔗糖可能原產於新幾內亞，從該地開始繁衍。公元前三二五年提到印度的文獻中，亞歷山大大帝的將軍尼阿卡斯（Nearchus）曾言：「印度有種蘆葦不需要蜂蜜也能產蜜，人們用這植物來製造能醉人的飲料，該植物卻並不結果。」普林尼則這麼寫糖：「這是種從蘆葦中採來的蜜，色白，如口香糖，咬起來是脆的；最大片的尺寸像榛果。只當作藥物使用。」

蔗糖作物自印度向西傳，進入中東、北非、西西里、西班牙南部——也就是伊斯蘭黃金年代阿拔斯哈里發的國土。糖在這時期成為奢侈食物，就像今天的松露、金箔牛排一樣：人們在各式各樣的菜餚裡加糖，甚至在宴會或慶祝場合中拿糖來做雕塑品。蔗糖進入阿拉伯世界後，下一個栽培的地點是非洲外海的加那利、馬德拉群島，再由葡萄牙與西班牙人傳入新大陸，於巴西、加勒比海栽種。

古人治療呼吸系統症狀時，藥用糖常常是醫生處方，不過也不總是如此。十一世紀在沙勒諾將阿拉伯文獻譯為拉丁文的非洲君士坦丁，也曾論及糖的藥物用途，內服與外敷。在他的時代，醫生會把糖拿來治療咳嗽、胸口微恙、胃部不適。一七四八年，法文書《藥物全史》（*A Complete History of Drugs*）出現了譯本，裡面提到糖有益肺部、咳嗽、氣喘、腎臟、膀胱。

十三世紀的托馬斯・阿奎納（Thomas Aquinas）認為，在宗教齋戒期吃香料糖不算破戒，因為「吃的時候心裡不是想著營養，而是想舒緩腸胃，就像是吃其他藥一樣，所以並不算破戒」。維拉諾瓦的阿納爾德推薦在烹煮多種食物時加上有療效的糖。很快地，糖成為許多黑死病藥物的藥材。進入中世紀後，人們可以在藥鋪買到糖，許多用到糖的食譜書也會特別註明糖是給病人的，過了中世紀也還是如此，就像今天萬用的雞湯一樣。

隨著糖在歐洲越來越容易得到，人們也把它當成香料、食物、防腐劑來用。十六世紀起，歐洲出現了從新大陸運回來的糖，很快地歐洲人也得到了巧克力、茶、咖啡，

而每一種都要配糖吃，就算這些食品在原鄉的食用方式並不加糖。這些咖啡因飲料也有藥物特性，常被用來代替酒。

阿茲提克人懂得使用巧克力，以此當作貨幣，也作為飲料。許多十六世紀的歐洲人記載巧克力在南美洲是用來強身，治療心絞痛、便祕、痢疾、消化不良、疲勞、痛風、痔瘡與腎臟病。巧克力到了歐洲後，被冠上了符合人體四大體液學說的特性，而出現了一堆藥用方式。

來自衣索比亞的咖啡變成阿拉伯世界的熱門飲料，十六世紀中葉時就有店鋪專門讓人喝咖啡。過了一個世紀，歐洲也掀起了咖啡熱，到了十八世紀，歐洲強權紛紛在自己的殖民地上種起咖啡栽培園。當咖啡飲料首度進入英國時，是以藥物用途來介紹，可以對抗眼睛痛、頭痛、咳嗽、水腫、痛風、壞血病、小產，當然還有頭昏腦脹。

茶原產於喜馬拉雅山，在古代中國，茶葉用來擦傷口，嚼茶葉以提振精神，或煮成藥粥吃。茶也有抗菌能力，可以殺死造成霍亂、傷寒、痢疾的細菌，也就是說，喝茶比喝水還安全，甚至可能比啤酒安全。再者，泡茶的水通常會先煮沸，能殺死更多壞東西。人們回溯歷史時發現，英國工業革命期間，喝茶的習俗大幅減少工人因水致病的事件。

香艾酒

苦艾這種植物味道極苦，學名是 *Artemisia absinthium*，英文俗名則是 **wormwood**，**absinthe**，學名可能來自希臘文「apsinthion」，意思是「不能喝」。這是蒿屬植物（也稱艾屬植物）中的小甜心，不過蒿屬分類裡有幾百種植物，除了苦艾以外還有不少也用來做成飲料，比如羅馬苦艾（*Artemisia pontica*）、野艾（*Artemisia vulgaris*）、蒿草（*Artemisia genepi*）。其他的艾草有時候也拿來增加烈酒的風味或色澤，這些艾草大致上苦味較淡，所含的側柏酮（thujone）也較低，側柏酮是受到法規管制的化學分子。羅馬苦艾可能是香艾酒中主要使用的艾草，蒿草則是蒿類利口酒（génépy）的風味來源，人們熱愛在滑雪後小酌這類酒，這種植物也生長於滑雪聖地庇里牛斯山、阿爾卑斯山等地區。

香艾酒「vermouth」詞源來自德文「Wermut」，意思是「艾草」。今天的香艾酒是種加烈葡萄酒，通常浸漬過某些艾草（不過在美國販售的香艾酒，沒有法規要求使用艾草），加上其他植物。艾草葡萄酒在羅馬人的時代非常受歡迎，人們會當藥喝，有時也喝來怡情。普林尼在公元一世紀時就寫過艾草葡萄酒，此外他還寫過一些葡萄酒，在他眼裡那是「人工」增味。

這些古代葡萄酒通常會以其他香料增香，並增加甜味，好壓過或降低艾草的苦味。一五五五年，有書提到某種艾酒，裡面加了哪噠（nard，spikenard，匙葉甘松精油）、肉桂、肉豆蔻皮、菖蒲、馬丁香茅（ginger grass）、碎棗椰籽。也有配方加更多植物襯底，如迷迭香、薑、肉桂，再加上增甜的食材，比如棗椰、糖。

艾草、艾草葡萄酒的功效大多與腸胃、消化、催瀉有關，多數的苦味植物也是如此。古人也用艾草來刺激食慾、治療胃痛與噁心，或者當作通便劑、促進排尿與排經血、引產等。一五六〇年的某份日耳曼醫療文獻描述「艾草葡萄酒」為「很適合老年人，不論脾性冷熱都可以……此酒可以解決來自腸胃不適的口臭，提振肝臟、胰臟，改善肌膚與氣色。應於餐前或餐後飲用」。人們也喝來驅蟲，排除消化道裡的寄生蟲。

英國藥草學家尼可拉斯．寇佩柏（Nicholas Culpeper，一六一六年—一六五四年）特別鍾情艾草。他在一六五二年出版了一部巨著，後人稱之為《香藥草大全》（*The Complete Herbal*），自出版以來不曾絕版，至今持續發售。

寇佩柏寫作的目的部分是希望大眾能利用藥草，否則只有富人請得起醫生。他對艾草頗為讚賞，認為是種藥效強大的藥草，可以治的毛病多得誇張。該書在十九世紀時出了（好讀）刪節版，書中的艾草可以治療水腫、黃疸、間歇性發燒、壞疽，而且與醋調和的話，還可以「抵銷蘑菇與莨菪的惡作劇，以及鼩鼱咬傷」。

有時也會在釀啤酒的時候以艾草來取代啤酒花。一六九二年，沃斯醫生（W. P. Worth）在《嶄新且真正的釀啤酒之道》（*On the New and True Art of Brewing*）中寫道：「艾草在各層面都可以達到『啤酒花啤酒』的效果，而且某方面來說更適合，因為艾草有多種功效，可以強化腸胃、抗腐敗、防止暴飲暴食、強化記憶且叫人爽朗，且不僅止於此，就像其他的藥草一樣。而啤酒花則連一半的好處都沒有。」

艾草味的啤酒稱為苦艾啤酒（purl），十七世紀時在英國頗為風行，曾出現在莎士比亞喜劇《溫莎的風流婦人》（*The Merry Wives of Windsor*）中。苦艾啤酒的成分另有一些香料，通常是早晨溫飲，以緩和腸胃。（後來，進入十九世紀後，「purl」這個詞演變成啤酒雞尾酒，裡頭加了琴酒、糖、薑。）皇家苦艾啤酒（Purl-Royal）是艾草啤酒的一種，不過基底是雪莉酒。歷史學家大衛．翁卓奇（David Wondrich）寫道：「你現在要是嚐到皇家苦艾啤酒，一定能輕鬆定位：這是香艾酒。」

香艾酒是加烈增香的葡萄酒。早在維拉諾瓦的阿納爾德的年代，人們就開始以酒精度數高的酒來加烈葡萄酒，阿納爾德也曾描述將蒸餾酒加入發酵葡萄汁，這麼做會

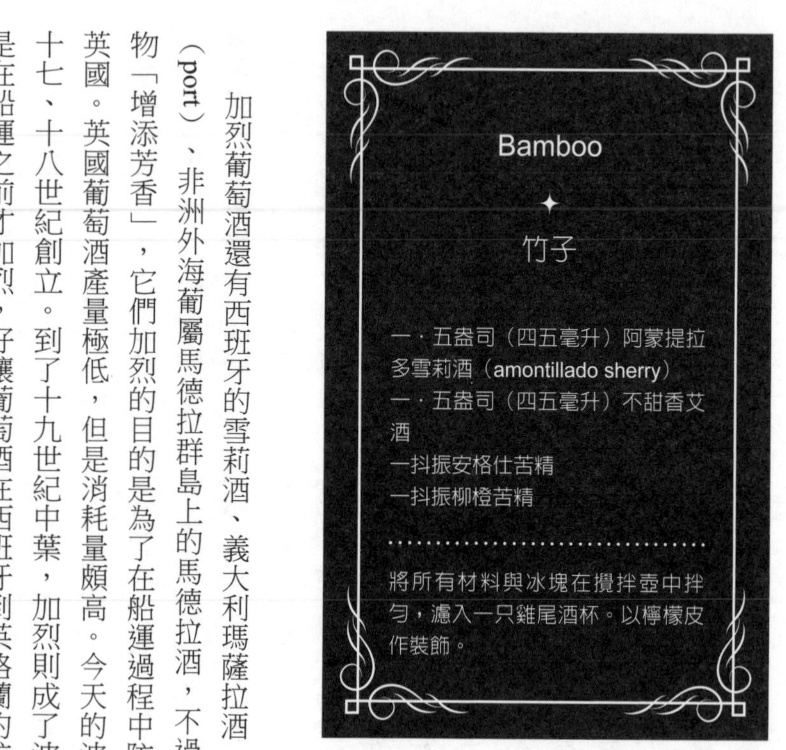

讓葡萄汁停止發酵，而得到自然甜味又特別烈的葡萄酒。這種類型的葡萄酒今天被稱為天然甜酒（vin doux naturel）。類似的加烈葡萄酒還有另一種作法，較為常見，等待葡萄汁完全發酵後，加入蒸餾烈酒，如果想要增加甜味，就加糖。不過糖在以前可不是那麼容易取得。

加烈葡萄酒還有西班牙的雪莉酒、義大利瑪薩拉酒（marsala）、葡萄牙的波特酒（port）、非洲外海葡屬馬德拉群島上的馬德拉酒，不過這些酒都不像香艾酒藉由植物「增添芳香」，它們加烈的目的是為了在船運過程中防止腐壞，尤其是為了出口到英國。英國葡萄酒產量極低，但是消耗量頗高。今天的波特酒廠有許多是由英國人於十七、十八世紀創立。到了十九世紀中葉，加烈則成了波特酒的標準。古時的雪莉酒是在船運之前才加烈，好讓葡萄酒在西班牙到英格蘭的航程間不會壞掉，不過最後人們發展出索雷拉陳釀法（solera system），以此加烈葡萄酒，並以數年的時間將新酒與陳酒漸次混合。

馬德拉酒的保鮮期是出了名的長，就算開瓶了，也還可以保存至多一年。利於海上長途航行。

馬德拉群島如今隸屬葡萄牙，在蘇伊士運河造出來之前，群島就位於歐亞之間的航線上，人們從十八世紀初開始加烈馬德拉酒，也跟雪莉酒一樣，啟航之前才進行加烈。現在的馬德拉酒是在發酵結束後隨即進行加烈。身在西西里島的英國商人受到馬德拉酒的啟發，做出來的商品就是瑪薩拉酒，瑪薩拉酒也是由這些商人製造出來的。

香艾酒加烈的原因不是為了航運，而是為了協助消化。進入十七、十八世紀後，艾草葡萄酒在日耳曼地區流行起來，被稱為「Wermutwein」。帕拉塞爾蘇斯的著作中也提過這類的酒，他說應於晨間服用，是種萬用藥方，就像苦艾啤酒。不過，今天我們所知的香艾酒形式並非源自德國，而是十九世紀初發展出來的，起源地位於當今法國與義大利。

雖然香艾酒「vermouth」的名字來自德文的艾草「Wermut」，這款酒的風味中艾草苦味卻並不十分明顯——或是至少不像古羅馬藥酒，味道來自艾屬植物中的苦艾。十八世紀末，香艾酒還在非常早期的發展階段，距離現代的版本很遠，當時義大利曾有紀錄載明人們將香艾酒分配給某位奶媽與病人，也有其他的跡象顯示，這酒在當時

Chrysanthemum

菊

二盎司（六〇毫升）不甜香艾酒
一盎司（三〇毫升）班尼迪克丁
三抖振苦艾酒

將所有材料與冰塊拌勻後，濾入香檳杯。以橙皮作裝飾。

至少一度被認為多少有益身體健康。不過，就像其他類型的葡萄酒與烈酒，香艾酒最後演變的結果，是某種僅能幫助消化的東西。

新型的香艾酒以蒸餾酒來加烈，配方也可能包含三十種植物，配合基底葡萄酒的味道，而不像更早期只是將葡萄酒作為藥草溶劑而已。香艾酒中除了艾草，還有常見的植物，如肉桂、丁香、芫荽、土木香、菖蒲、聖薊、矢車菊（centaury）、鳶尾、歐白芷、龍膽、橙皮及肉豆蔻，不過，範圍之廣，難以盡數。近年來，來自各國的新興香艾酒製造商（還有琴酒製造商）會將地方植物放入配方，作為賣點。

十九世紀後半葉，義大利杜林的日常生活中普遍會有香艾酒，午餐或晚餐前一小時先喝一小杯，當作開胃酒，刺激胃液流動。一八七三年《杜林香艾酒之書》（*The Grand Book of Vermouth di Torino*）中提到杜林香艾酒時描述如下：「杜林的糖果店也販售利口酒（有名的香艾酒，是杜林創造的）與其他飲品。現在已有的風俗是，白天如果感覺需要提神，人們就會去一趟糖果店，站著吃一份甜點（尤其會選溫熱的甜點），就算是年輕小姐、就算沒有人相伴，也可以自由利用這種風俗，也不用怕打破行事合宜得體的規則，因為這是杜林日常生活的一環。」

餐前喝香艾酒來開胃的傳統，到現在的西班牙還存在，也就是「香艾酒鐘頭」（**la hora del vermut**）。有些人是午餐前，有些人是晚餐前，進行這項儀式時當然不會只喝一杯，也不會只喝一個鐘頭。義大利都市裡，也有類似的開胃鐘頭，下班後、晚餐前，七到九點的時光，人們陸續湧入咖啡廳，啜一兩杯香艾酒或開胃雞尾酒，通常附帶小點心，包含在酒的價格裡。人們會利用這段時間聊聊近況，才去吃晚餐。

苦艾酒

十九世紀中葉，法國在晚餐前去咖啡館的傳統叫做「綠色鐘頭」（**l’heure verte**），名字由來是色澤（多半）偏綠的苦艾酒（**absinthe**）。苦艾酒是許多藝術家的靈感來源，如畫家梵谷、羅德列克，作家波特萊爾、韓波。以前也謠傳苦艾酒會讓人產生幻覺、割下自己的耳朵、殺死家人。後來，許多國家對苦艾酒下禁令，長達將近一百年。

關於苦艾酒，人們比較不記得的是，它之所以受到歡迎，是深厚藥用歷史累積而成。我們前文已經討論過浸漬艾草的啤酒、雪莉酒、葡萄酒。一六六七年，約翰·法蘭奇寫道艾草能止風（排氣）、殺蟲、阻止嘔吐、激發食慾、強化胃部，他將以上寫入一九三九年的小冊子《倫敦蒸餾酒廠》（*The Distiller of London*），專為醫師而寫，裡面包含艾草水的配方，只是把苦艾與大茴香籽蒸餾後，加糖增甜。這很接近苦艾酒的配方。據傳苦艾酒的發明要等到十八世紀中葉或後葉。

關於苦艾酒的誕生，故事的浪漫版本認為是由瑞士塔維赫山谷（Val-de-Travers）的亨若姊妹（Henriod）所發明，又由流亡法國醫生皮耶·歐迪內荷醫師（Pierre Ordinaire）在該地區推廣而得。歐迪內荷醫師將這種酒當作什麼都能治的醫療補藥，除蟲、痛風、腎結石都開苦艾酒處方箋，該酒為「艾草鍊金液，由香氛植物組成，植物效用是只有他才知道的機密。許多人服用之後，宣稱自己迅速痊癒，而醫生也只能假裝高興，繼續開這道處方箋」。以上說法來自一八九六年，保樂牌（Pernod）苦艾酒小冊的翻譯本。

另一個版本的故事說，歐迪內荷發明了這道配方，由亨若姊妹製造。這個版本中，苦艾酒不是源自瑞士人，而是法國人。不管是哪個版本，這道配方最後在一七九七年賣給了杜比耶（Major Dubied），他與女婿亨利路易·佩諾（Henri- Louis Pernod，一七七六年—一八五一年）將其擴大生產，成為商品販售。一八〇五年，佩諾在法國邊境彭塔利耶（Pontarlier）蓋了一座新蒸餾酒廠，保樂就是以這一年作為品牌創始年。

苦艾酒的名字來自苦艾，*Artemisia absinthium*，但是這款酒的主要風味卻是茴香味，來自大茴香、八角、茴香及其組合。人們用茴香來幫助消化、緩解脹氣（印度餐廳的櫃檯常會擺上一盤糖衣茴香籽供客人取用），也建議哺乳中的母親服用茴香來刺激母乳分泌。以前的人也用大茴香來治療脹氣，還會用來治療咳嗽以及其他呼吸、支氣管問題。前人會服用八角來幫助消化、治療咳嗽（用於祛痰），也作為止痛藥。當代的醫學中，用來治療流感與禽流感的藥物克流感（Tamiflu），成分含有八角。

苦艾酒另一種常見材料是檸檬香蜂草，這種植物讓酒中帶有檸檬薄荷香氣。也帶有薄荷氣息的牛膝草，是祛痰止咳的藥草，會在苦艾酒結束蒸餾過程後加入，為酒增加香氣、轉為綠色。羅馬苦艾的角色也差不多。

法國在一八三〇、四〇年代間入侵北非阿爾及利亞，建立殖民地，當地法國士兵的食物配給就有苦艾酒。由於酒精度數高，可以用來淨化飲水，對抗痢疾，預防瘧疾。痢疾的病原是細菌，或是阿米巴原蟲，透過食物，或者受病人糞便汙染的水源傳播。苦艾酒的酒精含量或許有助於殺死飲水中的微生物組織，而艾草則成為幫助排除消化系中的寄生蟲。所以說，苦艾酒很可能曾經幫了大忙。

至於瘧疾，則是經由受感染的蚊子叮咬而傳染的寄生蟲疾病。雖然艾科植物中所含的化學成分（青蒿素）可以用來對抗瘧疾，苦艾酒中使用的苦艾，所含的青蒿素

卻不高，不如來自亞洲的艾科植物青蒿（**sweet wormwood**）。法國士兵喝下苦艾酒，裡面的青蒿素含量應該不足，很有可能沒辦法對抗瘧疾。幸好當時還知道其他治療方式。

全世界都知道，已經證實能對抗瘧疾的藥物是來自金雞納樹樹皮中的奎寧，這部分我們會在第八章詳談。據說，帶有奎寧的葡萄酒多寶力（**Dubonnet**）是在一八四六年發明，當時是法國公職徵選考試題目，希望能做出比較好入口的藥用飲料，給北非的法國士兵服用。一八九八年，多寶力酒進入美國市場時，註明該產品為「專利藥性材料」。今天多寶力酒被當作開胃葡萄酒，據說伊莉莎白二世喜歡這款酒，她將兩份多寶力搭配一份琴酒，調成雞尾酒來喝。這款雞尾酒的常見標準酒譜酒勁略高一些，使用等量的多寶力酒與琴酒。

另一款含有奎寧的利口酒是皮康苦酒（**Amer Picon**），一八三七年由法國士兵發明，他曾經在蒸餾酒廠工作，到了阿爾及利亞以後也在酒廠工作。加敦・皮康（**Gaéton**

Picon）最初於阿爾及利亞製造的橙味飲品名叫苦味非洲（Amer Africain），後來他將酒廠遷至馬賽。皮康苦酒在法國通常與啤酒調和，不過也用來調製經典雞尾酒皮康潘趣酒（Picon Punch），搭配材料是干邑與番石榴糖漿（grenadine）。

法國軍隊在進行其他軍事行動時也曾攜帶苦艾酒，所以士兵漸漸培養出對茴香味飲料的愛好。返鄉之後，他們在巴黎、馬賽繼續綠色鐘頭的傳統，坐在咖啡館裡啜飲苦艾酒。布爾喬亞中產階級也跟上了這波流行，藝術家追求的則是喝下苦艾酒之後，短暫清明的靈感刺激。

歷史上，退伍返鄉的大兵，將他們新發現的酒帶回家鄉，發生過不少回。十七世紀早期，英、荷兩國在三十年戰爭時聯手，英國士兵愛上了琴酒的前身——杜松酒，戰後回到家鄉，也發展出英式版本的杜松酒。幾個世紀後，來自英國蘭開郡的士兵在第一次世界大戰時被派駐到法國費康，附近有座班尼迪克丁酒廠。他們回到家鄉之後，開了「伯尼礦工交流俱樂部」（Burnley Miners Social Club），據說是世界上最會賣利口酒的店。許多非裔美國大兵在二戰期間被派到法國打仗，他們因此愛上了干邑，這款酒跟黑人社群之間的關係也延續至今。不過，苦艾酒的話，則是士兵在海外時喝本國的酒，回家之後維持習慣。

十九世紀中期至後期，苦艾酒的熱門程度與其風味，都經歷了劇烈的起伏。該世紀之初，人們發明了柱式蒸餾器（column still），突然之間，快速、廉價的高酒精濃度烈酒變得唾手可得。只要不斷將發酵液倒入這種蒸餾器，就可以持續產出酒精，不像老式的壺式蒸餾器，只能批次產酒，間隔還需要清潔內部。另外，傳統的苦艾酒是從葡萄蒸餾出來的生命之水，不過，拿破崙一世在十九世紀初鼓勵栽培甜菜根。甜菜根搭配糖蜜與穀物，就在這時成為苦艾酒的基底，拿來蒸餾。今天的歐洲利口酒之中，還是有許多使用甜菜根烈酒為基底。

當時人們認為，不是葡萄烈酒作成的苦艾酒，品質不如原本配方，再者，許多不肖酒廠為了讓新配方喝起來像正宗的苦艾酒，還在酒中加了不安全的成分、製造假酒。他們添加的人工綠色素是銅鹽，又加入三氯化銻來增強霧化效果（特定種類的酒加水之後呈現混濁的狀態）。不肖酒商也不用浸漬法將艾草泡浸葡萄酒或烈酒中再重新進行蒸餾，他們直接在食用酒精裡加入艾酒精油與精華露。

一八六〇、七〇年代間，葡萄根瘤蚜（phylloxera）肆虐法國葡萄園，幾乎將整個國家的葡萄酒產業摧毀殆盡。這個變故逼得各家苦艾酒廠採用其他的酒作為基底。葡萄根瘤蚜災情期間，苦艾酒的價格大跌，而葡萄酒的價格居高不下，反倒讓苦艾酒成為兩者間較便宜的酒。（葡萄根瘤蚜災情讓全歐洲的烈酒消耗量都增加了——蘇格蘭威士忌也因為葡萄酒缺貨而受益。）

當時的苦艾酒大受歡迎，這個價位能買到的酒精刺激也以苦艾酒為最。裝瓶販售的苦艾酒，度數通常在六〇％到七〇％之間（干邑為四〇％，多數烈酒也是如此），高酒精度數也是今天作為開胃酒在飲用時，普遍會以一比五的酒水比例來稀釋。苦艾酒發展至此，價格比葡萄酒低，導致此酒與下層階級、酗酒問題有了連結，甚至多了個詞叫苦艾酒成癮。

早期戒酒運動（temperance movement）的意見領袖只針對烈酒，並不排斥啤酒，在法國戒酒運動就沒有反對葡萄酒。當時喝葡萄酒被認為是健康的，每人一天喝上一公升則是正常的消耗量。事實上有酗酒問題的人，所得到的治療處方，還會是葡萄酒呢。

葡萄酒商也對外宣傳葡萄酒是天然的，而苦艾酒是人工的。日後，葡萄酒產業從蚜災打擊走出來後，會說酗酒問題的源頭是工業型人工酒精的品質造成的，與喝了多少健康老派的好葡萄酒的分量無關。

一八八六年《紐約時報》文章裡，來自美國的遊客觀察：「過往醉酒並不是法國人的弊病，但在葡萄根瘤蚜毀壞了葡萄園之後，現在白蘭地製造商改用甜菜根與馬鈴薯，啤酒則少了麥芽與啤酒花，葡萄酒都加了藥，咖啡館充斥這些東西，這個民族正在沉淪。」

當時人們認為苦艾酒成癮者會有痙攣、癡呆、暈眩、幻覺、突然暴怒、肺結核、人體自燃、自殺、癲癇以及其他心理疾病的問題（當時也視癲癇為心理疾病），據說瘋人院塞滿了這些可憐的成癮生物。有份報告還引用數據，表示喝苦艾酒的人，

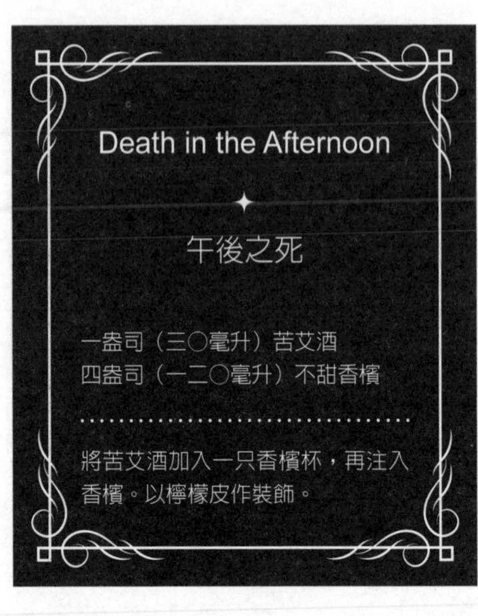

比喝葡萄酒的人，發瘋的機率高了兩百四十六倍。苦艾酒拖累大眾健康程度，其中的毒物還會透過基因傳給下一代的孩子，導致整個民族衰微。當然，上述症狀都可歸因於重度酗酒，有時也與潛藏的心理疾病與胎兒酒毒症候群相伴。

人們在反苦艾酒的公開示威場合拿天竺鼠示範，將苦艾精油注射到天竺鼠體內，讓牠們掙扎抽搐至死。後來有位經濟學家做了點數學換算，估計這些天竺鼠所得的劑量對照，其中有一隻的劑量，約等同於人體得到七三〇公升的苦艾酒。

反苦艾酒運動在世紀末達到高潮，當時一般烈酒消耗量也不斷攀升（部分因為葡萄根瘤蚜的關係），而其中又以苦艾酒為最。政府對苦艾酒實施針對性徵稅，讓酒價變高，希望能藉此讓下層階級買不到低價劣質的產品。

不過，真正讓苦艾酒受到重挫的是瑞士勞工尚・蘭弗雷（Jean Lanfray，約一八七三年—一九〇六年），一九〇五年時，他喝了兩杯苦艾酒之後，開槍射殺自己的妻小。他的律師提出的論點是苦艾酒讓他暴躁易怒，律師團堅持當事人並不記得犯下大罪。這個案子成為媒體焦點，不只瑞士當地，也受到國際關注。一九〇八年，瑞士人通過反苦艾酒公投，一九一〇年苦艾酒禁令生效。一九〇九年，荷蘭禁止苦艾酒產品、苦艾酒製造、進口與銷售苦艾酒。美國於一九一二年跟進，最後才是法國，一九一五年。

引起人們疑慮的關鍵化合物是艾草中的側柏酮，一九〇〇年後不久甫被發現。側柏酮也是艾草抗菌特性的原因，而這正是啤酒、葡萄酒、苦艾利口酒與香艾酒能夠延長飲料保鮮期的原因。一八五五年的某份報告估計，苦艾酒含有二六〇 **ppm**（百萬分之一）的側柏酮，直到近幾年為止，該數據向來被認為是低估值。不過二〇〇〇年後，人們用現代儀器分析許多陳年苦艾酒後，其中側柏酮含量最高的數值接近二五 **ppm**，低到可忽略不計。

這並不表示側柏酮沒有危險性，只是表示小量飲用合乎法規的苦艾酒，並不危險。高劑量的側柏酮可導致類似癲癇的抽搐（就像天竺鼠那樣）、腎臟衰竭、死亡。一九九七年的醫學報告記錄了一位喝下小量艾草精油的男子（幾乎算是純側柏酮），因為他以為自己喝的是苦艾酒，後來他「在家被父親發現時，陷入躁動不安、語無倫次、神智不清的狀態，救護員記錄了強直陣攣性痙攣、去皮質姿勢等症狀。在急診室時，他雖然顯得疲倦，卻非常好鬥挑釁」。他得了鬱血性心臟衰竭，在醫院住了一週才能出院。

雖然符合法規的苦艾酒的側柏酮含量很低，酒精含量卻非常高，增加的酒精度數讓艾草與其他植物精油能保持溶於酒液的狀態。希臘烏佐酒（ouzo）以及部分當代琴酒也有這個狀況。

雖然艾草中的側柏酮讓人們恐慌不已，酒精恐怕才是讓那位瑞士殺人犯蘭弗雷鑄下大錯的真正原因。根據報導，他那天喝了兩杯苦艾酒，不過那兩杯是早上四點半剛起床的時候喝的，他接著喝了甜薄荷酒（crème de menthe）、白蘭地、約六杯葡萄酒配午餐，然後又喝了一公升的葡萄酒，再喝了兩杯摻了白蘭地的咖啡。在這之後才是他對家人痛下殺手之時。蘭弗雷經常喝下超高分量的酒精，不過只有苦艾酒受到千夫所指。

據說會讓人瘋癲的苦艾酒雖然遭禁，法國人卻沒有因此不再愛這味。他們決定酒裡沒艾草也沒關係，只要在下午的綠色鐘頭裡還是能喝到大茴香風味的利口酒（pastis）就好。保樂苦艾酒重整配方，變成了大茴香烈酒。該公司後來在一九七五年與力加合併，今天保樂力加（Pernod Ricard）是世界最大的國際烈酒集團。

苦艾酒雖然被說是具有危險性的酒飲，不但倒入杯中會變色，據說還會讓人產生幻覺，但是苦艾酒的粉絲與鑑賞家卻苦心搜尋這款禁忌之酒。一九九〇年代，赴葡萄牙旅行的遊客可以在當地買到「波希米亞風」苦艾酒來品嚐。這種風格的苦艾酒也出口到英國販售，英國從未禁止苦艾酒，因爲英國從未風行過苦艾酒。

波希米亞風的各式苦艾酒的（人工）顏色較鮮豔，不只有綠色，還有藍色、黃色、紅色及黑色，當時一般不認為是正統的苦艾酒，也不認為品質好到哪去。喝苦艾酒的人開始喝自製酒，通常只是單純浸漬艾草，使用 Everclear 或高度數的烈酒。內華達沙漠舉辦的反主流文化的火人祭上，也常見苦艾酒。

歐盟成立之初，修改了一般食飲品法規，所有會員國都需遵守，這時出現了空隙，讓真正的苦艾酒能再度進入市場。國家允許販售苦艾酒，只要在現代科學儀器的測量後，酒中側柏酮數值低於法規，就沒問題。規範數值與近幾年的陳年苦艾酒分析所得差不多。老派的事物又新潮了起來。

至於美國的情況，要說服美國酒精菸草稅務及商務局（Alcohol and Tobacco Tax and Trade Bureau）花了點功夫，不過最後「苦艾酒」一詞終於在二〇〇七年回到酒瓶上，只要不要大肆張揚這款飲料會影響心智就好。瑞士品牌庫伯勒（Kübler）率先重返美國市場。

美國自身的酒廠中，舊金山阿拉美達（Alameda）的聖喬治烈酒廠（St. George Spirits）打頭陣，在二〇〇七年十二月就推出苦艾酒，產品發售當天，有架新聞直升機拍到購買排隊的畫面，人龍從店裡一路延伸到停車場。該品牌在六小時內清空店面庫存，售出約一千八百瓶苦艾酒。下一批貨有一千瓶，也在販售當天全數售罄——不愧是二月的超級盃星期天。

不過，對美國人來說，他們普遍認為苦艾酒很有吸引力，卻恨透了其中的大茴香風味，覺得很像「黑色洋甘草糖」軟糖、「好又多」牌糖果。許多人入手的第一瓶苦艾酒，就這麼塵封在家中酒櫃深處，到現在還沒喝完。不少品牌都推出苦艾酒，打入美國市場，產品卻滯銷，擺在貨架上賣不出去。苦艾酒的確復活了，卻也沒有活很久。

事實證明，大茴香在全世界都受到歡迎的利口酒風味——至少在美國以外。黎巴嫩有亞力酒（arak）、西班牙有清瓊酒（Chinchón）、希臘有烏佐酒、土耳其有拉克酒（raki）、義大利有尚波酒（sambuca）、墨西哥有 Xtabentún，族繁不及備載。

苦艾酒在美國當然還是有人喝，也是一些雞尾酒的重要材料，比如：賽澤瑞克（Sazerac）、路易斯安那雞尾酒（Cocktail à la Louisiane）、亡者復甦二號（Corpse Reviver No. 2），這些酒都只需要一抖振苦艾酒來調製——一點點就夠了。想要更多苦艾酒，就得喝午後之死（Death in the Afternoon），這是受到海明威啟發的雞尾酒，由香檳、苦艾酒組成，許多人一喝成主顧。

龍膽

香艾酒是帶有艾草苦味的開胃葡萄酒，而奎寧酒（quinquina）是帶有奎寧苦味的開胃酒，而美國佬（Americano）則是在葡萄酒中添加龍膽與艾草的開胃酒。花力氣去記憶這麼多定義可能不太值得，不過值得記住的是，這些酒的命名差異是為了區別苦味的成分來源。

不是所有的加烈奎寧葡萄酒都希望被叫做奎寧酒，有些品牌反而以較廣義的開胃酒來自我定位，其中最有名的品牌是麗葉（Lillet，以前稱為金雞納麗葉），也就是薇斯朋（Vesper）雞尾酒的材料之一。其他含有奎寧的葡萄酒有多寶力、皮爾苦味葡萄酒（Byrrh）、開普敦開胃酒（Caperitif）。

販售美國佬的品牌有公雞美國佬藥草酒（Cocchi Americano）、Contratto Americano Rosso、Cappelletti Aperitivo Americano Rosso。這些酒一般兌蘇打水飲用。也有一款雞尾酒就叫做美國佬，材料包含甜香艾酒、肯巴利酒（幾乎可以確定含有龍膽）、蘇打水，也就是說這款雞尾酒的氣質與美國佬一類相符。

龍膽是酒飲中最常使用的苦味成分，可能使用的頻率還高過金雞納。除了加在葡萄酒基底的開胃酒，也用於烈酒基底的盧卡諾苦味利口酒（Amaro Lucano）、皮康苦酒、亞菲茲（Avèze）、波諾龍膽奎寧酒（Bonal Gentiane-Quina）、芙內布蘭卡草本酒、Nardini Amaro、Ramazzotti、Salers Gentiane、蘇茲利口酒（Suze），以上僅列出願意透露成分的品牌，龍膽可能也存在於艾普羅香甜酒與肯巴利酒的機密配方中。龍

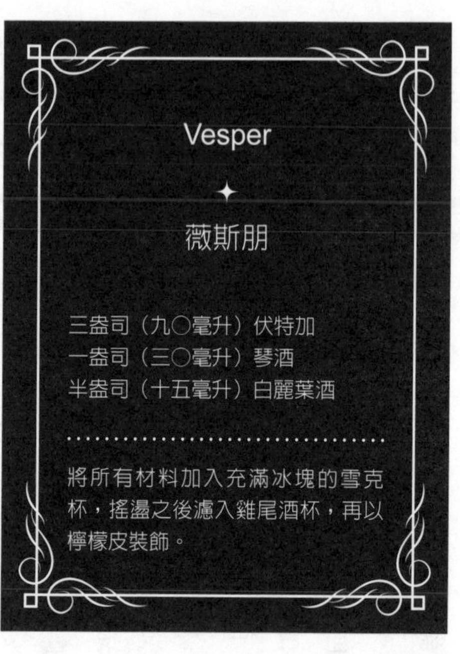

膽是多數雞尾酒苦精中的苦味主要來源，包含安格仕苦精、雷橙精。龍膽真的可說是無所不在。

龍膽屬分類下的植物約有四百種，不過用來製作苦精、利口酒的大多是黃龍膽（Gentiana lutea），有時也使用開藍色花朵的矮龍膽（Gentiana acaulis）。我們會使用龍膽的根與花，味道稍有差異。最適合龍膽生長的地方是阿爾卑斯山的草場，以及其他高海拔地區，許多龍膽來自阿爾卑斯山、瑞士侏羅山（Jura Mountains）、庇里牛斯山。

德國的消化利口酒野格據說包含五十六種機密植物，而其中一種是龍膽屬植物：印度龍膽（Swertia chirayita），其中所含的苦味化學分子跟其他的龍膽植物一樣，也稱為印度當歸，是阿育吠陀醫學用來治療發燒與瘧疾的藥材。

龍膽與艾草相似，味道都非常苦（常被形容成類似蘿蔔般的刺激性味道），作為藥物的歷史也是淵源已久。龍膽被記錄於希臘醫師迪奧科里斯（Dioscorides，約公元四〇年—九〇年）所著《藥物誌》（*De materia medica*），普林尼也有提到它。

龍膽類植物向來建議用來幫助消化吸收，包含改進與刺激食慾、治療消化不良、終止便祕、增加排尿量、排膽汁，也用來解決月經流量的問題。龍膽似乎還有其他的功用，如減輕內部腫脹、治療風濕、改善肝與脾的功能。龍膽也用來退燒、抗瘧疾。外服方面，龍膽可作為敷料，舒緩、冷卻傷口，也可以治療喉嚨痛、有毒野獸的咬傷。現代科學家依循史料中描述的醫藥用途，以現代器材與實驗方法來檢驗龍膽，證實了其中許多功效確實存在。

餐前開胃酒與消化酒

餐前酒或開胃酒「aperitivo」一詞來自拉丁文的「aperire」，意思是「開啟」，餐前酒在古代是藥用飲料，專門用來刺激食慾（「開胃」），後來餐前酒一詞與餐前開胃時光有了連結，也就是下班後、吃飯前，先去簡單喝一杯的傳統風俗。開胃飲料其實可以是餐前喝的任何飲料，不過與此傳統有關的典型酒款，一般而言酒精含量低、略帶苦味或苦甜交織。

每個國家的餐前雞尾酒都不一樣：西班牙人向來喜歡琴通寧，義大利人喜歡苦甜

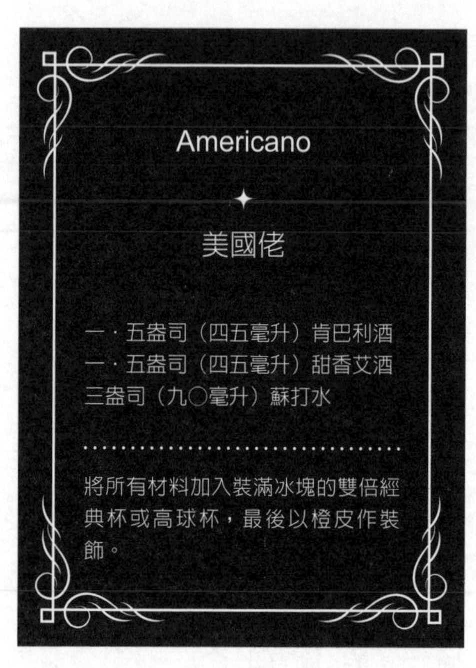

味的艾普羅酒、美國佬，還有常見的餐前雞尾酒內格羅尼。人們會喝來當餐前酒的還有香艾酒，以及其他不甜的加烈葡萄酒，比如阿蒙提拉多雪莉酒、菲諾雪莉酒（Fino sherry）、白波特酒、香檳等。

許多人也會在晚餐前喝高酒精度數的開胃酒，除了內格羅尼，還有馬丁尼、曼哈頓。酒精本身會刺激食慾、促進腸胃蠕動，不過得在一定的分量內才行，過量就會造成反效果。喜歡在晚餐前喝馬丁尼的雅痞人士似乎早已熟知此事，坐下來吃晚餐前，通常只會在酒吧檯前喝上一杯馬丁尼雞尾酒。

消化酒通常也跟餐前酒含有同樣的苦味植物，以利消化，不過其酒精含量一般更高一些，飲用分量則小一些。一份香艾酒與蘇打水，或許可以讓人有胃口吃飯，不過，食物下肚之後，就是來一小杯阿馬羅的時候了。消化酒跟餐前酒一樣，都是任人自由詮釋的分類。許多人在餐後不會喝苦味酒飲，而會直接喝烈酒，像是干邑或蘇格蘭威士忌。也有人會喝甜的利口酒或點心酒。糖會降低食慾，所以這些酒就像甜點一樣，下肚之後，腸胃就得到信號，知道現在吃飽了。

阿馬羅是苦酒分類的一種，通常是義大利來的，以烈酒為基底。幾乎所有的阿馬羅都符合利口酒的資格，因為阿馬羅都會加糖或其他甜味劑來平衡苦味。非義大利的阿馬羅有德國的野格、芝加哥的 Jeppson's Malört，所以阿馬羅已經變成苦味消化酒的簡稱，與甜味利口酒作對照。阿馬羅的單數是阿馬禮，這種酒依照含有的植物成分，大致分為幾類——阿爾卑斯山阿馬羅（alpine amaro）、大黃酒（rabarbaro）、芙內（fernet）、費洛雞納藥酒，後者我們在前面的章節曾討論過。

市售的阿馬羅有許多在歷史上是該地區的藥用利口酒，多數阿馬羅都是在十九世紀中葉到下半葉之間經歷商品化的過程，比如亞維納（Averna，一八六八年）、Bigallet China-China Amer（一八七五年）、布勞略（Braulio，一八七五年）、Ciociaro（一八七三年）、芙內布蘭卡（一八四五年）、盧卡諾（一八九四年）、路薩朵芙內阿馬羅（Luxardo Fernet Amaro，一八八九年）、蒙特內歌利口酒（Montenegro，一八八五年）、Ramazzotti（一八一五年）、Santa Maria Al Monte（一八九二年）、Sibila（一八六八年）。

芙內布蘭卡草本利口酒

芙內這種酒不但不甜還很苦，酒精濃度通常接近四〇%，相較之下，其他的消化酒通常酒味不那麼重，風味也不那麼濃厚。芙內布蘭卡是這個種類的領頭羊，每年售出超過四百萬箱酒，由於該品牌太有名了，大部分的人並不知道除了這款酒，還有一個類別叫芙內。根據布蘭卡品牌出版品，這支酒含有二十七種材料，如非洲來的蘆薈、中國大黃根、法國來的龍膽、金雞納、莪朮、苦橙、番紅花、沒藥及其他植物。

芙內布蘭卡品牌（可能酒種也是）是一八四五年由博南迪諾．布蘭卡（Bernardino Branca）所創，早期的品牌故事將配方歸功於芙內博士，後來改為偏遠阿爾卑斯山的一群修士，所以很有可能兩者都不全然是事實，但該品牌的歷史確實與醫藥緊緊相連。

芙內布蘭卡的宣傳廣告詞說該酒是「苦味補藥、衛生、助開胃、助消化」，而且「闔家大小必備」，作為補藥則能「防止緊張，開胃效果奇佳……能迅速治癒脾臟產生的不適，焦慮、腹痛、頭痛都能治療」。脾臟腫大是瘧疾的關鍵症狀，而瘧疾是義大利沼澤地區尤其棘手的問題。許多在十九世紀出現的阿馬羅品牌都使用金雞納樹皮或純奎寧為材料來對抗瘧疾，不過在這個時期的義大利及海外地區，人們普遍將金雞納樹當作萬用的萬靈丹。

芙內布蘭卡創立品牌不久，就爆發了霍亂疫情，人們用芙內布蘭卡在病人身上做實驗，而據說參與調查實驗的醫師感謝該品牌發明了「新的特黎亞克萬靈藥」來治霍亂。

一九〇〇年的宣傳海報上列了一長串的小病痛，告訴消費者這酒能幫上什麼忙，可以搭配水、塞特氣泡礦泉水、葡萄酒或咖啡。海報宣稱該產品可以預防並舒緩消化不良，卻不會傷害腸胃與消化器官，也能幫助慢性肝脾問題，且證實能幫助長期有痔瘡問題的人。該產品以水稀釋能解渴，也有助於暈船，來自不同城市的多位高官政要，在霍亂疫情期間用過都推薦。海報還用全大寫大字印著「抗霍亂」。

芙內布蘭卡聲名遠播，致使公司需要在多個國家設立新酒廠。美國的芙內布蘭卡，在禁酒時期（一九二〇年—三三年）使用不同配方，當作藥物來賣，其中的酒精度數較低，苦味的蘆薈較多，使得產品有通便效果。布蘭卡在一九三四年於布魯克林開設新酒廠來製造這個配方的芙內，直到一九七〇年代晚期為止。

由於這款利口酒極苦，薄荷味強烈，少有雞尾酒使用，因為其強烈的風味很容易蓋過其他東西，不過，經典雞尾酒 Hanky Panky，就用了二抖振芙內布蘭卡，這款雞尾酒是艾妲·寇爾曼（Ada Coleman，一八七五年—一九六六年）在倫敦薩伏伊酒店裡的美式酒吧檯創造出來的。大約在一九〇三至二五年之間，寇爾曼在薩伏伊酒店裡擔任調酒領班，這可是全球調酒界都敬重的職位，有些調酒冷知識達人還可以背出職員歷史名單，從一八九三年酒店設立此職位開始，一路往下背。寇爾曼的繼任者是哈利．克拉多克（Harry Craddock，一八七六年—一九六四年），他在一九三〇年出版《薩伏伊雞尾酒譜》（出版後不曾絕版，多次改版），也把寇爾曼的酒譜放進這本書中。

一九六〇年代，布蘭卡公司推出特涼薄荷口味的布蘭卡蒙塔（Brancamenta），據說靈感來自歌劇女高音瑪麗亞．卡拉絲（Maria Callas）在演出前啜飲芙內的方式——她的酒杯裡滿是冰塊與薄荷。

「可說是種儀式——冰塊冰鎮她的喉嚨，薄荷能消毒，而芙內布蘭卡中的沒藥可以擴張幽門。」這是品牌的說法。

世界上有兩大芙內布蘭卡酒廠，一間位於米蘭，產出的酒賣給世界上多數地區，而另一間位於布宜諾斯艾利斯，則服務南美與拉丁美洲。阿根廷很流行喝義式利口酒、香艾酒，因為一八五〇年後，大量的義大利移民潮湧入阿根廷，所以這裡有許多義大利後裔。芙內布蘭卡在此的喝法通常是加在可口可樂裡，是夜生活飲料，就像其他地區的人會喝伏特加蘇打水、威士忌薑汁汽水。美洲使用芙內布蘭卡的調酒師，約略延續著藥用傳統，把這款酒當作宿醉舒緩腸胃不適的解方。

布蘭卡跟阿馬羅盧卡諾、Santa Maria Al Monte 等其他阿馬羅酒，所使用的蘆薈，並不是會跟椰子水、康普茶（kombucha）放在一起賣的那種蘆薈汁，而是開普蘆薈（aloe forex，也稱為苦蘆薈），結晶後磨成粉狀。這種植物含有蘆薈素（aloin），在歷史上用來當作通便劑已有一段時間，不過美國的食品與藥物管理局曾禁止這項物質的銷售，因為它從未受過食品安全檢驗。在美國還是可以買到開普蘆薈來作為營養補充品，不過通常會有免責聲明：「本產品所稱關於飲食補充劑的功效描述，不曾受過食品與藥物管理局檢驗評估，本產品並非診斷、處置、治療或預防任何疾病或健康問題。」

寫下《醉人植物博覽會》的艾美．史都華（Amy Stewart），點名開普蘆薈的風味頗為極端：「如果苦味有顏色，蘆薈就會跟炭一樣黑。」有些人只要一點點蘆薈，就會有激烈的反應，不過完全是基因差異，其他人如果不是喝到高度濃縮的蘆薈，一點也嚐不出蘆薈素的味道。這可能解釋了為什麼人們喝了芙內或其他消化酒之後，露出來的苦澀表情，差異會這麼大。

大黃與歐白芷

阿馬羅這個類別下有個子分類：大黃酒（rabarbaro），品牌包含 **Cappelletti Sfumato Rabarbaro**（以義大利大黃製造）、**Rabarbaro Zucca**（以中國大黃製造），這些酒的風味主要來自大黃根。使用大黃根的利口酒還有路薩朵苦精（Luxardo Bitters）、**Ramazzotti**、**Gran Classico**、芙內瓦列（Fernet-Vallet）、芙內

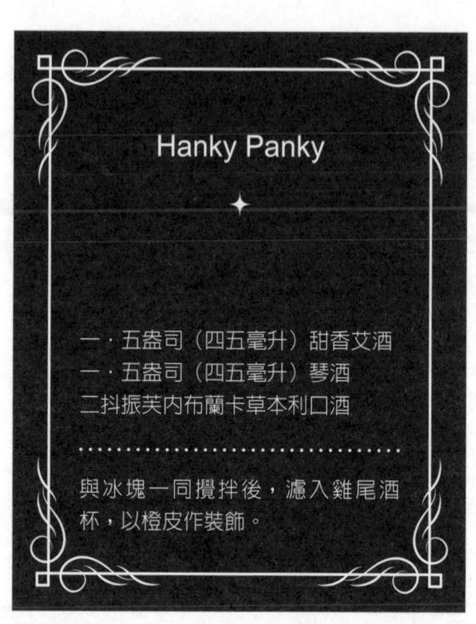

布蘭卡、杜林公雞香艾酒（Cocchi Vermouth di Torino）、Barolo Chinato Cocchi、阿馬羅諾尼諾（Amaro Nonino Quintessentia）、Amaro Sibilla、Amaro Dell'Erborista，幾乎肯定也有肯巴利酒、艾普羅酒。

大黃原生於中國與亞洲其他地區，隨著絲路貿易，最後傳入歐洲，在歐洲馴化。在英國、美國較常用於食物，而非藥物，英美人們對這種植物的印象是有紅色莖的甜餡餅蔬菜，通常拿來做成果醬或烤水果派，而近幾年的英國則掀起大黃莖風味琴酒風潮。大黃的葉片雖然大，卻不會用來做食物，因為葉片裡有高劑量的草酸，具有危險性。

阿馬羅使用大黃的根部，讓酒增加一股似煙燻芥末的風味——材料通常就叫「中國大黃」或「土耳其大黃」。大黃也用於中藥，中文名稱的字面意思指出該植物的根部是顯眼的黃色，在歷史上曾用來當作頭髮染料。大黃風味利口酒本身的亮眼黃色通常會被焦糖的褐色掩蓋，不過如果輕晃酒瓶，還是可以在酒液表面看見黃色的光澤。

中醫使用大黃的歷史有上千年，公元二〇〇年的《神農本草經》就提過了，從古至今，中國人都以大黃來通便除瘀，依照不同劑量可治療便祕與腹瀉。大黃也用來消炎止血，治療黃疸、子宮內膜異位、月事不順、結膜炎、鼻竇感染、流鼻血。也可外敷，用於燒燙傷。如今科學界正在研究大黃及其成分的傳統用途是否有其道理，也研究大黃是否可以抑制癌細胞生長、治療霍亂引起的嚴重腹瀉（因為有太多義式利口酒都被醫生當作霍亂預防藥物，或許其中確有道理）。

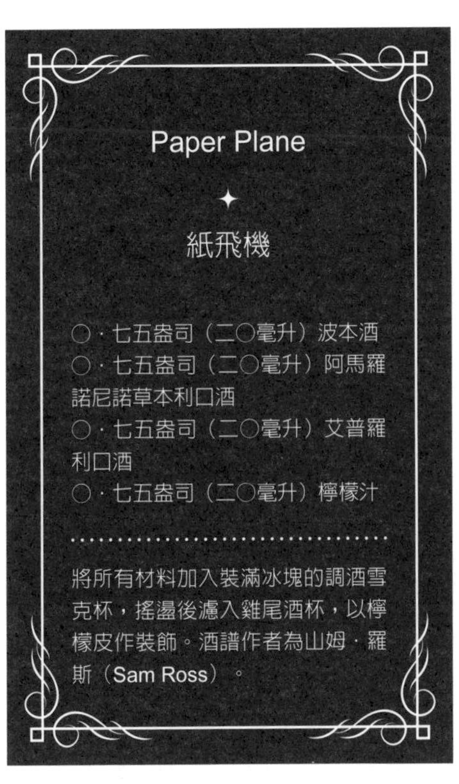

芙內、苦艾利口酒都使用歐白芷（Angelica archangelica，或稱歐當歸）的根與籽，琴酒多半也是。歐白芷出現在許多利口酒之中，或許包含女巫利口酒、夏特勒茲利口酒、加利安諾香甜酒（Galliano）、野格、烏尼昆利口酒（Unicum）。歐白芷為當歸屬，傳統中藥常當藥來煎的當歸則是同屬的另一種植物。當歸在中醫裡可以治療經痛、更年期症狀，如潮紅。

一五九七年，英國理髮匠外科醫師約翰・傑拉德（John Gerard，一五四五年－一六一二年）將潛心研究的草藥知識出版，《草本植物暨植物通史》（*The Herball, or Generall Historie of Plantes*），書中道：「歐白芷的根是出色的藥草，能抗毒、抗黑死病，且能對抗邪惡汙氣所造成的任何感染，你只需要拿一小塊根含在口中，咀嚼也可，歐白芷鐵定能驅走瘟疫惡氣，就算惡氣已經入侵心臟，歐白芷也能藉由尿液、排汗來驅逐它。」

傑拉德認為，歐白芷根的藥湯摻進葡萄酒，可以對抗邪術、魔咒、瘧疾引起的發顫（高燒之間的冷顫），他在書中說：「此物可治瘋狗咬傷，及其他惡毒野獸。」不過人們主要用歐白芷來幫助消化，當作養胃的補藥，也可以祛痰補肺、治療咳嗽與感冒，並能治療「尿道器官的疾病」、緩解脹氣。

匈牙利利口酒烏尼昆也用了歐白芷，還有許多我們已經討論過的植物，如龍膽、金雞納、大黃、小豆蔻、非洲防己（colombo root）、甜橙皮、檸檬皮、薄荷、香茅、香根鳶尾根（orris root）、薑、肉桂。此配方「來自家族祕密配方，以超過四十種異國香料與香草蒸餾而成」。

這款酒是一七九〇年由尤瑟夫・茨瓦克醫生（József Zwack）創造，他是神聖羅馬帝國皇帝約瑟夫二世的宮廷御醫。烏尼昆酒在一八四〇年商品化，在一八九九年至一九二二年間，此酒的瓶身上都有紅十字商標，暗示其醫藥用途。在那之後，商標改為紅底金十字，沿用至今。烏尼昆酒出口到許多國家時以茨瓦克為商品名稱，美國也是其中之一，而該酒「類似原始烏尼昆配方，但增強了香料與檸檬的香氣」。

匈牙利鄰近的捷克共和國，也有一款是醫生發明的利口酒，貝赫洛夫卡（Becherovka，又譯冰爵）。故事是這樣的：商人貝赫（Josef Vitus Becher）與佛比醫生（Christian Frobrig）合作調製一款草本飲品，最初叫做英式苦精，後來叫做貝赫卡爾巴苦利口酒、貝赫苦精等其他名字，最後於一八〇七年開始發售。貝赫洛夫卡酒有濃厚的肉桂味，有些人認為這是一款富有濃濃聖誕節氣息的阿馬羅。最初，貝赫洛夫卡酒是醫生處方箋，「用於治療胃病」。到了二十世紀左右，貝赫洛夫卡酒變成海運公司羅德（Lloyd）的固定配給品，公司認為該酒「有益消化系統，且能有效幫助胃灼熱、反胃、胃痙攣與暈船問題」。

別的苦味利口酒歷史背景，也不乏發明者是醫師、藥師，不過通常僅點到為止。帕拉塞爾蘇斯對苦甜味的藥當然也有一番高見，他認為糖太氾濫了，降低了蘆薈、龍膽等苦味藥品的功效，這些成分通常都會特意加糖來消除苦味。帕拉塞爾蘇斯抱怨「調藥師根本就是做餿水的，他們拿糖與蜂蜜跟藥物混在一起，白痴才這麼做」。

一如帕拉塞爾蘇斯大部分的觀點，這番說詞有點道理，也有點沒道理，個性討人厭卻是千真萬確。甜味成分能壓抑舌頭腸道的苦味，畢竟英語老歌〈一匙糖讓藥容易吞下去〉唱的就是糖讓藥的味道不那麼難吃，不過糖即使改變了風味，藥物本身還是會起作用。微帶苦味也不怎麼甜的開胃酒如香艾酒，可以在餐前刺激食慾，而苦甜味都增加的阿馬羅則對我們的大腦發出信號，要它繼續分泌胃液的同時，也明白用餐時間結束了。因為飲用消化酒的目的是功能性大過喝醉，相較多數的現代烈酒，苦甜味的酒精飲料較為貼近其醫藥用途的歷史。而烈酒就是接下來要談的主角。

第六章

烈酒：葡萄、穀物、龍舌蘭、甘蔗

Para todo mal, mezcal. Para todo bien, también.

遇上壞事，喝梅斯卡爾，遇上好事，喝梅斯卡爾。

——墨西哥俗諺

蒸餾的知識隨著醫師與修士，從義大利、西班牙、法國傳到新的地方，那些地方的葡萄產量不那麼豐富，不過這些鑽研蒸餾技術的學者也發現，生命之水也可以用其他材料做出來。北部與東部歐洲、不列顛群島、斯堪地那維亞等地區，穀物產量大，人們蒸餾的不是葡萄酒，而是啤酒。穀物做的生命之水漸漸演變成威士忌、琴酒、伏特加、阿夸維特酒與其他的烈酒。到了更遙遠的地區，南美洲與加勒比海的糖蜜成了蘭姆酒，墨西哥的龍舌蘭變成了梅斯卡爾，南美洲的玉米也變出了波本酒。

大約從十五世紀起，到十九世紀之間，各地的烈酒先後逐漸成形，發展軌跡一致：一開始人們都把烈酒當作純粹藥物，視為科技發展，或者神蹟；然後，醫師與藥草學家將在地植物加入烈酒中增強其功效與藥效，通常也為了掩蓋粗糙原始的蒸餾技術瑕疵。有些烈酒的形式與風味直到當代都沒有太大變動，比如琴酒、阿夸維特酒，也有些藥用酒在歷史發展中漸漸捨去了植物成分，成為了今天的模樣。

酒的最終形式受到多種因素影響。隨著科技進步，蒸餾壺的尺寸增加，更有效率，變成特定材料專用的蒸餾壺。連續柱式蒸餾器發明後，各種烈酒的製酒速度與效率都提高了，也能提供食用酒精當作風味烈酒與利口酒的基底。人們發現，許多桶裝烈酒在經過長途船運、陸運之後，風味更好，所以酒廠也開始用酒桶在廠中進行熟成，納入生產標準過程。威士忌、白蘭地、蘭姆酒等商品，在當代通常經過熟成才會販售。

再者，政權、政府法規、稅捐三者的變動也影響了烈酒的發展（現在也是如此），會改變酒的基礎材料、製造方法、成品酒精度數、生產地與銷售地。本章將簡要地呈現法規方面的細節，著重於烈酒的醫藥用途。

由於酒精既有的特性，在所有的酒飲中都容易見到，在歷史上會反覆發現同樣的醫療應用方式。人們發現，所有烈酒都適合拿來浸漬植物、調節體溫、賦予病患疲倦者活力、消毒傷口、防腐屍體或局部屍體，諸如此類。

在消毒酒精、抗生素這類的替代品出現之後，曾為必備品的醫藥用烈酒，就慢慢變成家庭式偏方才會運用的藥品，寶寶長牙時擦在牙齦上、睡前喝一杯助眠、加熱成為熱托迪（hot toddy）來舒緩感冒與鼻塞。酒在當代民俗醫療的角色，大多不在此書討論範圍，不過我們會在下面討論幾個特定地區的應用方式。

雅邑白蘭地與干邑白蘭地

維拉諾瓦的阿納爾德死於一三一一年，他認為「生命之水」一詞拿來描述蒸餾葡萄酒再合適不過了，此酒強身健體，有如奇蹟。他過世的前一年，加斯科涅埃歐茲（Eauze, Gascony）的修道院長，維托・度佛（Vital du Four，約一二六〇年—一三二七年）出版了《如何保持最佳健康狀態》（*To Keep Your Health and Stay on Top Form*），這本書現在是梵蒂岡庫存圖書。度佛是法國聖方濟各修會的修士（後來成為樞機，再成為主教），他的著作觸及實務與靈性兩層面。

此書中有一部分被稱為〈雅邑白蘭地的四十種優點〉，法國國家雅邑白蘭地跨專業管理局（Bureau National Interprofessionnel de l'Armagnac）以此作為雅邑白蘭地的第一份文獻資料。今天的干邑白蘭地風頭太健，在銷售與聲望上都大幅掩蓋了同源的雅邑白蘭地，不過這兩種酒都是使用法國特定地區的葡萄蒸餾而得，同為白蘭地。白蘭地的類別定義是由水果蒸餾而得的烈酒。（今天法語中的生命之水「eau-de-vie」一詞指的是尚未經過熟成的白蘭地，不過不管有沒有經過熟成的水果烈酒，都可以用「白蘭地」一詞稱呼。）除了葡萄，其他水果也可以做成白蘭地，如蘋果、梨子。蘋果白蘭地（calvados）則是法國第三大白蘭地。

〈四十種優點〉一文須按照時代背景來看，當時還是鍊金術、原化學的天下，文中敘述首度服用生命之水、作為藥物、服用後的行為表現等。雅邑的優點是：「此水若按藥理用量合宜，頗有功效，據載其優點功效共四十種。」蒸餾酒的能力驚奇，如下：「能煮蛋；肉品不論生熟，過水後可防止發臭腐敗；浸泡此水能萃取植物中有效成分，但紫羅蘭是例外，泡過後香氣就不見了。」

文中有明顯的鍊金術背景：「此水可固化水銀、淨化銅、融化靈氣、碳化物質。」雅邑白蘭地的醫療用途則可以達到「去除眼睛烏斑，消去發紅發熱。以此水清洗傷口可治療滲液之處，喝下則可治療潰瘍、瘻管。燃燒水確實有助於腹絞痛。若溶於紅酒中，還可使膀胱結石崩解。同樣地，若以其鹽溶解之，可以分解排除腎結石。」

該文最後也有一道複合藥方，作法是將生命之水與肉豆蔻、丁香、南薑、小豆蔻、天堂椒（grains of paradise）、薑、肉桂一起重新蒸餾，此藥「可抗任何感冒，唯病患須適量飲用」。

文中也有與醫療不那麼有關的描述：「含在口中時，可鬆動舌頭，害羞或虛弱的人在喝醉時會突然大膽起來。此水能止住淚水。適量飲用能砥礪智識。能記起遺忘之事。最重要的，此水使人歡樂、保持青春、延遲老去。」再來，還有附帶好處是「可以驅除鼻腔、牙齦、腋下臭味」，且「光是酒氣就可以殺蛇」。

第二份藥用白蘭地的文獻來自十四世紀中的納瓦拉國王卡洛斯二世（Charles II of Navarre，也稱惡棍卡洛斯，一三三二年—一三八七年）。這位戀權的統治者畢生心力都在謀害、欺騙他人（同夥的還有個叫做殘酷佩德羅的人），後來失去了西班牙與法國部分領土的控制權。卡洛斯的御醫醫囑要求把生命之水拿來外敷，根據紀錄是為了治療陛下「某種由於放蕩行徑造成的可恨疾病」。到底是什麼病，我們也只能猜了。

卡洛斯睡覺時會以棉布包裹全身，棉布會先泡過生命之水。有天晚上，這條布碰到蠟燭起火了，他就這樣裹在布裡被燒死。這段故事成為熱門佳話，人們認為這是天意降災於邪惡之人的好例子。

雅邑白蘭地在十五世紀成為商品，可能早於干邑白蘭地，不過干邑白蘭地有兩個產業優勢，海運對干邑產地的商人來說較為便利，而該地區長久以來也經營貿易。夏朗德河（Charente River）流經干邑產區的城市與賈赫納克（Jarnac），人們利用這條河運輸葡萄酒、地區生產的鹽（知名的鱈魚醃漬用鹽，北方國家尤其愛用）。文獻指出，十六世紀末時，干邑白蘭地已經成為商品，且有跨國貿易了。

法國產的白蘭地在出口給國外經銷商與水手時，也有所改良，就像其他的葡萄酒、烈酒一樣，比如雪利酒、波特酒、馬德拉酒。家鄉不產葡萄，或葡萄酒品質不夠好的的荷蘭與英國商人，會從法國購入葡萄酒，再以船運回到家鄉販售。荷蘭人最初進口法國葡萄酒是要用來在國內進行蒸餾。文獻指出荷蘭人的蒸餾至少可上溯至十四世紀中，荷蘭人稱蒸餾過的葡萄酒為「brandewijn」，這個詞到了今天成為了荷語的白蘭地。

後來，荷蘭人將蒸餾銅壺賣給干邑地區的商人，他們用來在生產地進行蒸餾，畢竟在葡萄酒上路變質之前先進行蒸餾，是比較合理的作法。荷蘭人將白蘭地加入水中來消毒，加入葡萄酒進行加烈，好延長葡萄酒保鮮期，以便利海上航行。到了歷史上的某個時候，可能當時的蒸餾技術效率提高、成本降低，人們開始直接飲用蒸餾後葡萄酒，而不只是用來加烈。桶裝熟成的「陳年」白蘭地（事實上大多只有幾年而已）後來在倫敦、英國其他地區、愛爾蘭成為搶手貨。

或許因為白蘭地起步得早，相較於其他烈酒，人們對白蘭地可用於醫藥用途、有益身體健康的印象尤其深厚，屹立不搖，一直到現代都是。美洲殖民之初，人們在啤酒、葡萄酒、蘋果酒、蘭姆酒、琴酒、白蘭地中都會添加藥用植物，而白蘭地似乎是人們心目中的首選。十九世紀，人們得霍亂時會服用摻水白蘭地當作治療方式。

一八〇一年，《美洲草本》（*The American Herbal*）建議，白蘭地或蘭姆酒，搭配啤酒花的話適用於黃疸，搭配月桂葉可用於咳嗽，搭配維吉尼亞玉蘭（**beaver tree**）的樹皮可用於痢疾。書中特別指名白蘭地（沒有蘭姆酒）浸漬梣樹皮的話可以用於風濕、發燒、瘧疾；搭配天堂椒粉來治療咳嗽；搭配艾草用於抽筋、間日瘧、滅除體內寄生蟲。這本書又特別點名法國白蘭地：「公認歐洲一流，飲用與藥用都是。適量飲用、以水充分稀釋這種白蘭地，可以強化神經系統、提振士氣、增進品行。益於痛風及其他毛病。不過要是過量飲用，又長期如此，通常下場是死路一條。」

南極探險家路易・伯納基（**Louis Bernacchi**）在一八九八年至一九〇〇年的探勘

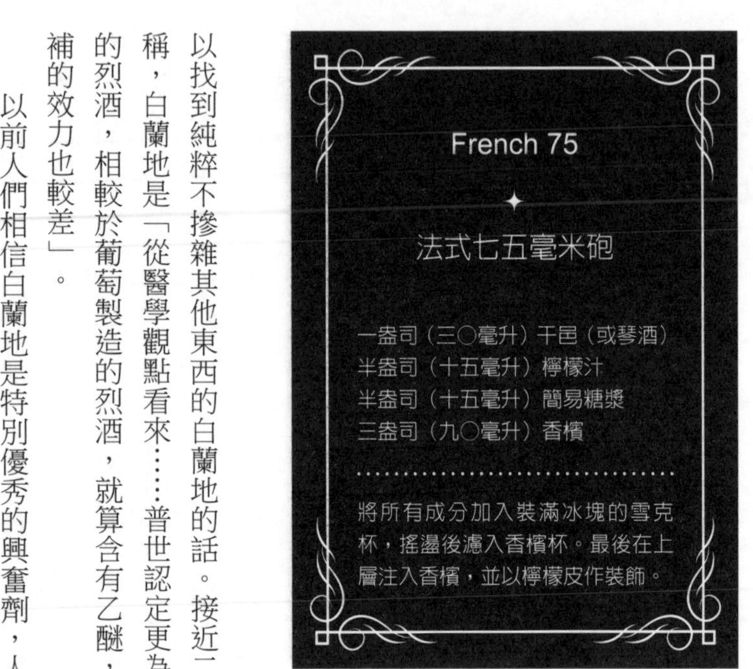

旅程中，於日記中寫下領隊自己喝下了所有的白蘭地，「除非醫生自己還帶了一兩瓶，我們在阿代爾角（Cape Adair）時，連一滴當藥用的都沒了，這個情況下，我們只得用威士忌來充數。實在是太丟人了。」

這個時期的醫學專刊普遍傾向認同上述思維，就算威士忌在以前也常用於醫療用途，人們似乎就是偏好使用白蘭地，如果可以找到純粹不摻雜其他東西的白蘭地的話。接近二十世紀時，醫學專刊《柳葉刀》宣稱，白蘭地是「從醫學觀點看來……普世認定更為優異」，且「只採用穀物製造出來的烈酒，相較於葡萄製造的烈酒，就算含有乙醚，含量也會較低，由此可證，作為藥補的效力也較差」。

以前人們相信白蘭地是特別優秀的興奮劑，人們以科學檢視白蘭地作為藥用後，如此描述：「白蘭地的主要用途是強心劑，它似乎可以增加心輸出量與血壓。」

一九三五年在美國的一則廣告標題就寫著「拿白蘭地來！快！」，插圖是護士端著托盤上的杯子，內文是：「突然發作——趕緊打電話請醫生來——然後「怎麼辦？」乾等醫護來臨，一分一秒都得爭取，啊，白蘭地！上千次這樣絕望的緊急狀況都是這樣。三星級軒尼詩已證明有傑出的恢復效果，得以維持生命到醫生趕過來。夜半時分，或任何買不到這款珍貴興奮劑的時刻，只要完全理解危急狀況可能隨時發生，一瓶三星級軒尼詩就會是家庭醫藥櫃中重要的一分子。」

認定白蘭地能復甦病患的觀念，可能導致了這個常見的可愛迷思：瑞士阿爾卑斯山的聖伯納搜救犬出任務時會在脖子上掛著迷你白蘭地酒桶，用來讓迷途或受困於雪崩的旅人溫暖身體。關於搜救犬的部分是真的，白蘭地則不然。以前人們訓練阿爾卑斯獒犬，用於搜尋、救援，也曾挽救許多性命，不過那個可愛的小酒桶是英國畫家艾德文・藍希爾（Edwin Landseer）捏造的，出現在一八二〇年的作品《阿爾卑斯獒犬使落難旅人重拾活力》（*Alpine Mastiffs Reanimating a Distressed Traveler*）。這幅畫作深植人心，從此狗狗與白蘭地脫不了關係，干邑白蘭地廠商也愛拿來大作文章，如軒尼詩、馬爹利（Martell），但是體溫過低時以酒精當作治療方式，可就糟糕了。酒精使血管擴張，病患會「感覺」變溫暖了，但是體溫實際上會降低，而不是升高。

白蘭地與別種烈酒通常被用來治療發燒，就比較有道理，因為擴張的血管會降低體溫，而病患可能不會太在意感覺變熱，因為酒也會提振精神，讓病患感覺舒服。

白蘭地與其他烈酒除了能提神、降低體溫，在以前也是食慾不振者的處方箋，充分發揮酒飲高熱量、便於服用、能迅速進入血液系統的特性。

在美國禁酒時期，軒尼詩白蘭地可以在有醫師處方箋的情況下進行販售，可向藥物進口商、藥物批發商思富靈（Schieffelin & Co）購買。一九八一年，干邑白蘭地的老闆莫伊・軒尼詩（Moët Hennessy）收購了思富靈。

格拉帕（grappa）是種白蘭地，利用葡萄酒製造過程中的剩料來製作，將壓榨過的葡萄所剩下的固體材料進行發酵，再進行蒸餾。不同國家有不同的稱呼，法國人稱這種酒為「marc」，近代以來格拉帕向來被用在民俗藥方中。此酒源於義大利，以前的義大利工人在夏天時喝這種酒來降低體溫，在冬天則喝來增加溫暖。根據格拉帕同名品牌伊莎貝塔・諾尼諾（Elisabetta Nonino）的說法，如果有人覺得快要感冒了，會在睡前喝格拉帕混著熱牛奶。諾尼諾還說，下工後，勞累的工人會拿格拉帕來擦肌肉痠痛，也用來麻痺牙痛，直到有辦法找到牙醫為止。此外，在人人都有冰箱的日子來臨前（某些地區要等到二十世紀中），格拉帕也用於醃漬櫻桃，酒漬櫻桃既可以當作點心，也可以給身體不適的人吃，當作維生素與熱量的來源。

皮斯可潘趣酒

西班牙征服者在十六世紀時於祕魯栽培葡萄園，最早或許從加納利群島開始。天主教神職人員在儀式中需要聖餐紅酒，所以對早期的耶穌會傳教士與後來的聖方濟各傳教士來說，在當地生產葡萄酒，是非常重要的事情，以免來自家鄉的供應不足。後來人們發現祕魯海岸的山谷非常適合栽培葡萄，到了十七世紀，當地葡萄酒產量之大，西班牙甚至試圖禁止出口，以免與母國的葡萄酒商品競爭。

到了十七世紀初，祕魯的葡萄酒也被蒸餾成白蘭地，由文獻可知，有份一六一三年的遺囑寫到蒸餾壺的贈遺。一開始這種白蘭地叫做「**aguardiente de uva**」，意思是「葡萄火水」，現在被稱為「皮斯可」（**pisco**）。伊卡地區（Ica）的科家莊園（**Hacienda La Caravedo**）酒廠可上溯至一八六四年，號稱是美洲現存最古老且持續營運的酒廠。

祕魯的皮斯可後來成為舊金山剛開始發展時的重要烈酒。一八四九年，許多船隻湧入加利福尼亞，加入淘金熱的行列，當時巴拿馬運河尚未建立，船隻會在皮斯可港停泊，採購當地的白蘭地。

一八五〇年代的舊金山沙龍上，人們會喝到皮斯可，比如馬克．吐溫常常光顧的銀行匯率酒吧（Bank Exchange）。幾十年後，這座知名的華美沙龍會出現一位調酒師鄧肯．尼可（Duncan Nicol，一八五二年－一九二六年），他後來也會成為沙龍合夥人，尼可在此調製皮斯可潘趣酒，這將成為舊金山最出名的飲料。（不過，看起來這款調酒並不是他發明的，在尼可任職之前，酒吧就已經有這款酒了。）你如果來到舊金山，不能不來銀行匯率喝上一杯有名的皮斯可潘趣酒，就像你會在威尼斯的哈利酒吧喝一杯貝里尼（Bellini），紀念該酒的出生地，或是去新加坡萊佛士酒店（Raffles）點一杯新加坡司令。

皮斯可潘趣酒的酒譜曾經是項機密（據說在他調酒時，只有身為聾啞人士的助手可以進出後台），尼可在美國禁酒時期去世時，把酒譜一起帶進墳墓裡了。人人都說這款潘趣酒能讓人「螳臂當車」，這聽起來可不怎麼像是推薦詞，而且這酒會讓人樂陶陶，「到了受到哈希什與苦艾酒祝福的地方去」，來自一九一二年宣傳小冊的說法。

好吧，顯然皮斯可潘趣的酒勁很強，但是裡面到底有什麼呢？調酒師們最後訂出的皮斯可酒譜是：皮斯可、以阿拉伯膠增稠的鳳梨糖漿、檸檬。但這不太能解釋傳言中的後座力。根據喬治・迪肯（George Dicum）《皮斯可之書》（*The Pisco Book*），皮斯可學者托羅力拉（Guillermo Toro-Lira）認為自己找到了失落的成分。

「一定是古柯鹼。」托羅力拉表示。他的理論是，可能是純古柯鹼，或者是附在祕魯可可葉上，浸漬於皮斯可酒中而得。古柯鹼在以前曾是奇藥，也是專利藥物常用的成分（這會在第七章討論），曾是可口可樂早期的配方，還有一款叫做馬里亞尼（Vin Mariani）的葡萄酒也使用古柯鹼。

不過，一九〇七年，加州法律規定古柯鹼只能在有處方箋的情況下才能合法使用。托羅力拉認為：「所以酒譜才是個機密——他可不想曝光。我不知道他用的是哪種形式的古柯鹼……不過我百分之九十九肯定他加了古柯鹼進去。」

荷蘭杜松酒與琴酒

歷史上出現藥物時，就有杜松了。埃及的《埃伯斯莎草古卷》（*Ebers papyrus*）中，杜松是搭配芫荽、罌粟、艾草、蜂蜜製成藥方，「伊西絲女神製作此藥給拉神，以祛除祂頭裡的痛楚。」希波克拉底作者群則使用杜松油來治療廔管與潰瘍等症狀。蓋倫筆下的杜松子可以「洗滌肝與腎」。普林尼推薦用杜松來驅蛇，也描述多種內服用途。布魯許威希在書中的配方有蒸餾水與杜松子，以抗「四肢與膀胱內的碎石子」。

杜松子（其實是毬果，而不是種子）向來是醫生處方中應搭配啤酒、葡萄酒、烈酒的成分，利於治療胸部病痛、肺結核、反胃、咳嗽、抽筋、痛風、黃疸、流鼻血、呼吸急促、突然發冷等症狀，改善視力與記憶力、驅離蝮蛇。在黑死病期間，醫師的防疫面罩裡會塞杜松，以驅除瘴氣帶來的瘟疫。杜松最常用來治療腹痛、墮胎引產（直到二十世紀中為止），也最常作為利尿劑，用於促進排尿。上述都是荷蘭杜松酒與琴酒最常見的用途，琴酒的利尿特性讓它在十九世紀初得到「排水溝」的綽號。

如前所述，荷蘭人最初蒸餾法國葡萄而得到燒過的酒（brandewijn，對照英文 burnt wine），在十六世紀前，阿姆斯特丹就已經針對白蘭地課稅，不過，蒸餾規模擴大後，酒廠不再使用葡萄，改採發芽大麥及其他來源充足的當地穀物。荷語的穀物是「koren」，穀物蒸餾酒則被稱為「korenbrandewijn」，簡稱為「korenwijn」，意思是「穀物白蘭地」。

荷蘭杜松酒（genever）一詞在荷語的意思就是杜松，已知現存最古老又看起來像是荷蘭杜松酒的烈酒，製作方法可上溯至一四九五年的荷蘭，是將葡萄酒與啤酒混合後作為基底，重新蒸餾時搭配杜松、肉豆蔻、肉桂、南薑、天堂椒、丁香、薑、鼠尾草、小豆蔻。這些植物都可以在不同的當代琴酒中找到。琴酒的味道更像是伏特加搭配杜松與其他植物，不過荷蘭杜松酒則像是同樣的植物組合搭配尚未熟成的威士忌。

路卡斯波士公司（Lucas Bols）自十七世紀起就在生產杜松酒，一六六四年的文件中，含有向荷屬東印度公司購買含有將近一千磅的杜松子的紀錄，這樣的量足夠製造五千公升的杜松酒了。

波士蒸餾廠本身的歷史可追溯至一五七五年，成立於阿姆斯特丹，一六〇二年時荷屬東印度公司也在這座城市成立，這家貿易公司擁有龐大的船隊，能從世界各地帶來水果、香料、磁磚與其他舶來品。

波士公司投入杜松酒之前，製造的是利口酒，採用上述的進口材料，有些酒採用單一材料，有的採用搭配組合。波士公司生產超過兩百種不同的利口酒，客戶都是大人物，根據公司文件，「尤其是荷屬東印度公司派駐在世界各地港口的軍官」。酒廠與荷屬東印度公司的關係非常重要，因為船隻回國靠岸後，船上從外國來的易變質物品需要盡快處理、防止腐敗。

波士公司的第一個商業產品是茴香酒（kümmel），這種利口酒使用葛縷子、孜然、茴香。早期產品也有甜薄荷酒，也就是採用薄荷、金箔酒的消化酒，酒中會有金箔漂浮。後來到了十九世紀，市場變得偏向單一風味的利口酒。

波士公司總部最初位於阿姆斯特丹，不過荷蘭的杜松酒製造中心卻是在鹿特丹附近的小鎮斯希丹（Schiedam），十九世紀末時，斯希丹有將近四百座蒸餾酒廠，由於煙囪煤灰把城鎮染得烏黑，人們稱呼此地為「黑色拉撒路」。諾利酒廠（Nolet）是一六九一年設立於斯希丹，當時製造的是杜松酒，現在該廠最有名的產品是坎特一號伏特加（Ketel One）。凱迪堡（De Kuyper）酒廠也是斯希丹起家，一七五二年設立，最初也是為了製造杜松酒，不過該酒廠如今最知名的是一九二〇年才開始製造的利口酒，如蜜桃利口酒（Peachtree Schnapps），被拿來調製轟動一九八〇年代的雞尾酒，禁果（Fuzzy Navel）。話說回來，另一個傳承荷蘭杜松酒精神的，是英國的琴酒。

當英國人喝慣杜松味之後，他們真的對杜松味上癮了。英國人會開始喝荷蘭杜松酒，是因為英國士兵與荷蘭人在十七世紀時曾結盟並肩作戰。（英語中，酒膽叫做「荷蘭式勇氣」〔Dutch courage〕，士兵在戰場上喝酒壯膽，這個俚語可能源自十七世紀。）一六八九年，荷蘭人威廉三世（William of Orange，一六五〇年—一七〇二年）得到英格蘭統治權時，英國人也接納了荷蘭杜松酒，當作自己的酒，開始大量製造。因為使用穀物蒸餾的稅金較低，對酒廠而言是一大誘因，而與法國之間持續的戰事也讓政府暫時禁止白蘭地。英國人口中的杜松酒，從「genever」變成「geneva」，最後變成了「gin」（琴酒）。

不到幾十年時光，英國陷入了一場琴酒危機，人稱「琴酒熱」，一七二〇到五〇年間達到巔峰。倫敦過於擁擠的貧民窟，突然充斥著廉價烈酒，這情況就像法國在葡萄根瘤蚜災的時候引進苦艾酒一樣，但英國的問題更為嚴峻。

按照估計，那時的英國，每年每人攝取兩加侖的琴酒，數據也包含孩童。威廉・霍加（William Hogarth）著名版畫《琴酒巷》（*Gin Lane*）所描繪的是一間「琴酒店」，廣告詞為「一分錢讓你喝醉，二便士讓你斷片，乾淨乾草堆睡免錢」，邀請客人醉倒在店裡。許多紀錄顯示這經常發生。當時新聞上還有許多飲用琴酒過量的故事，雖然狗血卻通常真實，如丈夫殺妻、母親將孩子拋入火堆、女人落入風

塵為妓、病弱嬰兒餓得奄奄一息等等。

雖然琴酒產量與消耗量都大增，國產琴酒品質卻沒有跟著提升。琴酒的前身，是粗略將穀物蒸餾過後，將蒸餾液賣給調和酒廠商，在調和酒廠商那裡搭配琴酒的植物成分，重新蒸餾，最後稀釋出售。較為講究品質的酒廠會採用杜松子，並實際進行二度蒸餾，惡劣廠商則會直接在粗餾液中加入廉價杜松油或松節油。酒廠的酒到了零售業者手上，也就是酒吧或酒店時，會再增加甜度、進一步加水稀釋，來賣給客人，為了掩蓋小手段，店家會加入香料，如卡宴辣椒（cayenne pepper）、蒜頭、辣根、天堂椒，以模仿酒精的焦味。也有紀錄指出店家會加進扁桃仁油、硫酸、碳酸鉀、明礬等東西，這可能是為了掩蓋烈酒基底品質低劣的事實。許多濫竽充數的招式，後來在美國禁酒時期再度出現，做成私釀的「浴缸琴酒」。

英國政府為了管制失控的琴酒攝取量，祭出許多稅捐與法案，多年來卻沒有太大成效。終於，到了一七五〇年，稅金與法規的力量，加上薪資下滑與穀物歉收，降低了琴酒攝取量，不再高得嚇人。

現代琴酒約在十九世紀晚期逐漸成形，也就是人們開始使用柱式蒸餾器之後。柱式蒸餾器可以持續產出烈酒，不必等一批蒸餾完才能釀下一批，而且柱式蒸餾器是為了製造出接近無味的烈酒而設計，比如伏特加。杜松酒的基底酒有麥芽味，類似威士忌，而琴酒採用的中性烈酒則可以讓配方裡的植物香氣更加明顯，芫荽、檸檬皮、香根鳶尾根、歐白芷，帶來柑橘香氣，或許還有洋甘草根、菖蒲及其他香料搭配形成次要風味，就跟今天的琴酒作法一樣。

雖然琴酒本身已經浸漬過具藥性成分的杜松了，長久以來人們還是把琴酒用來當作調配藥方的基底。奧莉維亞・威廉斯（Olivia Williams）在《琴酒風華》（*Gin Glorious Gin*）指出，人們拿琴酒浸漬丁香來治宿醉、消化不良，也用來提振精神。人們也會浸泡松樹皮、艾草，或者搭配芹菜根、茴香、肉桂、葛縷子。單獨使用琴酒則可作為復甦劑、興奮劑，就像白蘭地，以前人們也經常為了體內的寄生蟲喝琴酒，這是一八五六年英國書籍《圖解常見錯誤釋疑》（*Popular Errors Explained and Illustrated*）的說法。到了現代，定期服用琴酒漬葡萄乾還是常見的家庭偏方，某位紐澤西的一〇五歲女士表示，自己就是因為每天吃九顆琴酒漬葡萄乾，才能在得了新冠肺炎後痊癒。

國家自產的烈酒，通常會跟著自家的船艦出海：荷蘭人去到世界各地都帶著杜松酒，英國人帶的則是琴酒。十九世紀中葉，單一家普利茅斯（Plymouth）琴酒廠，就交給英國皇家海軍千桶琴酒。船上的琴酒有許多美味的醫療用途，比如，暈船喝粉紅琴酒（Pink Gin），壞血病喝琴蕾（Gimlet）、瘧疾喝琴通寧，這些到了今天已經演變成純粹的休閒飲品了。

伏特加

今天的伏特加，晶瑩透澈，不帶任何味道，不過伏特加也像其他烈酒一樣，是經由幾百年的演化才變成今天的模樣。伏特加這類的酒，一開始是深色不透明的，波蘭與俄羅斯都宣稱伏特加是自己發明的。根據俄羅斯飲食史學家威廉．波勒賓（William Pokhlebkin），一九八二年曾有一起關於伏特加的跨國版權爭議，波、俄兩國訴諸法庭，最後法院判定伏特加源自俄國。不幸的是，看起來這樁判決是波勒賓涅造的，一九九一年出版的《伏特加的歷史》（*A History of Vodka*）也多不符實。許多作家寫作時都以這本書作為史料參考，鮮少人知道波勒賓謊話連篇，所以自從此書出版之後，許多關於烈酒歷史的英文書籍，或多或少都被這本書錯誤的資訊誤導了。

接下來我們要討論的內容，請斟酌服用：蒸餾知識似乎是先傳入波蘭，傳播者是在修道院之間旅行的修士，或在沙勒諾、蒙佩利爾等醫學院受訓的醫生。伏特加

「vodka」一詞，是斯拉夫語「水」的小稱詞，小稱詞是加在名詞上的詞綴，比如英語中的小稱詞「-en」，加在貓「kitty」上，變成幼貓「kitten」。

一五三四年，波蘭醫師暨藥草師史提芬．法利梅茲（Stefan Falimirz）所著《草本及其力量》（*Of Herbs and Their Powers*）有收錄幾種「小水」配方，有無酒精版的草藥水，也有藥草蒸餾酒精版本，聽起來很像布魯許威希《蒸餾小冊》，後者成書於一五〇〇年，早了幾十年。這時的「伏特加」一開始專指藥用或美妝產品所需的酒精，跟原本普遍意義的「酒」一詞沒有關係，不過隨著歷史推進，伏特加漸漸成了這種烈酒飲品的通用名字。

伏特加也跟其他烈酒一樣，在歷史文獻中先以醫藥用途出現，才轉為休閒娛樂之用。已知最早的伏特加文獻可上溯至十五世紀初期，當時可能只經過一次蒸餾，要飲用前才再度蒸餾。到了十六世紀晚期，伏特加飲品的角色從醫療轉變為社交。根據《經典伏特加》（*Classic Vodka*）一書，十五世紀來自瑞典的文獻宣稱，瑞典也有一種伏特加叫作「brannwein」（燒過的葡萄酒），能夠治療超過四十種症狀，包含頭痛、頭蝨、腎結石、牙痛……而且「有益於不孕的女性」。

以前，過濾是伏特加製作過程中的關鍵，現在也是，一開始是為了將不完美的蒸餾所得整理得乾淨一些。早期的伏特加過濾方式之一是運用澄清劑，如牛奶、蛋白、魚膠（魚鰾製成），這些在當代的葡萄酒製程中也會用到。澄清劑會吸附酒液中的懸浮粒子，讓粒子結成塊，以利移除（歷史上葡萄酒還曾使用其他的澄清劑，如吉利丁、甲殼動物的外殼，甚至用過牛血）。波蘭、俄羅斯的伏特加也採用河砂、紙、皮氈、灰、碳酸鉀、燒過的艾草等來進行過濾。

前人可能也曾使用冰餾技術來進行過濾。在冰餾過程，人們將酒精濃度低的伏特加放在冬天的室外，好讓其中的水分與雜質結成冰，酒精不會結冰，依此作為過濾方法。早期美洲也是採用冰餾技術來製造蘋果傑克酒（applejack，也稱蘋果烈酒、蘋果白蘭地）：重複冷凍蘋果酒，去除表層結冰，每進行一次就會產生更高度數的烈酒。

或許就在十九世紀開始之前，人們開始採用木炭過濾技術製造伏特加，至今依然是主要的過濾媒介，用以去除酒中的顏色、氣味與雜質。木炭過濾的運作方式是吸收雜質，過程中分子會吸附在碳的表面，就好像蒼蠅被黏在捕蠅紙上。當木頭、骨頭、植物性物質在缺氧環境下燃燒，就會產生木炭。由於伏特加製程所需，俄羅斯特別重視赤楊樹（alder）與樺樹製造的木炭。

木炭用於醫療也有數百年歷史，埃及莎草紙上推薦使用木炭來治療皮膚問題，如發臭的傷口。希波克拉底、普林尼、蓋倫都討論過石炭的用途，包含治療癲癇、炭疽這類的疾病。活性碳是特別的碳形式，能夠吸附粒子的表面積大幅增加，在吸收作用上更有效率，等量的活性碳比起木炭能吸收更多的雜質。急診室醫師遇到疑似中毒或藥物使用過量的病患時，用來治療的物質也是活性碳：他們讓病患吞下活性碳，希望搶在有害物質被身體吸收、進入血液循環系統前，活性碳能在胃中吸收藥物或毒物。事後再經由排泄作用，排出吸附有毒物質的活性碳。

在現代，活性碳儼然成為理論上的健康食品，有些產品宣稱可以為身體「排毒」。活性碳搶眼的顏色也吸引了社群媒體攝影師製作各種食物：黑色冰淇淋、黑色檸檬水、萬聖節雞尾酒。不過，活性碳有個缺點：因為它會吸收有毒物質，所以也會吸收其他同時間服用的必要藥物，讓人有吃藥等於沒吃藥。喝下黑色雞尾酒的人可能會讓他正在服用的藥物失效，也無法「解毒」這杯雞尾酒本身——活性碳對酒精中毒沒有作用，因為乙醚與活性碳之間無法產生有力的連結。

十六世紀的伏特加大多數是由穀物蒸餾而得（大眾常見的認知是錯的，馬鈴薯變成伏特加常用材料要等到十八世紀中，而現在採用馬鈴薯的品牌也非常少）。依照各國法規而定，當今伏特加的材料可以是任何能發酵的食材，包含藜麥、糖蜜、甜菜根、蜂蜜，甚至可以用取了咖啡豆後拋棄不用的咖啡果實。

早期伏特加以當地蜂蜜、大茴香、樹芽、葉片、櫻桃來增添風味，也會使用其他的水果、堅果、杜松、薄荷、進口香料。野牛草伏特加（Żubrówka）這個品牌就是以「野牛草」來增添風味，這種伏特加或許可以追溯至十六世紀。據說，一度是波蘭國王御用獵場的比亞韋斯托克古森林（Białystok）之中，長著這種歐洲野牛最愛吃的草。此酒香氣就像白花、香草、肉桂合在一起。將野牛草伏特加蘋果汁調成雞尾酒，味道

Szarlotka 或 Tatanka

✦

蘋果派

二盎司（六〇毫升）野牛草伏特加
四盎司（一二〇毫升）蘋果汁

倒入裝有冰塊的玻璃杯中。

就像蘋果派，叫做「Szarlotka」（意思是蘋果派）或「Tatanka」（這是野牛的美洲原住民語，一九九〇年電影《與狼共舞》讓更多人認識這個字）。

野牛草含有香豆素（coumarin），在美國被列為禁用食品添加劑，因為有引起肝中毒的可能，所以美國版的野牛草伏特加使用其他材料來模仿原版。香豆素也存在於零陵香豆（tonka bean）中，是歐洲、加拿大的常用香料，不過在美國也須依照法規，不得用於食品飲料。

伏特加也跟琴酒一樣，要到十九世紀初柱式蒸餾器發明之後，才轉變成如今我們熟知的樣子。柱式蒸餾器製造出來的酒，接近中性純酒精。伏特加在裝瓶的時候會稀釋至四〇%的酒精濃度。中性酒精為基底，可製作風味伏特加、琴酒、多種利口酒與阿夸維特酒。

阿夸維特酒有兩種拼法，aquavit 或 akvavit，字根也來自生命之水。這是一種風味烈酒，最初是用蒸餾葡萄酒作為基底，後來改用穀物基底，現在有時也使用馬鈴薯。

據稱最早的阿夸維特酒文獻來自一五三一年，在文獻中，這種酒顯然是有藥性的，文獻是來自丹麥領主的信件，隨信附上一份禮物：「此水稱為生命之水，有助於各種疾病，可以內服也可以外敷。」阿夸維特酒源自瑞典、丹麥、挪威等地，如今我們所知的阿夸維特酒，風味主要是由葛縷子、孜然、蒔蘿、茴香、大茴香、小豆蔻、檸檬皮搭配組成，今天人們通常會搭配食物，作為消化酒飲用，就像其他在歷史上曾作藥用的風味葡萄酒與烈酒。

由於伏特加常被拿來當作工業用產品的基底，比如家用清潔劑、美妝產品等，現在人們對伏特加的評價不怎麼高，認為它沒什麼味道，喝下肚也只為了其中的酒精罷了。《調和飲品的精緻藝術》（*The Fine Art of Mixing Drinks*，一九四八年）的作者為大衛・艾伯利（David A. Embury，一八八六年—一九六〇年）。成書之時，伏特加對美國的飲酒文化而言，還算是相對新潮、有意思的酒，書中說：「所以，如果你需要穀物酒來稀釋被碘染色的物品，或拿來擦在背上揉一揉，街角的藥品店又已經關門了，那就用伏特加吧。當然伏特加有一半是蒸餾水，不過那也不會傷害你的背。」

至於醫療、美妝類應用方式所需要的酒，酒精濃度得接近純酒精。手部抗菌消毒劑含有六〇—八〇%的乙醇。一般而言，這種工業用酒精是專門為了非飲用目的而製造，跟製作伏特加或其他烈酒的蒸餾器分開，不過，在二〇二〇年的全球性新冠肺炎危機爆發時，許多酒飲品牌都捐出自家的酒來製造手部清潔劑，如野牛仙蹤（Buffalo

Trace）、Bayou 蘭姆酒廠、蒂朵斯（Tito's）手工伏特加等。

這並不是酒廠第一次因應時代之厄為醫界服務。在第二次世界大戰期間，美國波本酒廠就曾在發酵槽裡培養青黴素，也製造工業用酒精，用在無煙火藥、化學武器材料、消毒酒精與其他醫療用品。

根據派翠西亞・赫里希（Patricia Herlihy）《伏特加全球史》（*Vodka: A Global History*），今天東歐人的家庭偏方會用到伏特加，包含當作外用藥擦在乾燥的小傷口上，或是喉嚨痛時當作漱口水。人們也曾經相信伏特加可以對抗輻射汙染，烏克蘭人在車諾比核電廠爆炸後曾服用伏特加。

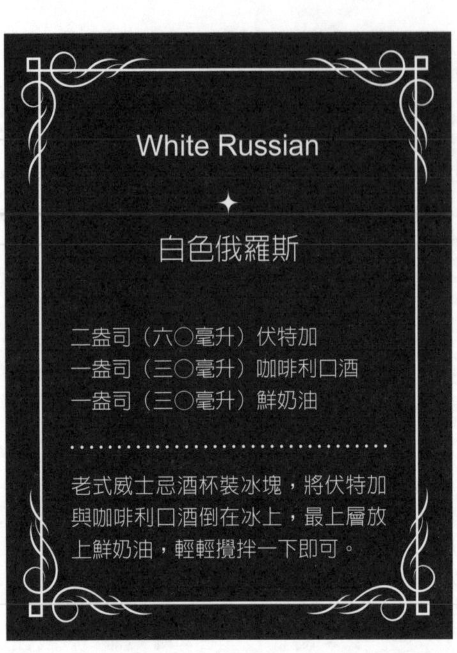

當今網路上的伏特加文章也會強調飲料之外的用途，標題類似〈一起喝乾一瓶伏特加，享受八大健康益處〉、〈你想不到的十五種伏特加用途〉、〈伏特加獵奇使用方式〉，文章會建議讀者拿伏特加來舒緩毒藤或水母螫、皮膚除毛後

等皮膚不適的反應，或者用來去除廁所黴菌、穿過的衣服上製造異味的細菌，還有拿伏特加來延長花束生命。伏特加確實可以達到上述目的，不過消毒酒精也可以。

蘭姆酒

根據考古調查結果，印度在公元元年前後幾世紀時，可能就已經以甘蔗汁與糖蜜蒸餾出蘭姆酒了（兩者皆可作為材料），這我們在第二章討論過。如今我們想到烈酒時，會先想到西半球文化，印度蒸餾酒卻早了西方人整整一千五百年。甘蔗原生於亞洲與印度，栽培地點隨著貿易交流路線向西拓展，在幾百年內慢慢傳入中東、阿拉伯人統治的西西里與西班牙，後來人們在馬德拉與加納利群島栽培甘蔗，甘蔗也隨著哥倫布與其他開拓者的足跡，傳入了新大陸。

不過，蒸餾甘蔗做成酒的歷史可能跟上述發展過程不一樣。雖然甘蔗栽培傳入歐洲時，已經有了蒸餾技術，不過歐洲大陸拿糖蜜來蒸餾的史料證據並不多，而糖蜜是產糖過程中的副產品。一般假設，十六世紀時，新大陸主要產糖地巴西所使用的蒸餾器材，是來自歐洲。不過，也有可能葡萄牙人抄了捷徑，直接將印度的蒸餾器材或知識帶到新大陸，不過這種說法雖然有吸引力，卻還停留在理論階段。

不論如何，在十七世紀時，英國、荷蘭、法國都在自己的加勒比地區殖民地開拓甘蔗栽培園產糖，規模也迅速擴張。加勒比地區與巴西的糖業不斷成長，西印度群島中，英國人從巴貝多（Barbados）獲利最多，後來還多了牙買加。糖蜜除了作為人類與動物食品中的副食品之外，還有許多用途，包含作為砂漿。後來，甘蔗栽培園在早期發展出了一套標準作業流程，人們運用蒸餾器，以糖蜜及甘蔗汁上的浮渣來生產蘭姆酒，這酒是工人喝的，作家戴維·布魯姆（Dave Broom）描述其作用為「提神，也是藥物，還可作為勞苦疼痛時的外敷藥」。

苦工來自非洲與原住民奴隸，還有少數歐洲契約長工。奴隸制度並非這時才出現，也不只出現在加勒比地區的糖與蘭姆產業，不過，糖的巨量需求，加上種族歧視與帝國主義，的確讓奴隸制大幅增長。等到美洲廢除這種陋習的時候，橫渡大西洋的被擄非洲人，已超越千萬。

奴隸制度廢除後，有一波新的勞動力進入市場，主要來自印度與中國，他們得到承諾，願意為了將來更好的生活而來到甘蔗栽培園工作。今天，甘蔗栽培園的工作環境雖然與幾百年前起步時相比，已有所進步，在蔗田裡的勞工依然需要承受不安全的工作環境與微薄的薪資。近幾十年內，報導指出中美洲的甘蔗收割工之間盛行慢性腎臟病，一般認為肇因為脫水、暴露在燃燒甘蔗的空氣汙染中，及其他。

十七世紀，人們認為蘭姆酒是劣等的威士忌，只適合勞工階級飲用，還有了綽號

「魔鬼殺手」，人們用到的形容詞都是「粗劣、難喝」、「辛辣、地獄般的可怕之酒」。不過，這些想法在幾十年之內會改變，因為酒廠漸漸掌握了如何在炎熱氣候帶發酵糖蜜的方式。

一六五一年的著作《巴貝多斯島的真切歷史》（*A True and Exact History of the Island of Barbados*）中，作者林根（Richard Ligon）留意到人們飲酒過量（不管是英國家鄉運來的穀物烈酒、進口的法國白蘭地，還是當地製造的魔鬼殺手），導致便祕、腸胃不適，也有許多人因此而死，但是「這裡如此炎熱，人們必須喝下酒勁強的飲料；大量流汗讓人精神萎靡，身體內部覺得又冷又虛，需要來點安慰、復甦活力。」

幾乎每一種烈酒，都在全世界的各種氣候中扮演調節體溫的角色。第一次世界大戰時，士兵喝蘋果白蘭地

Mai Tai

✦

邁泰

二盎司（六〇毫升）陳年蘭姆酒
一盎司（三〇毫升）萊姆汁
半盎司（十五毫升）庫拉索橙香利口酒（curaçao liqueur）
半盎司（十五毫升）扁桃仁糖漿（orgeat）

將所有的食材加入裝滿冰塊的雪克杯，搖盪後直接沖入老式威士忌杯。以萊姆薄片與薄荷枝作裝飾。

來提振士氣，工人在寒冷的早晨或炎熱的白日都會喝格拉帕，如前文所述。在美國，一七五七年時有封寄給英國國會的信，上面說：「如果沒有喝混一點蘭姆酒的飲料，根本沒辦法熬過寒冷。」在巴西生產的烈酒叫卡夏莎酒（cachaça），蒸餾的材料不是糖蜜，而是甘蔗汁，一七二一年有位醫生表示，這酒「在寒冷潮濕的氣候裡很有幫助，有益於肥胖者、老年人、腸胃虛弱的人」。

人們也拿新酒跟歐洲既有的烈酒比較，看看哪一種是比較好的藥物。一七七〇年有篇短文〈論烈性酒癮之健康功效，尤重於比較蘭姆酒與白蘭地何者更有益於身體〉（An Essay on Spirituous Liquors, with Regard to Their Effects on Health; in Which the Comparative Wholesomeness of Rum and Brandy Are Particularly Considered）作者是羅伯特．朵昔（Robert Dossie，一七一七年—一七七七年）撰文立場可能不太中立，他認為：「有人相信，對身體的功效上，（法國）白蘭地優於（英國）蘭姆酒，這一點根據也沒有，恰恰相反，證據清清楚楚，明顯指出，適量飲用蘭姆酒對身體更有益處，而過量飲用的危害也比白蘭地小一些。」

文章結尾提議將蘭姆酒與比較不酸的檸檬調和，頗耐人尋味（特別是我們之後將會討論壞血病）：「眾所周知，西印度群島殖民地的普遍風俗是愛喝大量的小潘趣酒，用萊姆汁做成非常酸的飲料，經由觀察，目前這些人得到嚴重及致命疾病的人數，遠多過那些在潘趣酒中放入較少酸的人。柳橙汁或味道較為溫和的果汁，搭配蒸餾烈酒飲用，危害較小：不過，搭配檸檬與萊姆來喝的話，總是該少喝點，並保持謹慎的態度。遵照這些限制，攝取優良的烈性飲料，尤其是蘭姆酒，大致上可以視為無傷大雅，而依照上述所說的某些例子，還可說是帶有藥性、有益身體。」

一八〇一年的《美洲草本》則記載了蘭姆酒在醫療上的其他用法，下文所說的是摻水蘭姆酒：「優良的蘭姆酒適當加水稀釋後，加點糖，適量服用，可以砥礪散漫、增添稀淡之液、溫熱體質。事實證明，這對於暴露於高溫、潮濕、汙氣、腐爛疾病之人最有益處。它也適合用來外敷，需搭配鎮痛、抗菌的熱敷法。高強度的蘭姆酒水曾經挽救了一位水手的生命，他在一七九八年看起來已因黃熱病而死去，從他喉嚨灌下這水之後，他的性命與健康都得到復甦。」

《美洲草本》中多數的藥物配方都指名使用白蘭地，或者白蘭地或蘭姆酒擇一，不過，倒是有一道配方特別選用蘭姆酒來搭配白花酢漿草（wood sorrel），將酢漿草的汁「與蘭姆酒混合，在再加入紅糖增加甜味，咸認是治咳嗽的優良藥方。此乃印地第安人發現的」。後來證明這配方一點都不優良：白花酢漿草跟大黃的葉片一樣，含有草酸（也稱為酢漿草酸），不應該大量攝取。

十八世紀還有其他人想測試這些烈酒的藥物特性，方法是以酒浸漬有機物質，比較各種酒的防腐能力。韋恩．柯提斯（Wayne Curtis）《也來瓶蘭姆酒吧》（*And A Bottle of Rum*）中提到一七五〇年的瑞典旅人，談論英國人相信蘭姆酒有益身體健康：

「他們說，如果你將一塊新鮮的肉放進蘭姆酒，也拿一塊放進白蘭地之中，就這樣放著不管幾個月，會發現蘭姆酒之中的肉不會有什麼變化，但是白蘭地裡面的肉卻會被吃出一堆洞。」在下面這個非常有名的肉塊案例中，人們忽略了上面這些資訊。

英國海軍中將荷瑞西歐・尼爾森（Horatio Nelson，一七五八年－一八〇五年）在一八〇五年特拉法加海戰（Battle of Trafalgar）中不幸殉職，人們決定不按照慣例「海葬」，要將他的遺體送回英國安葬。為了保存遺體，遺體被放進一只木桶裡，再由船醫注滿白蘭地。

船上的隨軍醫師威廉・畢提（William Beatty）捨棄蘭姆酒不用，選了白蘭地，他後來寫了一本書為自己的決定辯護，當時船上兩種酒都有：「船隻抵岸時，船上有個非常普遍卻錯誤百出的觀念，就是蘭姆酒防腐屍體的能力更持久、更完美，比其他烈酒都好，所以應該要用蘭姆酒：但是，事實正好相反，因為在這個用途上，有許多烈酒都比蘭姆酒要好得多，更適任此職的酒，在這一點上要看的是這些酒的強度，這正是酒抗菌效能的差異，而白蘭地更為優越。」

（在歷史上，使用各式各樣的酒來防腐屍體部位，淵源已久，未來也會繼續下去。古埃及人用葡萄酒作為屍體防腐液。美國加州騎警在一八五〇年代就是用威士忌來保存響馬華堅・莫利埃達〔Joaquin Murrieta〕的人頭，作為領取懸賞獎金的證據。非洲探險家大衛・李文斯頓博士（David Livingstone）在一八七三年去世後，遺體被浸在鹽與白蘭地中防腐，以便長途運輸回到西敏寺下葬。）

船上士兵長久以來有個陋習，會偷偷在烈酒桶上挖小洞，拿吸管喝裡面的東西。謠傳裝著尼爾森遺體的木桶，抵達倫敦的時候已經空了，因為口渴的水手一路上都這麼幹。不過，醫生的說詞明確指出，路途上，桶裡的白蘭地沒了，又注入了新的白蘭地，如此反覆多次。不過，事實並不妨礙大家愛聽的故事流傳下去，也不能防止水手在偷喝時候說「從上將那兒吸一口」（tapping the admiral，俚語，意思是喝少量的酒）。「尼爾森的血」成為海軍蘭姆酒的戲稱，雖然事實上用的並不是蘭姆酒。

總之，英國海軍船上的水手確實有蘭姆酒可以喝。每天的配給中有蘭姆酒，至少在航行經過加勒比地區的時候如此，英國人在這一帶可以控制蘭姆酒生產。至於從母國出航之時，船上通常儲放的配給品是琴酒。船上儲水在幾週之內就會因為藻類變得黏糊糊的，儲放啤酒則會發酸，所以船上發放的是一日兩次的蘭姆酒，是勞動之後廣受歡迎的熱量來源與心靈慰藉（航行之初發放的是純酒，後來變成摻水的酒，最後加上檸檬做成酒水）。海軍甚至把許多島的酒集合起來，做成專屬海軍的調和蘭姆酒，分配給軍船作為標準配給的一部分。海軍補給蘭姆酒制度一直延續，不過隨著歲月流逝，配給量不斷降低，直到一九七〇年七月三十一日英國皇家海軍才廢止配給蘭姆酒。最後一次蘭姆酒配給日被蘭姆狂熱粉絲稱為黑色托特日[4]（Black Tot Day）。

雖然一般會將蘭姆酒與熱帶氣候聯想在一起，蘭姆酒卻比威士忌還早成為美國烈酒。加勒比海各酒廠曾賤價拋售糖蜜給美洲大陸的殖民地。一六六〇年晚期，各地的烈酒製造商，如波士頓、紐約、費城與其他地區，開始將糖蜜製成蘭姆酒，到了一七六三年，新英格蘭已經有一百五十九座蘭姆酒酒廠。美製蘭姆酒比法國進口白蘭地便宜太多了，而將糖蜜拿來蒸餾，還可以把在地生產的穀物省下來用在食品與啤酒釀造。美製蘭姆酒持續流行，直到戰事與運輸受阻，糖蜜來源受限，美製裸麥威士忌與波本酒才成為當地特產。

《美洲草本》的作者提到，據載，牙買加蘭姆酒是最好的，不過用西印度群島糖蜜製成的新英格蘭的蘭姆酒，在熟成後品質進步了，但「那在蒸餾剛結束的時候，其氣味與味道實在是太難喝，根本不是人能喝的東西」。

蘭姆酒的名聲在十八世紀中逐漸改善，變成一種體面的酒，後來還成為優越之選，尤其跟穀物烈酒相比是更好的選擇。人們之所以觀感轉變，源於綜合因素：木桶熟成、柱式蒸餾法、木碳過濾法等技術，終於讓蘭姆酒轉變成今天的模樣。（加勒比地區生產的糖蜜白色蘭姆酒，作法是蒸餾後先在木桶裡熟成一年，才進行過濾使酒清澈。如果不是幾乎所有品牌都這麼做，至少也有大半如此。）雖然後來威士忌變成美國烈酒的標誌，新英格蘭地區依然不斷生產蘭姆酒，一直到禁酒時期為止。

新英格蘭的糖蜜蒸餾酒產業，轟然一聲就全沒了，或者應該說，轟然一聲就流光了。一九一九年一月十五日，也就是含禁酒令的美國憲法修正生效的前一天，波士頓

北端，有個隸屬美國工業酒精公司，九十呎寬、五十五呎高的糖蜜儲存槽，在氣溫陡升後突然爆炸，槽內超過兩百萬加侖的液體，以三十五英里的速度沖到大街上，據說這波蜜糖海嘯有八公尺高，席捲整座城市，造成二十一人死亡，超過一百五十人受傷。

雖然蘭姆酒的名聲好轉，成了上得了檯面的烈酒，在十九世紀末時「蘭姆酒」這個詞卻成為酒的貶義詞，類似今天我們說的「買醉」。一八九五年，禁酒令的倡議者曾說：「工人喝下的每一杯蘭姆酒，酒錢都是從妻小身上搶來的。」「惡魔蘭姆酒」蔑稱則是「蘭姆木乃伊」會喝的任何酒，在禁酒令時期，「蘭姆船隊」上載的就是「運蘭姆的」，不管他們帶什麼酒進美國都一樣。一九一〇年，發表在《波士頓醫學與手術專刊》

4 托特是一小杯酒的意思，每日配給一般代稱為 daily tot。

（*Boston Medical and Surgical Journal*）的研究發現，蘭姆酒跟之前研究所說的保存肉品有所不同，將蘭姆酒注入兔子體內，會導致兔子死亡，所以蘭姆酒是世界上最糟的酒，比不上白蘭地、威士忌、琴酒之流。

蘭姆酒也跟其他烈酒一樣被拿來浸漬香藥草、香料、樹皮或其他材料，做成藥品。有些傳統浸漬蘭姆酒在今天還是常見的酒，使用代代相傳的機密家族配方。吉菲地酒（Guifiti）是加利福那人（Garifuna）的酒，該民族主要住在宏都拉斯與貝里斯（Belize），是非裔與原住民後裔。人們把吉菲地酒當作預防性藥物，也可以用來治療、幫助消化、減輕發燒與壓力、增強性能力、強化免疫力、提升整體健康與生命力。服用單位為一個烈酒杯，每日服用幾回，有些人在一天工作結束之後喝，有些人在睡前喝，人們並不把它當作香料蘭姆酒，比較像是直接拿來喝的苦精。

多明尼加共和國的「璊媽媽」雞尾酒（mamajuana）則被當作藥酒，人們認為它特別有催情效果，據說以前配方一度含有海龜的陰莖。如今的配方含有巴西蘇木（brazilwood）與貓爪，還有其他的乾燥植物，你可以在島上買到配好的香料包，也可以線上購買，這可是熱門的觀光紀念品。根據配方指示，這份香料包應該要拿來泡在紅酒、深色蘭姆酒與蜂蜜裡面，酒與蜂蜜的分量比例須按照說明，或者也可以拿來泡成茶喝。除了理論上能提升性能力之外，璊媽媽據說也有益於感冒、消化、血液循環，而且據說也能淨化血液、滋補腎臟與肝臟。

就連蘭姆酒品牌摩根船長（Captain Morgan）都有藥用淵源，或者至少有個跟醫藥有關的起源故事。根據其中一種說法，摩根船長的配方約在一九四五年得到販售許可，來自牙買加坎辛頓的藥局，店名叫做力維兄弟（Levy Brothers），當時他們用當地隆龐酒廠（Long Pond）生產的蘭姆酒為基底，浸漬藥用香料。

這款蘭姆酒的真正起源地，比較可能是一九八〇年代施格蘭公司（Seagram）會議室，他們特別設計出了一款適合搭配可口可樂喝的蘭姆酒，香草味道非常濃厚（這個組合明顯符合大家喜好，因為可口可樂後來推出了香草口味的版本），不過施格蘭公司命名產品的時候卻給了模糊的「香料風味」，讓消費者可以自行帶入感覺到的風味。這款酒顯然不怎麼有香料味就是了。施格蘭以前曾有一條產品線是無香料蘭姆酒，就叫摩根船長（你可以在網路上找到這支酒的古早味廣告），後來這款酒被重新包裝，成為世界烈酒十大銷售冠軍之一。

壞血病

人類、天竺鼠、部分魚類、鳥類、果蝠、靈長類等，都無法自行合成維生素C，但是又需要這種養分來維持生命。壞血病來自缺乏維生素C，曾經重重打擊遠洋水手、

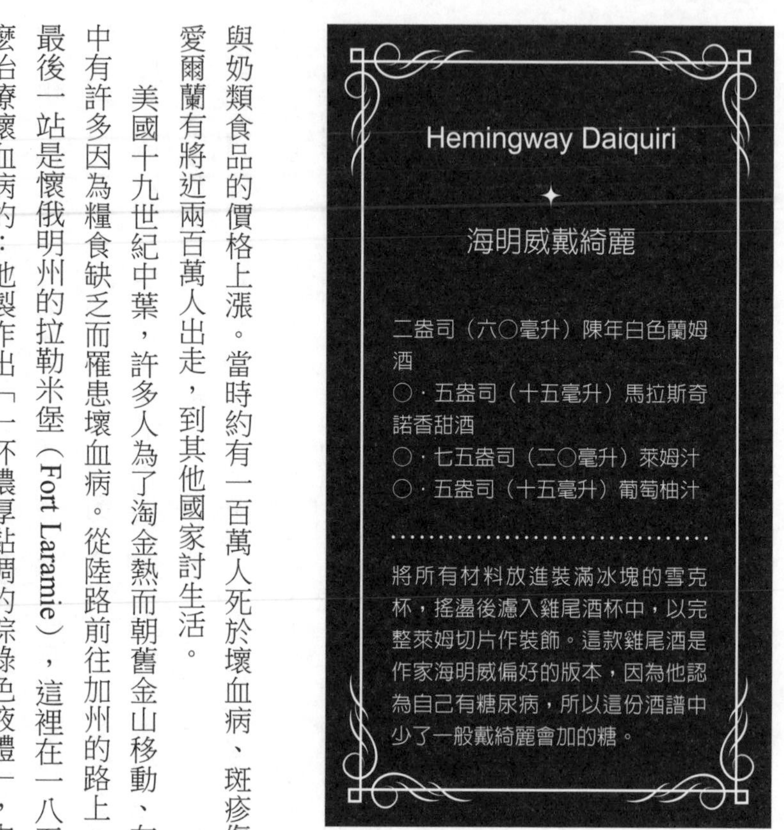

Hemingway Daiquiri

海明威戴綺麗

二盎司（六〇毫升）陳年白色蘭姆酒
〇．五盎司（十五毫升）馬拉斯奇諾香甜酒
〇．七五盎司（二〇毫升）萊姆汁
〇．五盎司（十五毫升）葡萄柚汁

將所有材料放進裝滿冰塊的雪克杯，搖盪後濾入雞尾酒杯中，以完整萊姆切片作裝飾。這款雞尾酒是作家海明威偏好的版本，因為他認為自己有糖尿病，所以這份酒譜中少了一般戴綺麗會加的糖。

海外駐軍士兵，因為他們的飲食營養不均衡。壞血病曾是軍營、監獄、瘋人院常見的問題。

一八四〇年代愛爾蘭馬鈴薯大饑荒時，許多國家深受其苦，由於突如其來的病害導致主食作物歉收，蔬果與奶類食品的價格上漲。當時約有一百萬人死於壞血病、斑疹傷寒、霍亂或痢疾，而愛爾蘭有將近兩百萬人出走，到其他國家討生活。

美國十九世紀中葉，許多人為了淘金熱而朝舊金山移動、在當地工作，這些人之中有許多因為糧食缺乏而罹患壞血病。從陸路前往加州的路上，翻越落磯山脈之前的最後一站是懷俄明州的拉勒米堡（Fort Laramie），這裡在一八五八年曾有位醫生是這麼治療壞血病的：他製作出「一杯濃厚黏稠的棕綠色液體」，內容是刺梨搭配兩盎司的威士忌，再用檸檬精華露調味。一八六〇年代的美國南北戰爭中，受到壞血病與其他營養不良疾病影響的，主要來自為南部聯邦打仗的人，因為補給短缺而受苦。

當時人們已經知道怎麼治療壞血病了。壞血病曾經影響達伽馬、麥哲倫、庫克船長與哥倫布等人的航行，而針對壞血病的研究，大部分也在海上進行。十八世紀時，在英國皇家海軍工作的內科與外科醫師潛心研究這個問題：這究竟是一種疾病（像是性病一類，以前的人也曾將兩者搞混），還是某種營養缺乏的問題？

歷史上，人們發現壞血病的預防與治療方式不止一次，早在一五六四年，就有人特別指定用柑橘類來治療壞血病。許多國家的船長都知道柑橘類能預防或治療壞血病，不過他們累積自生活的智慧，不斷被各種理論推翻，陸地上的醫師總是偏好能符合蓋倫派醫學的說法。

人們對壞血病的起因有多種猜測，如飲食中鹽分攝取過量、銅中毒、通風不良或空氣潮濕（又看到令人熟悉的瘴氣理論了）、衣服與生活環境過於骯髒、缺鉀、蟑螂上的寄生蟲等等，族繁不及備載。船上的食物都是鹽漬肉品、放太久的啤酒、乾糧餅乾，幾乎沒有什麼維生素C。

壞血病的症狀有牙齦腫脹流血、口臭難當、牙齒與頭髮脫落、皮膚瘀青、骨頭脆弱、舊傷裂開、幻覺，最後會失明。壞血病是種「腐爛發臭的疾病」這樣的理論，普遍為人接受，因為病人看起來是從內部開始腐爛。

古時曾提出各式各樣的抗壞血病藥劑，包含米飯、豆類、硫磺、醋、糖蜜、金雞納樹、芥末、鴉片、汞、大黃、啤酒花、杜松子、海豹骨架提煉的油、壞血病草（scurvy grass，岩薺屬植物），特別的是還有酸菜與辣根。人們也常常把發酵飲品當成解方，如雲杉啤酒（spruce beer）、一般啤酒、蘋果酒、氣泡蘇打水，還有蘭姆潘趣酒。也有用尿漱口的作法，不過這可能沒辦法治療口臭的部分。以前沒有效果的方法還有很多，如整腸、放血、發汗、以動物的血來沐浴，還有把人埋進沙裡，只露出頭——次數多過你想像！

約翰．法蘭奇一六五一年的書《蒸餾之道》中，記錄了一份配方叫「抗壞血病藥水，也稱辣根複方水」，材料含壞血病草、有柄水苦蕒（brooklime）、西洋菜、白葡萄酒、檸檬、瀉根（briony）、辣根與肉豆蔻，需要將上述內容浸泡三天，再進行蒸餾。「一天兩次，每次服用三或四湯匙的藥水，即可治癒壞血病。」

許多壞血病藥方著重在酸、發酵、碳化作用，背後的理論是這些可以預防內臟腐壞。有位化學家建議水手服用「定性氣體」（二氧化碳），將萊姆汁與碳酸蘇打水混合，「在飲料冒泡時趕緊吞下」。至少服用萊姆的部分是正確的。同樣的道理，濃縮麥芽糖漿理論上應該在胃裡發酵，變成啤酒，那就會在胃裡產生同樣的氣體。

一七四七年，蘇格蘭醫師詹姆斯．林德（James Lind，一七一六年—一七九四年）在床上進行了一場臨床實驗。他將壞血病患者分成六組，每一組得到不同的治療，依序為：蘋果酒、硫酸、醋、海水、柑橘類（柳橙與檸檬）、藥膏，藥膏成分是大蒜、芥末籽、辣根。柑橘組的成效最好，不過林德並未考慮將這個治療方法用於事前預防。柑橘類要納入英國海軍配給食物，還要再等四十年才發生。

一般認為庫克船長（Captain Cook，一七二八年—一七七九年）在一七七〇年代戰勝了壞血病，不過實際上他是藉著管理有方才沒出問題，他的船上生活環境較好，靠岸補給新鮮食物的次數也較頻繁。一七七二年到七五年，他第二次出航時，船上備有各種抗壞血病藥劑：麥芽汁、酸菜、「礬水」（硫酸）、蘋果酒、普萊斯里的蘇打水製造機、脫水紅蘿蔔汁，還有一種叫做「詹姆醫師之粉」的有毒物品，是銻與磷酸石灰的混合物。庫克堅信濃縮麥芽才是解決壞血病問題的最好預防方式，由於他的聲望極高，人們錯失了二十年才開始使用柑橘類對抗壞血病。

同一時期，海上各個船長只得自力更生，每次靠岸都努力取得柑橘類與其他新鮮蔬菜。終於，到了一七九〇年代時，有些英國皇家海軍的船正式將檸檬汁列為預防壞血病方法的配給（商船船隊要更晚才引進這項作法）。船上每天發放檸檬汁，人們搭配烈酒、水、糖來喝，或者搭配一種叫做尼格斯（Negus）的加烈葡萄酒飲料。

雖然人們看出柑橘類能解決壞血病，問題還是沒完全解決，要怎麼做才能在船上保存水果或果汁？大家都知道，船上的啤酒與水經過幾星期、幾個月之後，就會壞了。林德的建議是用火「整治」一下檸檬與柳橙，把水分煮沸。這麼做的原意是，到了航行中途，再重新以水或酒還原柑橘類，比如做成潘趣酒或加在葡萄酒裡面。不過，他們有所不知的是，加熱煮沸的高溫會破壞果汁內大部分的維生素C，而這麼做之後，水果在室溫之下腐敗速度反而更快。人們還試過其他的方法，比如以冰餾技術濃縮檸檬，或者在裡面加入酒石酸。

其他保存柑橘類果汁的方法還有在裡面加入橄欖油、白蘭地、蘭姆酒，也有加糖的作法。後者如果改用萊姆，而非柳橙或檸檬，就可能會變成戴綺麗雞尾酒（蘭姆、萊姆、糖）。不過，海軍選用萊姆要等到十九世紀中葉才會發生。英國本來購入大量的地中海檸檬，後來為了支持祖國的商人，改為採用西印度群島的萊姆，尤其會選擇小安地列斯群島的蒙塞拉特島（Montserrat），這些萊姆是英國商人的財產。英國人執著萊姆，「萊姆仔」（limey）成為美洲人對英國海員的戲稱。

不論是醫學文獻或是酒譜，以前人們時常搞混檸檬與萊姆，因為兩者名稱類似，檸檬尚未成熟時也是青綠色，而且榨汁之後實在看不出差異。雖然萊姆相較檸檬、柳橙，酸度較高，但是萊姆含有的維生素卻遠低於這兩種水果，而且，在船上使用做成商品的濃縮萊姆汁，在對抗壞血病時「相對沒啥用處」。有些醫生開始改變自己的態度，不確定柑橘類究竟是否能有效解決壞血病問題。在改用萊姆之後，壞血病案例甚至一度攀升，好在蒸汽船發明之後，加速了海上航行，所以壞血病問題又趨緩了。

蘇格蘭利斯（Leith）的玫瑰家族（Rose）從事造船業，後來也跨足船隻補給的工作，在一八七一年時，家族企業的名稱是玫瑰公司（L. Rose & Company），「萊姆汁與葡萄酒貿易商」，勞區蘭・玫瑰（Lauchlan Rose，一八二九年—一八八五年）熟悉當時的軍用補給規範，也就是十五％的德麥拉蘭姆酒（Demerara rum）加萊姆汁，以四加侖的玻璃容器盛裝。但勞區蘭認為，這種海員飲料並沒有發揮新鮮萊姆汁的效果。在一八六五年前後，勞區蘭將想法付諸實踐，創造了一種甜味果汁飲料，水手與一般民眾都能享用，跟船上要求的版本相比，藥性較低（酒味也較輕）。

當時，以密封玻璃容器與罐頭來保存食物的技術，算是相對新潮的技術，勞區蘭在自家產品上運用他所知道的科技。一八六七年，《商船法》（The Merchant Shipping Act）要求英國船隻都必須在船上備有新鮮萊姆。同一年，勞區蘭申請「蔬果汁保存技術改良版」的專利。他保存果汁的作法是在密封容器裡加入硫酸，飲料添加甜味後裝瓶，標籤上寫著玫瑰萊姆酸甜飲（Rose's Lime Juice Cordial）。該產品在英國國內與海外市場都大受歡迎。一八九三年時，玫瑰公司已經有能力買下自己的土地來種植萊姆樹。

二十世紀時，玫瑰公司多角化經營，根據《萊姆仔》（*Limeys*）一書，該公司生產萊姆果醬，並「推廣琴酒搭配萊姆汁作為社交飲料，還『發現』萊姆汁可以解宿醉」。玫瑰公司後來也生產酸水果蘭姆雞尾酒（rum shrub）、薑汁汽水白蘭地、柳橙奎寧葡萄酒。一九五七年，舒味思收購玫瑰公司。舒味思所生產通寧水與礦泉水，起初也有醫療性質。《萊姆仔》的作者哈維（David I. Harvie）稱玫瑰萊姆酸甜飲為世界上第一個水果飲料品牌，且至今仍然販售中。

如今人們還是會使用玫瑰萊姆酸甜飲來代替新鮮萊姆汁，除了平價酒吧，也會出現在一般人家裡，即便這種飲料含有甜味劑、防腐劑與食用色素。雷蒙．錢德勒（Raymond Chandler）在一九五三年出版的小說《漫長的告別》寫到了這款飲料，為該產品留下了存在印記：「他們所謂的琴蕾酒，不過是拿點萊姆汁或檸檬汁加琴酒，加個一抖振的糖或苦精。真正的琴蕾是一半琴酒，一半玫瑰牌萊姆酸甜飲，不會再加其他的東西。琴蕾完全打趴馬丁尼。」

最後一句評論或有爭議，那也是琴蕾名字的由來。有個說法是，琴蕾名字來自琴蕾特船長（Captian Gimlette），另有一說認為酒名來自一種小工具，可以用來在木桶上戳洞的錐子——倒是滿像傳說中被用來把尼爾森中將的血喝光的小工具[5]。

人們要到一九二八年才分離出維生素C，而直到一九三二年才終於證明維生素C是治療壞血病的關鍵。實驗對象是天竺鼠，因為研究發現天竺鼠跟人類一樣需要藉由飲食補充維生素C。這並不是天竺鼠第一次被拿來做實驗：牠們也曾被注射艾草，直到過量而死亡。拉瓦錫與巴斯德都使用天竺鼠做實驗，而人類還把牠們送到外太空去。真是不同凡響的旅行。

Gimlet

✦

琴蕾

二盎司（六〇毫升）琴酒
半盎司（十五毫升）玫瑰牌萊姆汁

將所有材料加入裝滿冰塊的雪克杯，搖盪後濾入雞尾酒杯，以檸檬丁作裝飾。

威士忌

伏特加是穀物蒸餾酒，還有以此為基礎的琴酒、阿夸維特等，不過這些穀物經過蒸餾之後產出的烈酒，度數非常高，以至於酒本身幾乎沒有什麼突出的味道。威士忌也是穀物蒸餾烈酒，但是蒸餾後的酒精度數不至於太高，還保存了一些穀物的風味與香氣，而威士忌也幾乎都會在桶中熟成後才裝瓶。

不列顛群島釀造啤酒已有數千年的歷史，再者，此地不適合栽培葡萄，所以當蒸餾技術傳入不列顛群島時，人們會拿來製造穀物發酵的蒸餾酒，也不令人意外。威士忌一詞的英語來自蓋爾語「usquebaugh」，意思是我們所熟悉的「生命之水」。愛爾蘭的蒸餾技術是由朝聖後歸鄉的旅行修士傳入，愛爾蘭蒸餾技術的史料證據，大概在

5 原文語帶雙關，It beats martinis hollow. 而 hollow 有空洞、中空的意思。

十五世紀之初算是滿常見的。

蘇格蘭第一份穀物蒸餾文獻紀錄是一四九四年，英國國王購買一批麥芽，交付給本篤會修士來製酒。一五〇六年，愛丁堡的外科醫師理髮匠公會（皇家外科醫師學會之前身）得到壟斷權，負責為該地區生產威士忌。

最初，威士忌在人們眼中完全是醫療用的，十六世紀晚期，有位作家聲稱，若適量飲用威士忌，可以殺死蛆、減緩老化、強健青春、幫助消化、去除痰液、放鬆心情、使心靈輕盈、治療水腫、停止牢騷、阻止心臟腫大與手顫、讓骨頭不發疼，還有許多其他功效。

不列顛群島的威士忌，早期有植物、香草的風味，跟早期的伏特加、琴酒一樣。史學家博斯（Hector Boece）於一五二六年寫道：「我的祖先打定主意要盡情歡笑的時候，會喝一種生命之水，裡面不含香料，只會有自家菜園裡種的香草與根莖類。」某位旅人在一六一七年以前也曾留下文字，表示愛爾蘭威士忌比英國的生命之水好喝，因為裡面含有葡萄乾、茴香籽和其他成分，可以調節高溫，也讓酒的味道更好。《蒸餾之道》中有一酒譜是「愛爾蘭生命之水」，搭配成分有葡萄酒、葡萄乾、棗椰、肉桂、肉豆蔻、洋甘草糖，浸泡在生命之水中。作者加註：「這種酒常用於暴食，是優良的胃藥。」

愛爾蘭威士忌被收錄在一六七七年版的《倫敦藥典》之中，當年的新條目還有祕魯樹皮（金雞納樹）、人類尿液。世事不能盡如人意。其他提到早期威士忌的文獻中，也有描述其風味帶有蘇格蘭豆味。到了較晚近的一七五五年，人們認為威士忌的定義是：「複合蒸餾烈酒，富含香味。」

不列顛地區的人認為白蘭地加蘇打水有益身體健康，不過到了十九世紀末時，葡萄根瘤蚜疫情導致白蘭地供應不足，許多人改喝蘇格蘭或愛爾蘭威士忌配蘇打水。愛爾蘭的金漢斯威士忌（Kinahan's）的廣告詞為「美味且十分健康……專業人士一致推薦」，而堂威爾威士忌（Dunville's）則是「醫療專業人士推薦，比法國白蘭地更好」。基爾馬諾克蘇格蘭威士忌（Kilmarnock）的廣告詞如下：「基爾馬諾克，蘇格蘭高地老派威士忌，純粹、經過熟成，搭配德國洛斯巴赫礦泉水（Rosbach）則是美味又健康的飲料。」不論是威士忌廠商或蘇打水廠商，都對威士忌蘇打水讚譽有加，而這組合受到歡迎的程度，甚至讓許多威士忌酒廠改變調和方式，讓自家的威士忌更適合用來調這種飲料。

一八八九年，大英帝國的維多利亞女王（一八一九年—一九〇一年）受到御醫囑咐，要她戒掉喝波爾多葡萄酒與香檳的習慣，只能喝蘇格蘭威士忌加阿波利那瑞礦泉水。這個組合在廣告中被稱為「威士忌波利」，受到人們喜愛，甚至有同名歌曲在一九〇〇年還成為廣播暢銷金曲，由羅傑斯（E. W. Rogers）所作，副歌是這樣唱的：

威士忌波利、威士忌波利，好喝的好東西
你懂，威士忌到了我手中
波利對著我眼睛眨呀眨[6]
我失去了方向、失去了戒指、失去了鏈子、失去了手錶
要不是太過沉迷「波利」
就是太過沉醉於威士忌

美洲的威士忌

蒸餾技術隨著早期殖民者傳入美洲殖民地。一六四〇年，當紐約還被稱為新阿姆斯特丹的時候，就曾經有蒸餾酒的活動，到了十七世紀中葉，用當地穀物製造蒸餾酒，在美洲內陸已很常見。這種威士忌是由裸麥製成，這種作物適合寒冷的氣候。（至於美國與加拿大的蘭姆酒廠，由於仰賴加勒比海來的糖蜜，通常座落於距離港口不遠的地方。）

尤其在十八世紀晚期的美國獨立戰爭後，握有蒸餾酒廠的農民，大舉往內陸遷移，進入肯塔基州，製酒材料改用原生玉米，而不是裸麥。把穀物蒸餾製成威士忌，更利

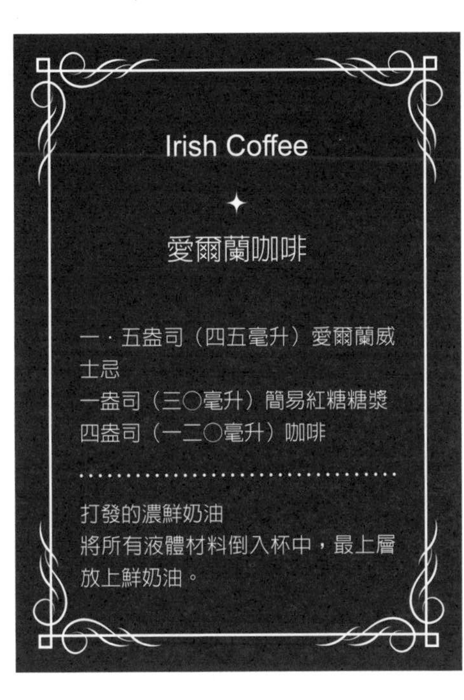

於運輸、貿易，還可以轉作藥品。根據一種估計方式，一匹馬可以運送四蒲式耳的穀物，但換成運送威士忌的話，可以運送二十四蒲式耳（bushel，蒲式耳為計算穀物的容積單位，約等於三十五公升）。

一八三〇年，寫了許多美洲藥學書籍的約翰．昆（John C. Gunn）出版了《昆氏家常藥物》（*Gunn's Domestic Medicine*），這本厚書將近八百頁，記載了治療各式病痛的家庭偏方與療法，大多使用美洲香草、樹皮、植物根之類的植物。該書也指明，單獨服用威士忌，可作為興奮劑、抗發燒的強身藥。書中還說，要是喝了太多冷水，在沒有鴉片酊的時候，可以服用威士忌或白蘭地。

6 波利也是常見女性名字。

威士忌搭配其他材料，可用作外敷藥物，如：油、西班牙蒼蠅（有毒甲蟲，會讓人起水泡）或者卡宴辣椒，可治療麻痺（部分身體難以自主活動的狀態）；如果與「腐蝕性昇華物」調和後，可以外敷來治療癌症；與水調和後噴入女性陰部，可引出悶住的經血；與紅辣椒粉混合後，可幫助治療響尾蛇吻，也可以幫助中毒的病患吐出毒物；若搭配阿魏脂（asafoetida resin）做成酊劑，可以治百日咳。威士忌也可以作為苦精的基底，於胃弱恢復期服用（陳年威士忌或陳年蘭姆酒搭配楊柳科植物樹根、野櫻桃樹樹皮、山茱萸根的皮、黑蛇根草）；或者調配威士忌托迪酒來對抗霍亂（威士忌加糖、熱水、薄荷或薑、菖蒲、山茱萸花茶）。

南北內戰期間（一八六一年—六五年），威士忌與奎寧、嗎啡都被用來治療傷口。人們也用威士忌防腐，處理要送去華盛頓特區軍事醫療博物館的屍體部位，醫生會研究屍塊來改良軍用藥品。該博物館館長把威士忌送往戰場，要給外科醫師用來當防腐劑，不過通常酒在路上就會被送貨員喝光，最後他只得在酒中加入催吐劑，要是有人偷喝就會吐個不停。

威士忌跟其他烈酒一樣，被用來調節體溫。提到威士忌熱托迪酒作為藥用的文獻特別豐富，一九一八年流感大流行時，有間醫院的員工在報告中寫道：「我們能給他們喝一點熱威士忌托迪酒，但時間不夠，也只能這樣。」威士忌是否能有效對抗感冒在當時確實有爭議，但許多醫生同意這種飲料在多數情況下可以舒緩病人的不適。

上述所說的威士忌，當然得是正當的威士忌才行。在酒廠發展出商標品牌、附上酒標的特製酒瓶之前的年代，威士忌是以桶裝出售，賣給精餾商後才進行稀釋，最後到零售通路賣給顧客。就跟琴酒零售商的狀況差不多，威士忌的精餾商也常常改變酒的味道，調成更強烈的味道，或加入一些東西讓酒的外觀看似熟成時間更長，比如梅乾汁、菸草渣、菸草包中的木屑，以及各式調味、增色材料。

一八五三年，勞庫（Pierre Lacour）所著《毋須蒸餾也能製造酒、葡萄酒、酸甜果汁》（*The Manufacture of Liquors, Wines, and Cordials Without the Aid of Distillation*）中收錄了能假冒威士忌的配方，首先要準備中性酒精。想做出偽愛爾蘭威士忌，還需要糖、木餾油、焦化糖；想模仿蘇格蘭威士忌，要加入澱粉、木餾油、胭脂蟲紅染料與色素。如果想要做出不那麼陳年的「陳年波本威士忌」，加入糖、茶、冬青油、木

餾油、色素。有些精餾商也會加入甘油或硫酸。

烈酒都是批次大量精餾，進行精餾的場所是雜貨店，也可以是街坊酒吧調酒師。第一本調酒師指南，就叫《調酒師指南》（一八六二），書是由傑瑞・湯瑪斯所寫，書的後半部有一部分叫「製作酸甜果酒飲、酒、高級糖漿等等之手札」，則是出於另一位作者之手，其中有不少假烈酒配方，涵蓋琴酒、杜松酒、白蘭地、苦艾酒。這些偽造配方中，蘇格蘭威士忌、愛爾蘭威士忌、賓夕法尼亞威士忌還算是欺騙程度最低的，只是把還沒經過熟成的烈酒拿來調稀，把三加侖變成十加侖。

真正的陳年威士忌在醫療上會優先選用。公雞牌威士忌（Chicken Cock brand）的廣告詞是「在優良木料中熟成，醫藥用」。把威士忌變成咳嗽藥方「冰糖威士忌」的方法是：「取五磅純白冰糖，溶於一加侖的陳年裸麥威士忌中，酒越陳越好。」

冰糖威士忌一開始就是這樣來的，把冰糖溶進裸麥威士忌中，常常用來治咳嗽，也包含所謂的「消耗病」，也就是今天我們熟知的肺結核。冰糖威士忌首度出現於一八七〇年代間，多年後的酒譜多了具有舒緩效果的成分，包含橙皮、丁香、苦薄荷、香脂楊。

冰糖威士忌在一八七八年開始出現裝瓶販售的版本，一八八二年的時候，法班克牌（Fairbanks）的冰糖酸甜果酒系列已經不只有冰糖威士忌，還有冰糖干邑、冰糖牙買加（想來是蘭姆酒）、冰糖希斯丹（想來是杜松酒），冰糖新英格蘭（蘭姆酒又一票）。廣告文案口氣很大：「最好的醫生都推薦，所有的先進藥劑師都會賣，如果你的喉嚨或肺部不舒服，這能治好你。」另有品牌的廣告詞是「適用於咳嗽、感冒、喉嚨痛、支氣管炎、氣喘、肺炎、消耗病與各種喉嚨胸肺疾病」。令人訝異的是，有些冰糖威士忌品牌，到今天還在市場上販售。費城的查爾斯傑昆公司（Charles Jacquin et Cie），「美國最古老的酸甜果酒製造商」，一八八四年就在生產傑昆牌威士忌（Jacquin's）。

根據歐佛斯特（Old Forester）品牌的說法，一八七〇年他們成為第一個也是當時唯一販售瓶裝波本威士忌的品牌。商品裝在有標籤的容器中出售，一來可以防止有人動手腳，二來也是藉由宣傳廣告讓消費者認識各個品牌的好方式。不過，被裝進瓶子裡也不能代表消費者買到的威士忌就是純的——裡面可能還是有添加色素與風味劑。

美國後來祭出了三種法規來處理假酒與廣告不實的威士忌市場：一八九七年的《保稅法案》（Bottled-in-Bond Act）創造了純正威士忌的認證制度；一九〇六年的《純淨食品與藥物法案》（Pure Food and Drug Act）禁止「摻假、標示誤導、有毒或有害的食品、藥物、飲品」（下一章將詳細討論）；一九〇九年《塔夫裁示》（Taft Decision）終於為美國境內販售的波本與其他威士忌下了明確定義。

《保稅法案》對商品的要求隨著時代變遷，到現在已有些不同，不過認證制度確保了所有的威士忌（如今所有烈酒都包含在內）都需要經過一定的熟成時間（現在的法規要求至少四年），瓶裝度數為五〇％，不得摻假。法規還有其他細節，不過上述是最重要的部分。政府為了鼓勵酒廠符合法規，在熟成期間不需要繳交稅金，也就是保稅。法案無法阻止不肖廠商製造假酒、廣告銷售，不過認證制度創造了合乎法規的商品類別，有點像今天的有機食品認證——你可以買到添加人工香料的洋芋片，但有心的消費者也可以找到經過認證的商品。

《塔夫裁示》為威士忌作出定義，且沿用至今，明確訂出威士忌的原料是穀物（不是糖蜜），標籤可以指明是「純」波本或裸麥威士忌，或是加入中性酒精的調和威士忌，諸如此類，法規要求酒標上註明特定資訊還有其他。從此以後，消費者得以知道自己買到的酒究竟內容為何，適於藥用或消遣。

第七章

毒飲：磷酸鹽、專利藥物、純淨食品、禁令

> 好騙的美國人，今年大概會花七千五百萬在購買專利藥品上。這個金額包含了巨量的酒、多到令人咋舌的鴉片酊與麻醉劑、五花八門的藥物，從強效卻危險的心臟鎮定劑到慢性有害的肝臟刺激劑。此外，比各種材料成分都還多的，就是擺明的詐騙。
>
> ——山姆爾・霍普金斯・亞當斯（Samuel Hopkins Adams），《柯利爾週刊》（*Collier's Weekly*），一九〇五年。

南北戰爭後的美國，人們可能買到被屍體防腐劑汙染的肉品與牛奶、用菸草渣仿造的假威士忌、添加鴉片與酒精的兒童藥物，而上述物品都是合法的且商品廣告還可以宣稱內容純淨。感謝當時勇於揭露醜聞的記者與進步派政治人物，他們把大眾的安危放在企業利益之前，才推動了一項又一項法規限制，製造不安全食品的風氣才成為非法行為，這些法案包括：一八九七年《保稅法案》、一九〇六年的《純淨食物與藥品法案》。

雖然，這些法令通過不久之後，第十八次憲法修正案就在一九二〇年生效了，任何會導致酒醉的飲料都不得繼續生產、銷售或運輸。當時的社會氣氛將禁酒令視為整頓社會的方法，能去除國內貧民窟、監獄、家庭暴力等問題，不過實際上，禁酒令卻導致犯罪集團猖狂銷售假酒，以致多人中毒、死亡。一九九三年，第二十五條憲法修正案生效，終止了這場社會實驗。

健康的蘇打汽水飲料吧檯

如今，蘇打汽水飲料吧檯（soda fountain）的形象深植人心，大眾印象是來自一九五〇年代的版本：城鎮主街上有間家庭式藥房，吧檯上擺著乾淨、純粹的奶昔汽水機，也販售漢堡，青少年下課後會在這裡打發時間。這個畫面，跟十九世紀的蘇打水機器起初的原始面貌截然不同。最初藥品店裡放的是一個又一個的木桶，桶上栓塞打開之後流出來的液體可以是鴉片劑、興奮劑或專利藥物，十九世紀後期，蘇打水機器才逐漸變成我們熟悉的蘇打汽水機。

最初的商用蘇打水機，體積龐大，也具有危險性。藥局櫃檯下方設有小隔間，用來放置酸性液體與蘇打水的基礎材料（分別是硫酸與碳酸），混合後會產生二氧化碳氣體，也就是老派的「定性氣體」，氣體會經過冰鎮過的儲水箱，在水箱中進行碳酸作用，最後再把水打上來，店員打開水龍頭就能招待客人。

早期的蘇打出水機可能只有一個出水口，由藥師操作打出蘇打水，他也負責製作複方藥品給顧客。

蘇打水與調味蘇打飲料越來越流行之後，蘇打機也經過改版，容量更大，出水口增加，吧檯檯面改採大理石，按壓式水龍頭材質也改用黃銅、銀或其他五金。部分藥店的蘇打機變成主要的顧客來源，占據店面一半面積，外型也像今天高級飯店的酒吧吧檯。一八七六年於費城舉辦的百年博覽會（Centennial Exposition）上，展示了一台「極寒蘇打水機」（Arctic Soda Water Apparatus），儀器高達三十三英尺，用蕨類與塑像裝飾，可以輸出三十八種液體。博覽會過後，這台蘇打水機搬到了科尼島（Corney Island），又輾轉移到聖路易（Saint Louis）某座公寓中。

蘇打水機在歐洲不那麼流行，因為人們可以買到瓶裝的氣泡水、蘇打水。一八一九年，關於美洲旅遊的某本書中，作者如此描述夏天：「任何一個身上有五分錢的美國人，起床第一件事情是，先來喝一杯蘇打水：許多店家都會賣，有些店的裝潢還帶點巴黎雅緻風。」這段話倒是有點不尋常，因為美利堅合眾國剛成立時，多數來訪的旅客會說的是，早起的人兒第一件事是出門買杯雞尾酒。不過話說回來，蘇打汽水吧檯也不完全那麼正經無害。

最早期的蘇打水機能提供幾種氣泡水，人們當作養生飲料喝，也可能是藉此沖淡藥劑的味道。不過，人們若不想去沙龍，也可以到蘇打汽水吧檯買醉，飲料種類很多。早期的蘇打水調味糖漿有很多種，包含健康風味，像是檸檬、櫻桃、紫羅蘭風味，或是天然藥草風味，像是英國蒲公英、牛蒡、美國冬青、墨西哥菝葜[7]（sarsaparilla）。還能買到蘇打酒、酒精為底的蘇打飲料及其他。

到了十九世紀中葉，蘇打水還能含有鴉片與古柯鹼。今天市售的蘇打飲料，有許多品牌是從調味糖漿藥劑起家，設計來搭配蘇打水，還會講究比例。

一九〇〇年時，已有許多書籍是專門寫給蘇打水吧檯經營者，收錄的配方酒譜有純粹消遣性質的飲料，也有完全是醫療性質的飲料。糖漿藥劑、酊劑包含：安格仕（芸香科安格斯特拉樹樹皮〔angostura〕做的苦精加甜味糖漿）；牛肉、鐵劑、金雞納（這三種各自搭配香草檸檬糖漿）；白金雞納通寧水（calisaya tonic，白金雞納加上奎寧硫酸鹽、龍膽、橙皮、葛縷子、玫瑰油、酒，再加上胭脂蟲染色劑）；古柯白金雞納；胃蛋白酶與鐵；頭痛藥粉。

在十九世紀初的年代，蘇打水吧檯可以買到的草本酒包含薑汁啤酒、根汁啤酒，根汁啤酒最初是在家自製的調合飲料，含有植物根部、香草、莓果、樹皮，可能是從雲杉芽啤酒演變而來，後者是早期的壞血病治療物。後來的根汁啤酒風味越來越偏向忍冬、墨西哥菝葜、香草、黃樟樹（sassafras）、洋甘草根，就像今天我們熟知的那樣。

在美國，墨西哥菝葜用於釀造「淡味啤酒」（small beer），也就是略微發酵、酒精含量低的飲料，也有人會將墨西哥菝葜拿來浸漬在威士忌中，做成純粹藥用的酒。這種植物微有苦味，早在十六世紀就以能治療梅毒出名，到了十九世紀早期，人們則推薦用來對抗皮膚病、肝炎、風濕與其他疾病。一八〇一年的《美洲草本》中所記載的用途包含可用於性病、增進排汗、增加甜味、淨化血液與體液。書中提到墨西哥菝

7 也稱洋菝葜，在台灣俗稱沙士，是市售沙士飲料的風味來源。

菝葜湯的作法是將其根放在水中滾煮，直到萃取出精華。

另一種根汁啤酒的材料：黃樟樹，在《美洲草本》中則是一種興奮劑、通腸劑、利尿劑、催情藥、強身藥。

黃樟樹與墨西哥菝葜一樣，都是性病建議用藥，不過人們也用來對抗敗血症及其他症狀。黃樟樹的香氣後來被人用來掩蓋臭味，專利藥物與劣質蒸餾酒都借用了這個優點。

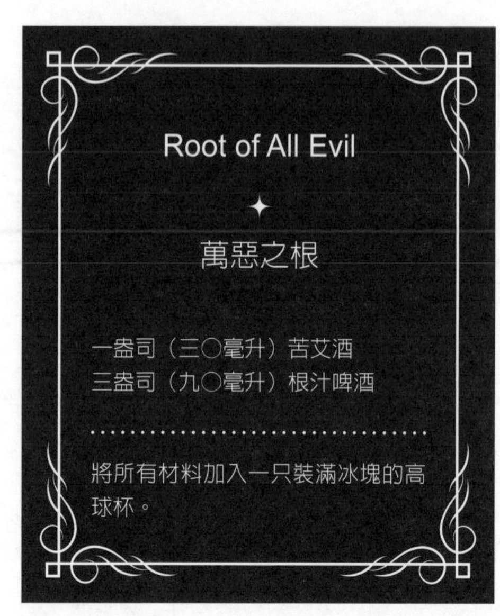

梅毒與根汁啤酒

一四九三年，哥倫布（一四五一年—一五〇六年）自新大陸回來之後，梅毒開始在歐洲出現。哥倫布的船員中，有些加入了法國查理八世的軍隊，侵略義大利那不勒斯地區，有的則加入蘇格蘭人主導的侵英戰役，有些人回到家鄉，把病傳給同胞。

一五〇〇年時，距離哥倫布回到歐洲還不到十年，以上國家都出現了梅毒的蹤影，還加上匈牙利、俄羅斯、中東、非洲，甚至遠至印度，再過十五年也傳進了中國與澳洲。

梅毒可不是什麼展現人類友誼的疾病，法國人叫它「那不勒斯病」，義大利人則稱之「法國病」。多數的人認為梅毒會出現，都是鄰居或敵人的錯。荷蘭人說梅毒是「西班牙水泡」，突厥人說是「基督徒病」，俄羅斯人說是波蘭病，波蘭人說是德國病，印度的穆斯林則歸咎於印度教徒，對方意見恰恰相反。

關於梅毒的起源，最流行的理論是「哥倫布假說」，認為梅毒隨著哥倫布回到歐洲，這能解釋梅毒散播的軌跡，不過也有理論認為梅毒早就存在於舊大陸，只是在這個時期演化成新型態的病毒，藉由性行為傳播，而人們在一五〇〇年以前並沒有注意到梅毒的存在，梅毒號稱「偉大的模仿者」，症狀容易跟其他疾病混淆，尤其是痲瘋病。（人們曾經認為痲瘋病是種性病，甚至曾認為是梅毒的一個階段。）

梅毒最早的徵兆是豆粒大小的硬性下疳（chancre），稱為「大痘」（great pox），名字這麼取是為了區隔被稱作小痘的天花（smallpox）。梅毒發病分為幾個階段，有些有症狀，有些沒有，而到了末期，症狀嚴重的病患身上會長滿膿瘍、身體癱瘓、精神失常，也可能三者皆具。根據雪曼（Irwin W. Sherman）《十二種改變世界的疾病》（*Twelve Diseases That Changed Our World*），十九世紀末時，估計歐洲有一成的人口感染梅毒，而二十世紀初，估計精神疾病機構的病患裡有三分之一是梅毒末期患者。

早期治療這種「放縱慾望導致的公平後果」，大多包含外敷傷口，敷料是水銀與油。這樣的治療方式也用於痲瘋病。汞鹽也會做成藥丸，搭配香氛與水果風味服用。也有病人接受水銀蒸氣「療癒式煙燻浴」。

義大利醫師弗拉卡斯托羅一五三〇年的經典著作《論梅毒，又稱法國病》以韻文寫作，也是梅毒現代名稱的由來。（別忘了他也提出了病菌是疾病來源的理論，遠早於巴斯德與其他人證明病菌理論之前。）該作於一六八六年從拉丁文譯成英文，作者在書中提到四種體液，水銀是其中一種治療方式，還有其他。書中的韻文如下：

你不必怕，你把材料混合好
抹在你受苦的四肢與身體上
別因為這步驟很髒就不開心
確實很噁，但比不上你這病
及其他部分，而想治療有成，
用上水銀這帖療方可謂適當，
此礦物蘊含功效之神奇，
不論是藉冷熱特性之力量

都能將效力送入血管
而其中烈火收束
征服掌管之處高漲的體液
如發紅的鋼凌駕冶爐之熱

詩文也提到多種藥草，如癒創木（guaiacum），這種灌木家族原生於中美洲。人們相信疾病的解方會靠近起源之處，並以此概念為梅毒搭配草本治療藥方，所以新大陸的植物就成了熱門的選擇，如癒創木、黃樟木、墨西哥菝葜。

根據一五七七年的西班牙文書籍《來自新發現大陸的好消息》（*Joyfull Newes Out of the New-found Worlde*），人們給病患服用癒創木藥水，病人服藥之後好幾天會反覆出汗，「尤其不想碰女人與酒」。

該書另列出墨西哥菝葜藥方與黃樟木根藥方的製作方式，前者有時候搭配棗子、梅乾、琉璃苣（borage）、大麥麵粉做成的糖漿，再加上紫羅蘭糖漿。以前流行用黃樟木來治療梅毒，幾乎什麼病都會用上黃樟木，因為人們認為它的香味與味道「跟肉桂一樣好」，藥效也好。此外，黃樟木能治梅毒，理論上也能提振食慾、減緩頭痛、紓解胃病、清理腎臟與其他結石、「促發尿液」，又能治療牙疼、痛風與「女人病」。

時間雖然不長，不過黃樟木根一度曾是極有價值的商品，英國會特別組成探險隊來採集這種材料。癒創木到了十六世紀，就不再是人們鍾愛的性病藥方，不過墨西哥菝葜藥方與黃樟木還是建議處方，直到一八〇一年為止。二十世紀之初，人們拿早期化療藥劑砷凡納明來治療梅毒（我們將在第八章進一步討論），不過一九四〇年代，這種作法就被抗生素取代了。美國第一批接受新藥盤尼西林的人也包含私釀酒販艾爾・卡彭（Al Capone），他剛從惡魔島監獄（Alcatraz）獲得提前釋放，因為他身上的梅毒已發展到「癱瘓性癡呆」的程度，他在一九四二年接受治療，不過由於病情太嚴重，盤尼西林也救不了他，出獄不到十年，就於一九四七年病逝，終年四十八。

根汁啤酒從淡味啤酒演變而來，由於發酵作用變得有氣泡，最後成了加了糖漿的氣泡蘇打水，可以在蘇打汽水吧檯買到，後來成為流行飲品。《氣泡：蘇打水如何撼動世界》（*Fizz: How Soda Shook Up the World*）書中，作者唐諾文（Tristan Donovan）寫道：「不久，墨西哥菝葜就成了蘇打汽水吧檯最熱門的口味之一。蘇打水這門生意即將迎接偽藥配方酒譜書，並力行江湖郎中的廣告教戰守則，從這股風潮中，可看出一點端倪。」

藥店與蘇打汽水吧檯老闆查爾斯・艾爾默・海爾斯（Charles Elmer Hires）在一八七六年創造出海爾斯根汁啤酒（Hires Root Beer），是現今蘇打廠牌中第二古老的品牌，第一是 Vernors 薑汁汽水。

海爾斯宣稱根汁啤酒可以「淨化血液」，當時許多梅毒藥方都這麼說。另有一則

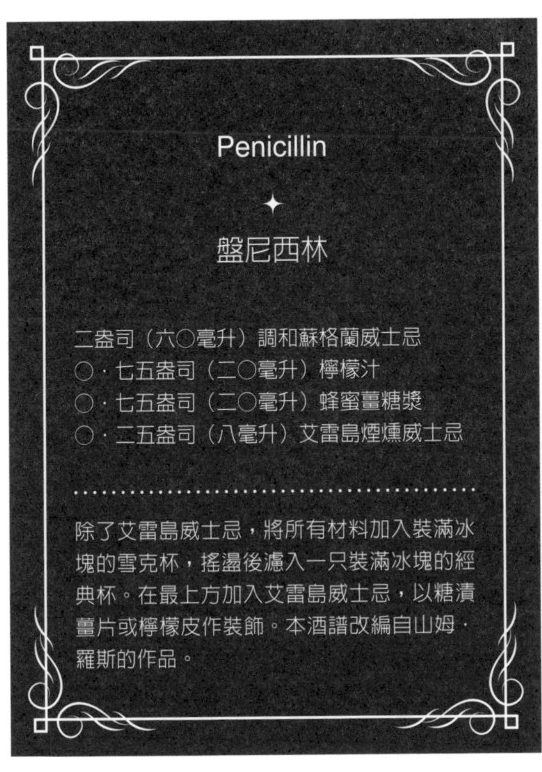

廣告表示：「老人得享新生命，父母得享歡樂，孩童得享健康。」

一九〇六年，專為蘇打汽水吧檯經營者寫的《蘇打水與其他飲料標準手冊》（*The Standard Manual of Soda and Other Beverages*）一書中，討論「藥用飲料」的章節開頭提到：「諸多飲料極可能具備藥效，不只收錄於本章，其他章節也有提及。舉例而言，在第八章提到的下列飲料或多或少都有些醫藥特性：通寧飲、通寧啤酒、古柯、古柯香草、龍膽、摩克西（moxie，無酒精飲料品牌）、麥芽飲（malto）、薑、薑汁通寧、古柯可樂果飲、香草可樂果飲、樂達（lactart，乳酸飲料品牌）、羅望子糖漿。硫酸鹽加樂達也能如此看待，還有所有的礦泉水飲料，以及許多雞蛋類、鮮奶油與牛奶類飲料，還有潮流高級飲品。」

摩克西蘇打水是在一八七六年由摩克西神經食品（Moxie Nerve Food）所推出的產品，是江湖偽藥，號稱用麥哲倫海峽來的祕密神奇植物製成，可以治療腦部與神經耗損、雄風不振、低能與癱瘓無法自主，還能軟化腦部，此外還可以提振食慾，並且可以用來治療酒癮。真相是，摩克西的味道來自忍冬與龍膽，這種苦味成分在安格仕苦精與阿馬禮都可以看到。一八八四年，公司重新推出摩克西這項產品，改成一種調和糖漿，供蘇打汽水吧檯用。在第一次世界大戰時，該公司的廣告行銷內容宣稱：「國家真正需要的是大量摩克西。」這句標語讓該品牌的名字變成勇氣與膽量的代名詞。

另有一些藥材也成為蘇打汽水吧檯的中堅分子，人們認為磷酸可以提振精神，販售方式是將酸性磷酸酶與礦物鹽調和。霍福特牌（Horsford）的酸性磷酸酶推薦使用於「心智、神經、體力耗盡的情況，飯後不適」。

磷酸鹽則成為蘇打水吧檯販售的飲料種類之一，以酸性磷酸酶搭配各種口味調配而成，如櫻桃、巧克力、柑橘等，還有多種磷酸鹽飲料可供選擇。磷酸現在還是可樂的成分之一，不過檸檬、萊姆風味的蘇打水，大部分會使用檸檬酸作為成分。

蘇打汽水吧檯產業在二十世紀時緊緊跟著潮流脈動，就像前一個世紀的根汁啤酒一樣。除了櫻桃磷酸鹽、雞蛋鮮奶油[8]（egg cream）、麥芽汽水（malta）、冰淇淋汽水、漂浮汽水，都曾經是潮流飲料。某家店販售的汽水口味會先引起風潮，然後城裡所有的蘇打汽水店都會開始賣這種口味，有點像近年來的珍奶店，抹茶、奶蓋風味來來去去。

古柯鹼飲料

一八五五年，人們從古柯葉片上分離出古柯鹼，這種成分迅速成為藥品界的寵兒。佛洛伊德曾推薦使用苦柯鹼作為抗憂鬱劑，花粉症協會也曾推薦使用古柯鹼來治療花粉症，耳朵、喉嚨、鼻腔手術，都曾使用古柯鹼，理論上應該能治療嗎啡成癮症、肺結核與性無能。第十八任美國總統格蘭特（Ulysses S. Grant）為喉癌受苦時，使用古柯鹼來減輕不適，讓他在最後的時日中還能打起精神寫下回憶錄。

一八五九年，義大利醫師芒特卡札（Paolo Mantegazza）記錄自己在祕魯嚼食古柯葉的經驗，他說自己在受到古柯葉影響的狀態下，寫了七萬七千四百三十八字，「每一個字都比前一個字更精彩」。他記得自己在文章中「嘲笑了那些注定活在這座流淚之谷的可憐人」，結尾則道：「上帝是不公平的，因為祂讓人沒辦法一輩子持續感受古柯的效力。我寧願在古柯裡只活十年，也不願沒有古柯而活上一〇〇〇〇〇〇（我寫了一串〇）年。」

這種藥物讓人為之瘋狂，也讓古柯鹼很快地變成了飲料成分。安傑洛・馬里亞尼（Angelo Mariani，一八三八年—一九一四年）這位住在巴黎的克羅埃西亞化學家，在

8 美式飲料，成分不含蛋與鮮奶油，由蘇打水、巧克力糖漿、牛奶做成。

一八六三年創造了馬里亞尼葡萄酒（Vin Mariani），這是加了古柯鹼的紅酒，號稱是健康補藥奢侈品。許多人愛上了這種酒，其中不乏公眾人物，如教宗良十三世（Leo XIII）、聖庇護十世（Saint Pius X）、愛迪生、維多利亞女王、作家凡納爾（Jules Verne）、演員莎拉・伯恩哈特（Sarah Bernhardt），其中不少人出現在馬里亞尼酒的廣告宣傳上。

馬里亞尼酒的廣告詞如下：「強健你的頭腦與身體，讓你煥然一新，重整你的健康與活力。」也有廣告提到「加速身體恢復力，流感過後尤其有效」、「可以不斷服用，絕不會造成便祕」、「口味絕佳，對兒童而言特別容易接受」。馬里亞尼酒也有推出酸甜果酒版本、喉糖、口服錠版本，而烈酒版本則加了三倍的古柯鹼。

古柯鹼作為純藥物使用時，通常會放在麻醉藥中。洛德製造公司（Lloyd Manufacturing Company）曾生產「古柯鹼牙痛滴劑」，廣告宣傳上有兩名兒童，正在玩耍。艾倫牌（Allen's）「古柯鹼藥錠」則推廣來治療感冒、喉嚨痛、緊張（我們無法得知這要如何藉由藥物改善）、嗜睡（同上）、胃灼熱、脹氣及其他。同品牌的藥膏，則什麼都能治，從曬傷到蚊蟲叮咬都可以用。伯納牌（Burnett's）「古柯鹼精華」則是「最好的頭髮軟膏，能消滅頭皮屑、增加髮量，治療頭皮燙傷與頭皮搔癢」。

馬里亞尼酒帶動了模仿效應，導致該品牌回頭在廣告中警告消費者不要被其他品牌騙了。山寨品牌之一是「龐柏頓古柯法式紅酒」，宣稱產品可以治療神經問題、消化不良、過度疲勞、消耗病（肺結核）、便祕與其他毛病。

龐伯頓的創辦人約翰・龐伯頓（John Pemberton，一八三一年－一八八八年），生活於亞特蘭大，曾就讀醫學院，一開始以「蒸汽療法醫師」的身分推廣替代治療法，在今天我們會說是流汗排毒。龐伯頓後來賣起自製的感冒糖漿、血液淨化劑。一八八六年，亞特蘭大地方政府通過禁酒令，龐伯頓只得研發無酒精的「古柯法式紅酒」（French Wine Coca），最後演變成蘇打汽水機調和糖漿，命名為可口可樂[9]（Coca-Cola）。

人們認為古柯葉具有藥性，可樂果（kola nut）當然也不例外，可樂果被用來治療幾內亞絲蟲（guinea worm）、緩解胃痛、減輕分娩疼痛、改善疲勞，最後一項當然是來自咖啡因作用。可樂果很早就被放在滋補飲料、氣泡飲料中，舒味思的產品也是其一。可口可樂糖漿裡面除了古柯葉與可樂果，還有不少成分，香草、肉豆蔻、柑橘、肉桂、桂皮，廣告宣傳認為該產品能提振精神、讓人快樂有活力。

不過，可口可樂進入市場後才過兩年，老闆就換人當了，糖漿內的古柯鹼與可樂果成分都減少了，而公司業務重心轉為販售專利藥品。在反對苦艾酒的呼聲不斷增強的同時，人們也開始反對古柯鹼與咖啡因。一九〇二年《洛杉磯時報》有篇報導宣布：

9 直譯為古柯可樂，可樂也是一種植物，為可可的親戚。

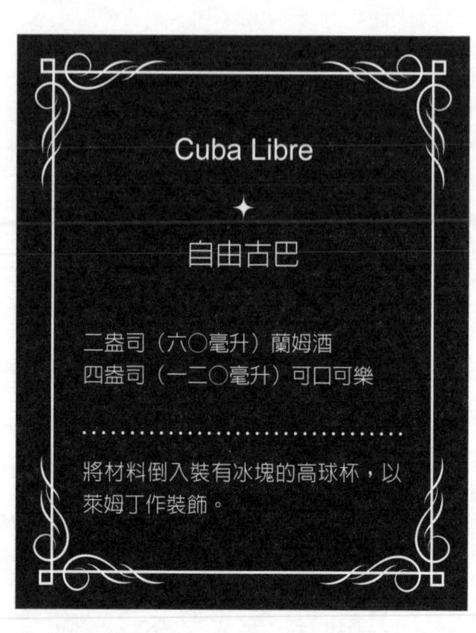

「他們渴望古柯鹼：汽水惡魔越來越多。」一九〇三年前後，可口可樂糖漿轉用無古柯鹼的配方。

當今最流行的蘇打汽水口味中，多的是來自藥店或藥局老闆的發明，一路流傳至今。「Vernors」汽水（以前寫作 Vernor's）是一八六六年由藥劑師發明的，一八八五年的胡椒博士（Dr Pepper）也是如此，還有一八九三年的百事可樂，以及一九〇〇年的 Canada Dry 薑汁汽水，Orangina 則是在一九三三年由西班牙藥劑師所創造。

「大眾儘管放心，胡椒博士飲料不含酒精，也不含任何有害或不利的成分，就算身體孱弱也可以喝。」胡椒博士的某則廣告如此言。該品牌創立於德州威科（Waco），一八八五年由在蘇打汽水吧檯前工作的藥劑師查爾斯・艾德頓（Charles C. Alderton，一八五七年—一九四一年）所創，宣傳詞說這種飲料能給消費者「精力、活力、生命力」，廣告宣稱「每一滴都純粹又健康」，它本來是替代可樂的飲料，因為內容不含咖啡因與古柯鹼——至少一開始如此。

宣傳一度表明該產品「不含咖啡因或藥劑」、「無咖啡因，無興奮劑，無心臟抑制劑」，甚至有浮誇的版本：「胡椒博士獨自鎮守大橋對抗咖啡因藥物飲料大軍，胡椒博士捍衛你的孩子，就像古羅馬英雄賀拉斯捍衛羅馬。」不過雖然最初一再表明區別，該產品在一九一七年到三八年還是更改了配方，添加咖啡因。後來一度以維生素B取代咖啡因，卻沒有辦法得到市場青睞，於是咖啡因又重新回到配方中。

今天我們想到汽水、蘇打水，會覺得美味又罪惡，或者認為是造成肥胖症與糖尿病的元兇，不過這些飲料在市場上曾經主打健康取向。百事可樂（Pepsi）的名字暗示該產品能幫助消化，消化不良的英文是「dyspepsia」[10]。一九一一年的產品 Orange Crush 曾宣傳產品能補充維生素C，因為含有柳橙汁，應該說，柳橙濃縮果汁。

一九二〇年到三三年，美國禁酒令期間，蘇打水吧檯被稱作「新美式飲料吧」，也有宣傳詞是「酒吧已死，汽水機長存，蘇打水萬歲！」人們調整了部分蘇打汽水配方，加入胡椒、鹽、辣椒，好讓飲料喝起來有酒精帶來的刺激感。

一九二九年，七喜（7UP）問世，最初的配方含有檸檬酸鋰，原本名稱叫做「嘴嘴牌鋰化檸檬萊姆汽水」（Bib-Label Lithiated Lemon-Lime Soda），你應該能理解為

10 pepsin 為胃蛋白酶，一種消化酶。

什麼公司很快就將產品改名為「七喜鋰化檸檬萊姆」。這款汽水跟其他汽水都不一樣，只提供瓶裝商品，因為各家蘇打水機台無法調出統一的七喜味道。在禁酒令期間，七喜特別宣傳能舒緩宿醉，標語是「七種萎靡喝七喜」，這些萎靡不是來自宿醉，而是來自暴食、脫水、工作過度、心神操勞、暴飲、過度擔憂、抽太多菸。一九三二年，加州《伍蘭民主日報》（*Woodland Daily Democrat*）刊登一則消息：「伍蘭冰塊與裝瓶公司現正分配一種新的鋰化汽水叫『七喜』，據說是『萎靡不振』救星，也就是說，沒氣息可以喝七喜。」

禁酒令結束之後，七喜的宣傳方向改為適合搭配酒的調和夥伴，「讓威士忌變溫和」、「讓琴酒更美妙」，至於七喜的經典成分，鋰，在今天的醫療界則用於治療躁鬱症，不過在二戰過後的時代，人們曾認為鋰鹽應該適合用來代替造成高血壓的鹽。後來，出現了一些鋰鹽副作用的報告。鋰鹽約於一九四九年禁用，也從七喜的配方中消失了。

蘇打汽水吧檯這一行，在二戰後迅速走下坡。《氣泡》書中描述，每座小城鎮戰前都有自己的蘇打汽水吧檯，但是到了一九六五年大概只剩下一半。市面上有大量瓶裝汽水、蘇打水，速食店也能買到，能帶著走，瓶裝汽水適合汽車文化，人們不必到店家吧檯前坐下來喝。

在法令規範飲料不得使用鋰之後的許多年之中，汽水還是繼續主打「精力、活力、生命力」，只是不斷換句話說。七喜曾經宣傳該產品可以帶來「鹼性反應」，標語是「這才是邁向苗條的路」。一九五〇年代，市場上出現了幾種無糖低熱量汽水，不過，一九六二年，**Diet-Rite** 重整品牌後進入市場，低卡可樂才真正走紅，本來這類飲料是糖尿病患得在藥局的醫藥架上取得，**Diet-Rite** 讓一般大眾也能買到這種汽水。當時 **Diet-Rite** 躍升美國銷售量第四大的汽水品牌，其他品牌也紛紛推出低卡配方。今天，健怡可樂（**Diet Coke**）在美國的銷售排行第三，前兩名是可口可樂與百事可樂。

另一方面，運動飲料則變成了日常飲料，不過通常都不是碳酸飲料，像是開特力運動飲料（一九六五年由佛羅里達大學醫學院所創造，特別設計給美式足球員的補水飲料），後來，紅牛（一九八七年推出）這類的能量飲料也來加碼，將品牌形象導向「極限運動」。

市場自然發展之下，多數的低卡飲料與能量飲料的消費者，並不是只有需要控制飲食的人或運動員，反而是愛喝酒的人會用來調和酒精飲料，或者拿來解酒。每隔一陣子就會有人把兩種飲料結合，生出一款新產品。一九六九年問世的「霍普開特檸檬萊姆拉格啤酒」，就是啤酒與開特力運動飲料的合體，進入市場不久後，就改變了配方，變成「熱帶風味麥芽酒」，過不久就停產了。

即將邁入二〇二〇年之時，一堆「健康啤酒」湧入市場，通常主打低酒精、添加礦物電解質等特色，就像以前加了維他命的酒精蘇打水。霍普開特只是超前時代太多了。

專利藥物

隸屬史密森尼學會的美國歷史博物館，館內展示廳與線上資料庫都能看到館藏的專利藥物，其中最古老的收藏可追溯到約一六五〇年，叫做「Knoxit Liquid」，是氯化汞藥膏，可能是前人用來治療梅毒的藥物。「美國香膏：專利藥品展」中的多數展品來自十九世紀中葉與之後的年代，其中有約翰．荷普醫師牌女性藥丸、米德醫師牌女性調經藥方、佳恩醫師牌有療丸、真顱鼻壺（True Cephalic Snuff），麥克孟醫師牌鴉片鍊金液、貝利牌驅蟲藥、禾立斯牌黃疸苦精、吉爾德醫師的綠山氣喘複合藥、賀力克斯醫師的糖衣蔬菜健康藥丸、柴拉幾族原住民敷料、漢森牌魔法玉米膏、席洛醫師的精力藥、提奇諾醫師的抗菌冷凍劑，最後一項是六七．五%酒精加上山金車與綠薄荷。

專利藥物（patent medicine）並不是我們今天理解的字面意思，這個詞來自英國，原指提供藥物給皇室的人擁有「皇室專利」，到了美國逐漸演變成廣告常用詞，指非處方的成藥，今天來看是假藥，這類藥物通常是由江湖郎中或庸醫發明的。這些藥物砸在行銷上的錢，創辦了各種報章雜誌，有些品牌甚至會出資籌辦完整的「藥品秀」，這些巡迴演出有許多娛樂性質的雜耍表演，結尾時有藥品銷售演說。

所謂的專利藥物中，極少真正擁有專利權，不過有些品牌的確擁有商標權。這些成藥分成幾類：幫助消化、退燒、冷顫與瘧疾藥物、排便整腸、滋補類藥水與苦精、「神經類」藥物、婦科產品、驅蟲劑（去除消化道寄生蟲）、咳嗽感冒藥、養肝養腎的藥等。這些藥物不會直接自稱什麼都能治，不過宣傳用語不少會表示能應付大部分的毛病。

英語中的「健康通寧」在以前的意思是有滋補效果、提升整體健康的藥飲，這個詞裡面的「通寧」並不是今天我們熟悉的通寧水（tonic water）。話雖如此，十九世紀的通寧有不少含有奎寧，所以那些通寧水的味道確實是苦的。以前的美國西部，通寧藥一般是以酒為底，浸漬奎寧、番木鱉鹼、鐵等三種成分。奎寧的功效是治療發燒與冷顫，鐵則是為了抗貧血，以前叫「血量低」，而過量服用時具有毒性的番木鱉鹼，則被當作咖啡因一類的成分來使用，作為興奮劑、提振心神、通便劑等。

多數液態「專利藥物」的酒精含量，從極低（足以萃取藥材就好）到六〇％，甚至還可以更高，幾乎跟消毒劑沒兩樣了。

「專利藥物」含有古柯鹼、鴉片、大麻、菸草、水銀，還有很多現在已經禁用的成分。

鴉片入藥的歷史從古代就有了，也曾是特黎亞克、米特拉達提斯等萬靈藥的成分，黑死病流行時則是黑死病特效藥的成分。嗎啡是鴉片萃取物，在十九世紀早期被分離出來後，就大量用在藥物之中，好或不好的用途都有。鴉片酊是將鴉片溶於酒精，是許多「專利藥物」的成分之一，也有做成固體藥品服用的歷史，比如一六一八年，有個藥品配方加了水獺香（castor，水獺分泌物）、番紅花、龍延香、麝香、肉豆蔻。據說鴉片酊本身的味道非常難聞，所以通常會加入香料來提高香氣，如丁香、洋甘草、肉桂等。含有鴉片的藥物通常會調入大黃根，若是醫師處方也會搭配大黃根，因為這是一種通便劑（也是許多阿馬禮的成分），可以解決便祕，便祕是鴉片廣為人知的副作用。

鴉片劑主要用來鎮痛、止咳、治腹瀉，不過也有醫師會下鴉片處方治酒精成癮、支氣管炎、癌症、霍亂、腹絞痛、咳嗽、酒精中毒引起的譫妄、糖尿病、痢疾、耳朵痛、癲癇、斑疹傷寒熱、膽結石、淋病、痛風、痔瘡、歇斯底里、風濕、麻疹、腮腺炎、肺炎、百日咳及其他。前人使用鴉片劑治療的症狀之中，有許多疾病盛行的肇因是十八世紀晚期到十九世紀早期工業革命後，生活環境擁擠髒亂，像咳嗽或腹瀉這類症狀，病因包含霍亂、痢疾、肺結核等。

以前有種內含鴉片的專利藥物叫「伊罕牌植物祛痰神經鎮痛劑」，酒精度數為八六%，宣稱「病人吃了會好，健康吃了不傷身」。敢說就贏。「溫太太的舒緩糖漿」是諸多市售兒童長牙痛、腹痛藥物之一，內有酒精與嗎啡。酒精與鴉片當然能搞定躁動不安的嬰兒，但也曾害死不少寶寶。

禁酒派人士瑪莎・梅爾・艾倫（Martha Meir Allen）一九〇〇年出版的《酒，危險且毫不必要的藥》（*Alcohol, a Dangerous and Unnecessary Medicine*）書中，為當時專利藥物整體情況做出精彩的總整理。她是基督教婦女禁酒聯盟（Woman's Christian Temperance Union）藥物部門的主管。書中寫道：

> 在仔細蒐集製造商提供的公告資訊後，市面上販售的所謂「專利藥物」中，有一八〇六種內容物含有酒精、鴉片或其他具有毒性的藥物。六七五種藥物的配方被稱為「苦精」、健胃劑或酸甜果汁，其中的酒精含量不等，介於十五%至五五%。三九〇種建議在咳嗽與感冒時使用的藥物，幾乎全部都含有鴉片。六十種市售藥方僅具備止痛用途。一二〇種藥物用於神經相關的問題，其中六十五種的成分具有古柯葉、可樂果，或兩者兼具，再不然就是主要成分中帶有古柯鹼或咖啡因。一二九種藥物用於頭痛與相關毛病，通常保證可以立即發揮藥效，則普遍含有非那西丁（phenacetine，鎮痛退燒用）、咖啡因、安替比林（antipyrine，鎮痛退燒用）、乙醯苯胺（acetanilid）或嗎啡等複合性成分，再以汽水或乳糖稀釋。有一八五種藥物宣稱可

以立即緩解或「治癒」痢疾、腹瀉、上吐下瀉、腸胃痙攣等症狀，而幾乎全部含有鴉片，許多還加上酒精、薑、辣椒類或沒藥，成分組合多得不得了，而許多紀錄顯示，成人與兒童大量服用後，會呈現毒品引起的麻醉效果。

蛇油也是專利藥品的其中一類，部分蛇油一度含有真正的蛇萃取物。有理論認為，蛇油進入美國是在十九世紀中葉北美鐵路建設期間，由中國勞工傳入，是種舒緩關節疼痛的民俗偏方，其中含有水蛇的油，這種油脂還有豐富的 omega-3 脂肪酸，能抑制發炎，而關節炎也是發炎的一種，此外蛇油還有其他好處。蛇油傳入美洲後，卻沒有中國水蛇能作為材料，美國版的蛇油製造商以響尾蛇替代，對發炎反應毫無幫助。

蛇油產品中臭名最盛的是「克拉克．史坦利牌蛇油膏」。史坦利（Clark Stanley，約生於一八五四年）稱配方來自北美霍皮族（Hopi）原住民，而不是鋪設鐵路的華人勞工。他在一八九三年芝加哥舉辦的世界哥倫布博覽會（World's Columbian Exposition）上現場示範活宰響尾蛇，去內臟後煮熟，藉此展示理論上的產品製作流程。不過，一九〇六年《純淨食品與藥物法案》通過後，該產品被送去檢驗，結果顯示藥膏中含有礦物油、辣椒萃取物、牛脂，可能還有松節油與樟腦。史坦利因為廣告不實被罰款，「賣蛇油的」則成為美語江湖郎中的代稱，而「蛇油」則用來表示垃圾藥品。

許多蛇油產品非常出名，或說因為廣告曝光量足夠，變成了大眾文化的一部分。

愛倫坡的諷刺短篇小說〈跟木乃伊說幾句話〉（*Some Words with a Mummy*）還有《白鯨記》的故事裡，都提到了「柏氏植物萬用藥」（Benjamin Brandreth's Vegetable Universal Pill），而狄更斯《孤雛淚》以及薩克萊《浮華世界》都提到了戴非牌靈藥（Daffy's Elixir），這以酒為基底的萬用專利藥物。

許多專利藥物事實上是花式調味酒精，不過倒是有個牌子特別強調自家的藥完完全全只有酒精。十九世紀晚期的杜非牌（跟戴非牌沒有關聯）「純麥芽威士忌」的宣傳是「絕對純粹，毫無摻假」。其創辦人是華特・杜非（Walter B. Duffy，一八四〇年—一九一一年）在廣告中宣稱此酒能「讓體虛的人健壯」，可以治療消耗病（肺結核）、瘧疾、消化不良、「缺乏生命力」、「血液黏稠」等等。廣告還展示不少使用者見證，像是來自紐約由提卡地區的亞伯拉罕・E・艾爾默，「一百一十九歲了還是活力充沛」，或是住在紐約市東八十二街四四一號的約翰・麥格萊斯，「一百零二歲了還是精明十足」，宣傳上還引用了麥格萊斯的話：「杜非牌純麥芽威士忌是我唯一會服用的興奮劑與滋補藥，既是食品也是飲品，它讓我的身體更強壯，能活化血液，讓我不會咳嗽或感冒……我都自己刮鬍子，所以你知道我並不虛弱。」

由於杜非宣稱自己賣的威士忌是藥物，他不用支付酒精飲料稅。後來政府也針對藥物課稅之後，杜非得要繳稅了，他藉此宣傳該產品是「政府唯一認證可以當作藥物使用的威士忌」。

幾年之後，杜非商品的測驗結果顯示，他的產品中不含任何額外的藥材，只不過是有甜味的威士忌——也就是說，既不「純粹」也不是藥——所以該產品得按照酒精飲料商品的標準，繳交更高的稅金。

杜非的廣告不乏有力人士支持，如神父、醫師、護士等，這是當時常見的「專利藥物」行銷手法。但是廣告中的許多人物根本是杜撰，而有些出現在廣告中的代言人竟不知情，得知此事後還將杜非公司告上法院。只不過，這些廣告已經獲得足夠的迴響，公司業績大幅成長，從紐約羅切斯特地區起家的公司，擴張到能併購喬治．史泰格公司（George T. Stagg），還收購了肯塔基的一家酒廠。

有感於市場充斥信口開河的不實廣告與成分危險的專利藥品，《柯利爾週刊》從一九〇五年起刊載詳盡的爆料系列報導〈美國大騙局〉（The Great American

Fraud），由山繆・霍普金斯・亞當斯（一八七一年—一九五八年）執筆，此系列報導的刊頭詞，就在本章開頭。這些報導攻擊充滿鴉片、酒精、假成分的偽藥。亞當斯在文章中多次指名道姓提到杜非：「該產品假裝自己是藥品，可以治療任何肺部、喉嚨疾病，尤其受到禁酒派人士歡迎。」報導刊出隔年，所有的文章集結成冊，出版成書。一九〇六年《純淨食品與藥物法案》能通過，這本書功不可沒。

除了所有的偽藥，當時還有大量的偽醫療儀器，假裝是可以增進健康的新科技，比如沙奇牌和氧機、馬氏脈震按摩器（後改名為馬氏血液循環器）、朴佛馬牌醫用電皮帶及電束胸。

當時還有假的物理性治療，有些侵略性極高，會將山羊、猴子的睪丸嫁接在人身上，來治療「性虛弱」，讓人恢復青春。雖然這些事情跟雞尾酒沒什麼關聯，不過有一款酒是受此啟發：猴腺體（Monkey Gland）。創作者是一九二〇年代間在巴黎哈利紐約酒吧任職的知名調酒師哈利・麥艾宏（Harry McElhone）。

純淨食品與藥物法案

如果南北戰爭後的假威士忌、含鴉片藥品還不夠糟的話，食品界的狀況更慘。那

個時代，經濟、社會變遷極大，大量移民湧入美國，國內產業工業化造成大量人民移往都市居住，距離食物來源的農地附近則越來越少人居住。工業化的組裝生產線也進入食品業，成為罐裝食品、屠宰場的生產模式，像是芝加哥屠宰場。

當時已有罐頭技術，但是一般人有家用冰箱的沒幾個，所以人們會使用沒有經過測試的化學防腐劑，好讓罐頭食品看起來、聞起來是新鮮的。

新鮮食品的保鮮期也增長了：牛奶加水稀釋後，加入甲醛這種屍體防腐劑，再以灰泥或石灰調成白色，至於天然牛奶表面應該會漂浮的奶油層，則用搗成泥的小牛腦漿來模擬。十九世紀，受汙染牛奶害死的美國兒童沒有成千也有數百。

甲醛也曾被用在罐頭牛肉中，家務清潔員則會使用硼砂來保持火腿、奶油的新鮮度。葡萄酒與啤酒的保存期限都變長了，因為加了水楊酸（salicylic acid）。如果這些化學成分還不夠厲害，還可以用硫酸銅來讓豆子看起來更綠，麵粉加明礬來漂白，咖啡加灰燼來加深顏色，還可以用磨碎的蟲子來冒充紅糖。

當時諸多食品增色劑與色素之中，有一種以昆蟲為原料，還沿用至今：胭脂蟲紅（cochineal），標籤上會直接標其名，也可能改標「洋紅色」、「E120」，這是種明亮的紅色（雖然人們也可能用多種方式改變其色調，比如變成紫色），常常被用在乾燥蝦、香腸、優格或果醬中的紅色水果上增色，也會用於紅色化妝品。這種顏色來自乾燥後碾碎的胭脂蟲鱗片，這種蟲生活在仙人掌上。

胭脂蟲原生於西半球，根據艾美・巴特勒・葛林非（Amy Butler Greenfeld）《完美紅色》（*A Perfect Red*）一書，阿茲提克人曾用胭脂蟲來治療傷口，也用於頭部、心臟、胃部的問題。當歐洲殖民強權「發現」了胭脂蟲後，用於布料染料與藥物色素之中。人們曾經相信胭脂蟲可以抗憂鬱，並能退燒、排汗、預防感染。一七五〇年左右的書《鄉下主婦的家庭好夥伴》（*The Country Housewife's Family Companion*）曾推薦用胭脂蟲來治黃疸。英國國王查理二世曾服用胭脂蟲，是他的瀉藥成分之一。想必他如廁的時候視覺效果驚人。

現代認為胭脂蟲紅色是天然色素，唯素食不宜。許多公司可能還是使用胭脂蟲紅，這樣他們就可以避免在商品標示上寫明「人工色素」。肯巴利酒標誌性的紅色曾經來自胭脂蟲紅，不過今天世上許多地區生產的肯巴利酒已經改用人工色素，美國版也是如此。不過，許多紅色的開胃利口酒還是採用胭脂蟲紅，如聖喬治烈酒廠旗下的布魯托美國佬（Bruto Americano）、利奧波德（Leopold Bros）開胃酒，還有Cappelletti Aperitivo。

一九〇四年聖路易舉辦的世界博覽會中展示了許多罐頭食品、瓶裝食品，其中不少含有人工色素。乳製品與食品全國協會（National Association of State Dairy and Food Departments）的化學家也到場設攤，他們從罐頭食品中取得染劑，再將這些染劑放在布料上染色，讓消費者看見自己吃下肚的東西究竟是什麼，這麼做的目的是希望消費者能支持純淨食品法案的必要性。

這時的食品製造商沒有義務透露商品中魚目混珠的成分，也不需要告知廣告台詞背後的事實。

雖然英國與許多歐洲國家早在十九世紀下半葉通過了食品安全法，美國卻認為這類法案與企業或資本主義唱反調。製造商聯合成立強大的集團，左右政府政策，保障自己的利益不受損害。

好在有些政府官員與機關善盡職責。美國農業署的主任化學家哈維・威里（Harvey W. Wiley，一八四四年—一九三〇年）耗費三十年努力揭露食品中的化學造假成分是有毒物質，一八八二到一九一二年之間，他向立法者施壓，逼進步派的羅斯福總統通過全國性的食品安全法。這些法案保護的不只是食品與藥物，也包含啤酒、葡萄酒、烈酒。威里率先採取的行動是組成「試毒小組」（Poison Squad），以人體做實驗，系統性測試食品業採用的化學物質（「測試」是委婉的用詞，就是吃下肚）。他們實驗的化學成分包含硼砂、水楊酸、甲醛、糖精（saccharin）、苯甲酸鈉（sodium benzoate）、銅鹽。小組成員會吃下特定分量的食物，其中含有不同的添加劑，然後需要按照要求進行生理測驗與實驗室檢驗，來觀察這些可能有毒的物質是如何影響人體。

《柯利爾週刊》刊載的專利藥物醜聞〈美國大騙局〉帶來一波重擊，再加上另一位爆料記者烏普頓・辛克萊（Upton Sinclair）的書《叢林》（*The Jungle*），大眾支持食品安全法規的呼聲越來越強高。這本小說描述芝加哥的肉品包裝業所提供的環境，加工廠的環境對牛隻與工人而言都很不堪，故事中，

最後變成肉品的有老鼠、人類手指，及其他難以下嚥的東西。

雖然《叢林》是辛克萊在調查過後寫出來的虛構小說，政府卻願意派視察員到工廠去，看看環境是否真的那麼誇張，結果證明辛克萊筆下的確屬實。

此事之後，羅斯福總統施壓讓《純淨食品與藥物法案》、《肉品檢驗法案》（Meat Inspection Act）能快速通過，跟《叢林》出版時間是同一年，一九〇六年。辛克萊寫作此書的本意是關切社會主義，讓人們知道勞工必須承受可怕的工作環境，不過讀者們反而比較關切自己買到的食品。作家本人透露：「我希望牽動大眾的心，但意外影響了他們的胃。」

一九〇六年的《純淨食品與藥物法案》主要著重於商品標示不實，為後來的相關法規開啟先河，最後促成了一九三八年的《聯邦食品、藥物、化妝品法案》（Federal Food, Drug, and Cosmetic Act），該法案建立了美國食藥署，並賦予實權。該法案改變了食品、飲料、藥物與其他產品中所含的添加劑內容，也改變了商品標示與廣告的方式，以及商品販售的方式。法案通過後，許多打著不實廣告的「專利藥物」都關門大吉，雖然數量很多，卻沒有完全根除：專利藥物還是存在（而嗎啡、鴉片、古柯鹼、大麻還是允許出現在這些藥中），不過至少它們變得比較負責，配方的毒性也降低了，或者至少威力減弱了。

就在這一切發生之前，接近一九〇〇年時，美國國會調查國產威士忌，發現售出的威士忌中，有兩百萬加侖是真的威士忌，而另有一億五百萬加侖卻是用中性酒精摻假成分偽造的「威士忌」。不過，一八九七年《保稅法案》讓部分威士忌可以取得無添加物認證，而一九〇六年的《純淨食品與藥物法案》則讓市場上剩下的威士忌必須將內容如實標示。

但是，上述法案並沒有定義何為波本酒，遑論威士忌，導致市場上一度亂象叢生，精餾商現在得要把商品標示成「模擬威士忌」、「複合威士忌」、「調和威士忌」等。商家非常惱火，要求長期受到他們資金支持的政府官撤回法規。一九〇九年《塔夫裁示》出現，事態明朗了，精餾商只要誠實標示，也可以避免使用上述詞彙。此後，商標上再也不能標榜「純威士忌」，到今天依然如此。酒精菸草稅務及商務局似乎非常不願意讓「純」這個字出現在酒標上。

哈維．威里的農業屬署後來成為執行《純淨食品與藥物法案》的主管機關，該部門扣押標示不實的威士忌，「所含威士忌不足以顯出其特色」，比如裸麥威士忌不含裸麥威士忌，或是調過顏色的中性酒精標示為威士忌。

威里也把砲口對準可口可樂，卻不是因為古柯鹼的緣故，他認為這款汽水的咖啡因含量過高，而且可能上癮，還有宣傳「大腦通寧水」是不實廣告。威里認為，成人在茶與咖啡裡喝到咖啡因無所謂，但他批評可樂針對兒童行銷。《氣泡》一書描述：「汽水惡魔們」對蘇打汽水吧檯飲料上癮了，社會上還出現流言說「士兵喝了威士忌調可樂之後變得瘋狂」。威里覺得，與其喝下充滿咖啡因的汽水，人們「應該喝水就夠了」。他為基督教婦女禁酒聯盟出版的《酒，危險且毫不必要的藥》提供自身看法，警告大眾專利藥物本身具有成癮性。

威里所屬的機關在一九〇九年扣押了可口可樂糖漿的貨運，兩年後，該公司的起訴案成為媒體渲染的焦點。威里這一方帶來「可樂惡魔」證人，他們坦承自己成癮。可口可樂一方則推派科學家，向法院展示該飲料是健康的。可口可樂勝訴。

於是，國內有不少人認為威里追求食品安全已經走火入魔了（威里是出名的政府鷹派人士）。

他們覺得威里一開始的確是要保護兒童不會喝到有屍體防腐劑的牛奶，但是現在只是在挑起事端，意圖禁止美國人最愛的非酒精性飲料。在壓力之下，威里退休，卸下公職。

好在，《好管家》雜誌（*Good Housekeeping*）聘請他擔任「食品、健康、衛生」部分的總監，這個職位讓他擁有雜誌專欄，辦公室裡還有實驗室。他測試產品，檢視它們是否配得上美國食品業最高具指標性的認證：好管家敢掛保證。

禁酒令

發展至此，威士忌受到法規限制，需要誠實標示，不得摻假或含有有害物質，而美國人決定乾脆全面禁止威士忌。不過禁酒令並不是由醫療或食品安全的運動所推動的。胡佛總統稱之為「一場偉大的社會、經濟實驗，動機高尚，目的影響深遠」。討論禁酒議題時，會談論酗酒問題，但是通常脈絡不離：喝醉的男子無法照料家庭、其投票行為也無法取得信任、酗酒男子可能會虐待妻子、酗酒女子可能會淪落風塵等等。

禁酒運動起源於十九世紀早期，支持團體眾多，動機不同但是目標一致。早期的倡議者只有反對蒸餾烈酒，並不反對啤酒或葡萄酒（是不是讓你想起法國禁止苦艾酒的風潮），因為後兩者通常被當作健康的日常飲料。有些釀酒廠甚至加入了反酒運動，對抗蒸餾酒廠，沒想到日後自己也會被視為同類。

像反沙龍聯盟這樣的團體，並不是想要全面禁止酒飲，只是反對沙龍的存在，讓男人遠離家庭，到沙龍去喝酒、賭博、嫖妓。另一些禁酒聲音是希望減少犯罪與貧窮，他們認定會喝酒的人把錢浪擲在酒吧，而不願意花在健康的牛奶與肉品上。

前棒球員、福音派傳道人比利・桑戴（Billy Sunday）宣稱，少了酒的美國將不會再有貧民窟，還能「把我們的監獄變成工廠，我們的拘留所變成倉庫與玉米倉」。而基督教婦女禁酒聯盟則希望人們滴酒不沾，他們心中的社會改革更加龐大，包含婦女投票權。在禁酒令生效後，第十九次憲法修正案通過了婦女投票權。

反移民團體則抗議新的「未開發民族的外來侵略」，這種人喜歡社交的地點是沙龍（愛爾蘭人）、家庭式啤酒花園（德國人），就跟他們在母國的時候一樣。

第一次世界大戰（一九一四年—一八年）深化了美國人排擠德國人的動機，也一併排斥聽起來像德國的啤酒。三K黨也支持禁酒令，而該組織到了一九二〇年代，規模已大到可以執行私刑。工業家想要員工頭腦清醒地來上班，比如亨利．福特。南方偏鄉地區傾向支持禁酒令，而城市居民則反對。學校會教導禁酒陣營的理念宣傳（如威脅民眾酗酒者會隨時引發自燃），就像一九八〇到九〇年代宣導的反毒品戰爭「DARE」計畫（Drug Abuse Resistance Education，反抗濫用毒品教育）。美國憲法第十八次修正案的影響範圍擴及全國，從生產、進口、運輸到銷售致醉效果的酒類，一律禁止，從一九二〇年持續到一九三三年。「致醉效果」後來進一步詮釋為酒精濃度超過〇．五％，這讓本來支持禁酒令的啤酒消費者與啤酒廠沮喪不已，他們並不知道自己也會受到禁令波及。

不過，禁酒令有例外。喝酒本身沒有遭到禁止，所以人們爭相在法令生效前大量囤酒。據說耶魯俱樂部囤積的酒量之多，整個禁酒令期間，俱樂部成員都有酒喝。民眾可以製造自用的「無酒精蘋果酒、果汁」，但是不可以在家釀啤酒。

大部分的葡萄酒廠轉型販售未發酵的葡萄、葡萄汁，不再賣葡萄酒，而葡萄園栽培面積在禁酒令期間居然增加了。有些葡萄酒廠以品牌「Vine-Glo」名義開始販售「葡萄磚」，磚頭成分是乾燥葡萄，消費者可以將葡萄磚泡在一加侖的水中來製造葡萄汁，產品會附上詳盡說明，請消費者千萬不要：把還原葡萄汁裝進瓶中，依喜好加糖，放置於陰涼處靜置數週，不然會變成酒喔，你明白吧。宗教性聚會上使用的聖餐禮葡萄酒是合法的（一九二〇年左右有大量民眾突然變得很虔誠），為教會提供葡萄酒的酒廠在禁酒時期大賺了一筆。

還有一種合法飲酒的情況是醫師處方。酒精在幾年前就已經不再列入美國醫學協會許可藥物清單之中，不過一九二二年時，協會向成員進行意見調查，以了解多少人相信酒精在醫療上有其必要性，調查結果顯示，有部分成員同意。有人認為，如果當初協會提出的問題是酒精在醫療上是否「有用」，答案可能會更為偏向支持。該調查中，酒精在治療上被列為必要的症狀包含但不限於：氣喘、高血壓、糖尿病、休克、癌症、特定中毒現象、失眠、蛇咬。

醫用處方威士忌非常昂貴，不過保證品質優良，因為藥用威士忌一定會在政府的保稅倉庫熟成。這些威士忌裝瓶的濃度是美制酒度一百度[11]，酒瓶容量為一品脫。大部分禁酒令期間，病人每十天才能得到一品脫酒，要是這樣還不夠的話，牙醫、獸醫也可以開處方酒給你。或許當時某人的天竺鼠被蛇咬了也說不定。

禁酒令實施後幾年，保稅倉庫中的熟成威士忌庫存所剩不多，擁有特殊執照的蒸餾廠得到允許，可以再度製酒，總量受到控制。除了威士忌，也可以透過處方箋取得蘭姆酒與白蘭地，病人到藥局時可以選擇自己想要的。處方酒的生意除了酒廠得利，醫師、藥局也藉此賺錢。

禁酒令時期，有不少藥店專營某一種藥物。沃爾格林（Walgreens，現為美國最大連鎖藥妝店）在一九一六年時有九家店面，到一九二〇年代末時，已有超過五百家店面，不過該公司官方網站表示，那是因為他們在一九二二年發明了麥芽奶昔，才獲得了商業成功。

在《純淨食物與藥物法案》通過後還能繼續販售的專利藥物仍然含有酒精（只是需要標示含量），也不需要處方箋就可以購買。許多人以嬰兒腸胃絞痛的名義，買「寶寶藥水」專利藥物來當酒，也有人會買「萍罕牌植物複方」，當時宣傳可以有效治療婦女毛病，該藥在這段期間的版本，大約含有兩成的酒精，而產品今天還是買得到，叫做「萍罕牌草本液體補充劑」（Lydia Pinkham Herbal Liquid Supplement），現在的酒精濃度較低了，不過還是含有兩種昔日宣傳的成分：蝴蝶草根（pleurisy）、黑升麻根（black cohosh root）。

這不是唯一留存至今的專利藥物。摩克西與許多汽水品牌的前身都是專利藥物，還有 **Black Draught** 排便劑、**Smith Brothers** 咳嗽滴劑、**Sanatogen** 維他命、**Mentholatum** 藥膏、**Fletcher's** 排便劑、**Father John's** 咳嗽糖漿、**Carter's Little Pills** 等，現在都還買得到，也可以追溯至專利藥物時期，只不過上述這些藥物不是以酒精為基礎。

專利藥物中，有個產品叫做「牙買加薑萃取」，俗稱「傑克」，在氣候乾燥的地方廣受喜愛，據說含有高達八〇%的酒精濃度。禁酒令期間，產品更改成分，變得含有塑化劑，接觸酒精後會產生神經性毒素。喝傑克的人最後會因為膝蓋以下肌肉癱瘓而得罹患「傑克腿」，「傑克拐」、「薑腳」，走路姿勢怪異（像是操繩木偶）。得到傑克腿的人超過三萬，許多是貧窮的移民，而很多人從未康復，如此度過餘生。

---

11 美制一百度換算為酒精濃度百分比為五〇%。

私釀玉米威士忌

不過，人們在禁酒令期間喝下的毒酒，多數都不合法。來源有二，從國外進口，或者在家偷偷私釀。國外來的酒會從墨西哥經過陸路運輸而來，或者從加拿大五大湖區透過船運而來，美國東西岸、加勒比地區或佛州沿岸都是可能的走私途徑。

在美國，無照蒸餾烈酒是高風險行為，私釀酒得為蒸餾器加溫，需要生火，產生的煙就可能被禁酒令執法官員抓到。穀物發酵前也需要煮過（又會製造更多的煙與火），所以私釀者通常會選擇可以室溫發酵的蔗糖或麥芽糖漿當材料。

私釀蒸餾器材的建造材料可能是廢五金，用有毒的鉛焊到好，再連接到從報廢車上拿下來的冷凝器。傳統私釀作法會幫酒「去頭尾」（捨棄最開始與最後蒸餾所得），好去掉發酵過程中自然產生的乙醛、甲醇、雜醇油。但是禁酒令期間，私釀者為了省錢，往往會省略此步驟，反正不是正經勾當，酒瓶上也不會有自家名字。

甲醇也稱為「木醇」，這是蒸餾酒精飲料時會自然產生的副產品，木頭在沒有發酵的狀態下經過蒸餾，也會產生甲醇。甲醇不能喝，但用途多元，比如可以做成阻凍劑、溶劑、燃料，也是合成樹脂、藥物、香水、顏料、殺蟲劑的成分。

禁酒令時期許多人死於甲醇中毒，不過不能全部怪在私釀酒頭上：政府為了防止民眾喝工業用乙醇，也就是清潔劑、化妝品等產品的成分，要求這些酒精要做成不可飲用的「變性酒精」，方法是在裡面添加有毒物質，如甲醇或其他雜質，讓酒喝起來太苦或聞起來很可怕。現代的變性酒精有非食用性殺菌消毒酒精，這類酒精可能是丙醇，也可能是乙醇，但是後者要添加苦味劑「變性」。

問題來了，甲醇不帶任何味道，喝下去之後，可能過了幾天才造成生命危險。甲醇下肚後，會慢慢變成危害性更高的副產品，如甲醛、甲酸。甲醛中毒症狀包含頭痛、虛弱、肢體變得不協調、嘔吐、眼盲、死亡。有統計估計，光是喝下因為政府法令添加毒物的酒，最後導致中毒死亡的人數，達一萬人。

私釀者還曾經購買工業用變性酒精，嘗試把酒變回來，他們聘用化學家、蒸餾專家來研究作法。他們過濾、重新蒸餾，再加東西進去，把不能飲用的工業酒精還原成酒飲。除了隸屬黑幫的酒廠會大規模還原烈酒，黑幫也會付錢給家庭主婦，讓她們用家裡的廚房進行還原操作，去掉工業酒精裡的有毒物質。政府為了反制民間作法，試了各式各樣的添加劑，希望能讓人難以分辨其中的化學物質，增加還原的困難度，這些添加物有苯、啶、碘、鋅、汞鹽、尼古丁、乙醚、氯仿、丙酮等。不過，甲醇應該還是最有用的雜質，因為它最難跟乙醇分離。政府後來規定工業用酒精須含加倍甲醇，最多可高達一〇%。

私釀者為了提高產量，得到走私進口的酒、可飲用的自釀蒸餾酒後都會加以稀釋，可能會加水，也可能會加工業用酒精（不管有沒有經過還原處理），私釀者也會用盡各種方法來偽造酒的風味與酒勁，許多招數來自《純淨食品與藥物法案》通過以前的年代，比如加入胡椒或薑，讓酒有熱辣的味道，或者把顏色調成陳年威士忌的樣子。私釀琴酒的材料是杜松油與乙醇加水稀釋，就像十八世紀時琴酒熱的作法。非法營業的隱密酒吧所賣出的雞尾酒，想必也很擅長掩蓋劣質酒的味道。

禁酒令本意不是要改善飲酒者的健康，而是要提升社會風氣，不過禁酒令之下，選擇繼續喝酒的人健康受到影響，不喝酒的人也難以心安。紐約有一樁非法酒吧遭到入侵的案子，當時主持法庭審判的法官曾說：「禁酒令是個笑話，貧窮的勞工被它剝奪了啤酒，整個國家也因此泡在老鼠藥裡面。」（引自黛博拉．布勒姆〔Deborah Blum〕《囚犯手冊》〔*The Poisoner's Handbook*〕，由於禁酒令法規有太多相關漏洞，又造成犯罪貪腐叢生的現象，執法力道不均（許多地區根本沒有執行禁酒令），再加上一九二九年，經濟大蕭條開始醞釀，大家認為這場「高尚的實驗」失敗了，美國憲法第二十五條修正案撤銷了第十八條修正案中的禁酒令。

不幸的是，危險的假酒、摻雜酒並沒有因此立刻在市面上全面消失。一九三九年，禁酒令剛結束沒多久，查爾斯・小貝克（Charles H. Baker Jr.，一八九五年－一九八七年）出版了《紳士的同伴》（*The Gentleman's Companion*），大部分內容是作者在此十年間跑遍世界各地飲酒的經驗。

這本書大致上是酒譜書，不過也寫了些舉辦派對的經驗及待人接物要訣，包含如何「拯救賓客不致被繩子吊死」，令人好奇貝克的客人是否常常在派對上鬧自殺，也不禁懷疑他究竟是個怎樣的派對主人。

Scofflaw

藐視法令

二盎司（六〇毫升）裸麥威士忌
一盎司（三〇毫升）不甜香艾酒
〇・七五盎司（二〇毫升）檸檬汁
〇・七五盎司（二〇毫升）番石榴糖漿
二抖振柳橙苦精

將所有材料加入裝滿冰塊的雪克杯，搖盪後濾入雞尾酒杯，以橙皮作裝飾。

話說回來，或許這時期更常見的派對問題是假酒。貝克在書中建言：「要降低明顯是中毒身亡的問題發生，不

管在任何場合，都應特別留心酒的品質。」他還在書中寫下三種催吐劑配方，讓受害者可以把毒酒吐出來。

現今的世界，每年依然有數千人因為假酒生病或死亡。有時候是私釀者不小心在製造過程中受傷，不過更多時候是上百人同時身體不適，因為某批含有甲醇的私釀酒藉由犯罪網絡進入市場。假酒問題在開發中國家尤其猖獗，也發生在主流社會文化不接受飲酒，或把酒列為非法的地區。二〇二〇年，光是伊朗，就有五千八百七十六人因為假酒而住院的紀錄，其中至少八百人在兩週內死亡，起因是謠言表示飲用高酒精度數的酒可以殺死新冠病毒。

不過禁酒令所帶來的後果也不全是負面。在阿帕拉契山的私釀者為了能夠快速移動，想要有操控性更好的車來躲避追捕，拚命改裝小型車，最後逐漸變成全美改裝車競賽（NASCAR，也稱納斯卡賽車）。在禁酒令前，酒吧（至少沙龍）只有男性可以進入，不過非法酒吧也讓女性進去消費，還有少數幾間讓有色人種進入。禁酒令結束後，不少酒吧維持族群融合的狀態。

美國影響酒類與藥物的兩大重要法案是《純淨食品與藥物法案》以及禁酒令。在前者之前，不論是生病或口渴，都不能保證他們買來喝的到底是什麼。禁酒令則確保人們可以安全飲用合法的醫師處方酒，並且明白非法私酒多半危險，只是人們通常還是選擇喝下肚。兩種法案都是為了美國社會而設，但其中之一慘烈收場，即使一百年後回頭看，依然覺得不可思議。

第八章

通寧：瘧疾、蚊子、合成紫色染劑

「琴通尼寧拯救過的英國人，不論是其性命或心靈，超過大英帝國所有的醫生。」

——溫斯頓．邱吉爾

瘧疾存在的歷史已有一億年左右，蚊子的祖先與牠們身上的寄生蟲可能也曾感染恐龍。恐龍演化成為鳥類，是會感染瘧疾的動物之一，其他物種還有猴子、蝙蝠、蜥蜴、羚羊與其他脊椎動物。

瘧疾與人類共存，文字記載能追溯至一千年前，症狀是夏季間歇性發燒與脾臟腫大，這也是瘧疾兩大徵兆。瘧疾引起的幾種發燒症狀，前幾章談論醫學文獻時大多有提到。中國古醫書《黃帝內經》據說成書於公元前二七〇〇年，但也可能更晚才寫成，經中也對瘧疾有所描述，並將此病與發燒、脾臟腫大連結。

公元前一五〇〇年的印度吠陀經典也有提到瘧疾，大約同時代的埃及《埃伯斯莎草古卷》也是。希波克拉底描述了不同類型、反覆發作的瘧疾高燒（依照發作頻率分每日瘧、間日瘧、四日瘧），認為是受到不同體液所控制，所以各有不同的治療方式。另一方面，我們很難找到帕拉塞爾蘇斯對瘧疾的觀點為何，這有點讓人驚訝，因為他向來急著分享對萬事萬物的所知所想。

瘧疾的英文「malaria」來自義大利文「mal'aria」，意思是「不好的空氣」，長久以來人們也曾認為瘧疾是由瘴氣造成，就像霍亂、黃熱病、黑死病，以及多數的傳染性疾病。以前的人明白瘧疾來自沼澤、濕地、死水地帶等區域，但是不知道瘧疾是來自蚊子（而不是這些地方的空氣），直到將近二十世紀才搞懂，那時人們早已有辦法對付瘧疾，已經用了兩百五十年了。

雖然今天瘧疾是溫暖氣候帶的疾病，不過歷史上瘧疾幾乎侵襲過世界上所有的地方，北及西伯利亞與挪威，南至巴塔哥尼亞。

一七四〇年，有位來到梵蒂岡的旅人曾寫下：「有種可怕的東西叫瘧疾，每年夏天都會侵襲羅馬害死人。」瘧疾的稱呼很多：熱病、夏季熱病、間歇性發燒、沼澤熱、瘧冷顫、冷熱病、每日顫、間日顫、四日顫、先驅者顫抖症、非洲間歇熱，諸如此類。瘧疾的特徵是高燒與冷顫，也就是發抖與發汗的循環，通常染病的地名就會成為病名。

一出羅馬就是農地與沼澤地，整個區域自古以來持續為瘧疾所苦，直到一九三〇年代還是如此。夏季時，羅馬這座城市住起來十分折磨人，經濟能力許可的人會在夏季搬到有微風的丘陵地區短居，而對農夫而言，秋收時期通常具有危險性。

可能死於瘧疾的教皇有：因諾森特八世（Innocent VIII，一四九二年）、亞力山大六世（Alexander VI，一五〇三年）、亞德六世（Adrian VI，一五二三年）、西斯篤五世（Sixtus V，一五九〇年）、額我略十五世（Gregory XV，一六二三年），都在七月到九月之間去世。當教皇去世時，紅衣主教會回到羅馬舉行祕密會議，以選出下一屆教皇，而會議若是在夏季期間，紅衣樞機主教們（繼任教皇候選人）也可能跟著感染瘧疾而死。一二八七年時，紅衣主教的祕密會議長達十個月，造成六位樞機主教死亡，剩下的樞機主教則逃離羅馬。

早期的瘧疾治療方式百百種，當然也少不了萬用的放血、截肢、穿戴護身符等，此外人們還會把醃漬鯡魚剖半，貼在腳上，或者把病人往樹叢裡扔，頭要先著地，也有人把病人的尿與麵粉混合後壓在蟻丘上。飲食方面的嘗試則如：忌食瓜類，喝蝮蛇燉湯、吃蘿蔔配蟹眼、吃狼眼、吃包心菜，或者喝白蘭地混貓血加胡椒。本書不會收錄最後一項的酒譜。

熱病之樹

耶穌會創立於一五三四年，是天主教修會之一，特別著重於傳福音與教育的事工，耶穌會傳教士在十六世紀中葉就在祕魯有傳教據點了。約在一六三〇年前後，耶穌會修士從原住民習俗中學到金雞納樹的樹皮可以治療發燒與發顫，他們知道羅馬深受熱病問題所苦，所以寄了一些樹皮到義大利去。結果這些樹皮也可以治療羅馬的熱病。

這事本不應如此。我們沒有什麼好的證據能顯示在歐洲人抵達新大陸之前，此地曾有人類感染瘧疾的狀況。帶原瘧疾的寄生蟲要在新環境中存活，得要能夠同時感染人類以及特定種類的蚊子，又必須要在溫暖的氣候帶，蚊子才能存活。歷史學家認為，一萬三千年前，人類藉由白令陸橋從西伯利亞遷徙到阿拉斯加時，瘧疾並沒有跟著西移，因為那時太冷了。

所以祕魯原住民治療發燒的方式，肯定是用來治療其他疾病，只是有類似的發燒情形。這項發現有點像人類發現阿斯匹靈可以舒緩宿醉頭痛，也可以治療腦癌造成的頭痛症狀，以及腦癌本身。

通常「瘧疾」一詞可以指這種病，也可以指造成疾病的寄生蟲。瘧疾寄生蟲跟蛇毒不一樣，不是蚊子自身帶有的毒液，而是一種單細胞組織（瘧原蟲），它可以在人體與蚊子體內中存活。

蚊子則是帶原寄生蟲的病媒蟲，在吸血時將寄生蟲傳到人類身上。帶原瘧疾寄生蟲的母瘧蚊一旦叮咬人類，就會把寄生蟲傳進人體中，寄生蟲會進入病人的肝臟中，在那裡成長、複製、無性生殖，並感染紅血球。寄生蟲在血液中繁殖，有些會再度變化成分雄雌的型態，讓病患出現瘧疾症狀。受到瘧疾感染的人，要是被另外的蚊子叮咬，可以再將寄生蟲傳給蚊子，蚊子吸血時也會攝入部分的寄生蟲，而這些寄生蟲會在蚊子肚中再度轉換型態、繁殖，並感染蚊子的唾液腺體，等到感染的蚊子再度叮咬人類時，又會把寄生蟲傳下去，形成周而復始的循環。

當瘧疾寄生蟲進入人類的血液時，病患會出現發燒與冷顫的症狀。金雞納樹皮中有種鹼性物質叫做奎寧，可以干擾瘧疾病原蟲在血液裡成長滋生，並去除血液中的寄生蟲。不過，由於瘧原蟲也以不同的型態住在人體肝臟中，感染的病患在這個階段並不會出現症狀。

瘧疾病患的高燒不只是每數日發作一次而已，遭到感染後，寄生蟲從肝臟回流到血液時，造成的高燒可能會反覆發作數月，甚至長達數年，讓病人身體越來越虛弱，就算感染之初撐過去，最後還是可能會凋零而逝。不過，反覆遭到瘧疾感染的人，也可能會獲得某種抵抗力。

金雞納樹（cinchona）命名來自西班牙的清瓊（Chinchón）伯爵夫人，傳說中她在丈夫擔任祕魯總督時患了熱病，服用原住民的藥之後痊癒了，所以這種樹以她為名。故事還說，她在返鄉後到處跟人分享金雞納這種奇藥。一七四二年，生物分類學之父林奈正式為金雞納樹定下名稱，省去了開頭的 h，變成「cinchona」。

不過，事情的真相是，世界上曾有兩位清瓊伯爵夫人，第一位清瓊夫人在丈夫受命擔任祕魯總督後三年去世，而另一位夫人於哥倫比亞去世，死因可能是黃熱病，所以她也不可能帶著神藥回到歐洲。這段以訛傳訛的佳話直到二十世紀初才被發現有誤，這時生物命名法早已確立金雞納樹的名字了。

金雞納樹皮的藥效要看其中含有的奎寧劑量多寡，而各種金雞納屬的樹種奎寧含量不一，生長的地方也有影響。再者，前人並不知道或不了解適當的量與服用頻率為何，所以即使有了品質最好的樹皮，醫生也沒辦法確定恰當的劑量，而且要是攝取過多的樹皮，也會產生不好的副作用，可能會被誤認為瘧疾症狀。

以前的醫生也不明白，樹皮可能只能暫時緩解瘧疾症狀，而不能根治，而病人日後還是會反覆發作，這藥是有效的，但不是總是有效，程度也不一，所以讓許多醫生懷疑這是不是真正有效的藥物。

抗瘧疾的化學成分中的奎寧（quinine），名字來自金雞納樹的原住民之名字：quina。根據《就是通寧》（*Just the Tonic*）一書，以前的人常常把金雞納樹皮跟祕魯乳香樹（Peruvian balsam tree）搞混。

隨著時間過去，金雞納樹與其樹皮多了很多名字，比如：calisaya（小葉金雞納樹）、祕魯樹皮、熱病樹、伯爵夫人粉、熱病樹皮、樞機主教粉、耶穌會粉、教皇粉等。後面幾個名字是來自當時率先將金雞納樹引入歐洲的進口商——耶穌會。

由於金雞納樹皮的藥效不一，十七世紀的新教徒給了它「天主教的藥」這樣的貶稱，認為是偽藥或邪惡的魔法，新教國家的醫療人員也試著發明其他的治療方式，其中之一就是英國人塔爾博（Robert Talbor，一六四二年－一六八一年），他是反對祕魯樹皮的調劑師學徒，推廣自己發明的「英式藥」。他還出版了一本小冊子，宣稱自己的藥跟耶穌會的樹皮一樣有效。他後來治好了許多王室成員，如英王查理二世、西班牙王后瑪麗・路易絲，以及法王路易十四世之子，因此聲名大噪。

路易十四世以三千金克朗買下「英式藥」的配方，交易條件是不得在塔爾博活著的時候公開配方，不過他不久後就過世了。一六八一年，塔爾博的配方終於公諸於世，大家發現了騙局：所謂的機密配方是金雞納樹皮磨粉後加在葡萄酒中，為了掩飾味道又加入各種風味植物，如巴西里、大茴香、玫瑰花瓣、檸檬汁，各藥方加入的植物分量略有不同。

不過，塔爾博的騙局倒是確立了金雞納樹的醫療價值，殖民強權紛紛採用金雞納樹皮作為對抗瘧疾的藥方與預防藥，促進了人們探索、利用先前無法進入的地區，如大部分的非洲與印度地區。由於殖民強權不斷開發西半球，也把瘧疾帶到了新世界，瘧蚊在那裡滋生，隨著水路進入美洲內陸，建立起新領土。

美利堅合眾國草創之時，也跟世界上其他地區一樣面對瘧疾問題。據信英國人在一六〇七年將瘧疾傳入維吉尼亞的詹姆斯鎮。喬治・華盛頓因為奎寧中毒而損失了一部分的聽力。一八〇三年到〇六年的路易士與克拉克遠征（Lewis and Clark expedition）中，遠征隊伍帶了十五磅重的祕魯樹皮粉，不只是為了治療瘧疾，也用來混入火藥中、放入治療槍傷與蛇咬的敷料之中。

一八六〇年代美國南北內戰時，有紀錄的瘧疾案例超過一百萬，死亡人數約為一萬，大多是來自北方免疫力較低的聯邦軍人。歷史小說《大草原上的小木屋》（*Little House on the Prairie*）故事背景是一八七〇年的堪薩斯，故事中全家都因為病倒了，神祕又致命的高燒與冷顫，家中的媽媽覺得應該是吃了西瓜才生病的。

Espresso Tonic

義式濃縮通寧

二盎司（六〇毫升）義式濃縮咖啡
半盎司（十五毫升）簡易糖漿
半盎司（十五毫升）萊姆汁
四盎司（一二〇毫升）通寧水

將前三種材料加入裝滿冰塊的玻璃杯後，均勻攪拌，再倒入通寧水。

喝樹皮

金雞納樹皮其中所含的奎寧味道極苦，這可能是樹木為了抵抗蟲害而演化出來的自然機制。傳統服用金雞納樹皮的方式是磨成粉後與液體混合，而在以前，飲用啤酒與葡萄酒比水還安全，所以金雞納樹皮粉就跟酒搭配在一起了。除了水、啤酒、葡萄酒，我們發現歷史上也有其他含有金雞納樹皮的飲料，或建議如此調配的記載，如熱巧克力（一七三〇年代，英國）、蘭姆酒（一七七一年，英國皇家海軍）、雪莉酒（一八五六年，尼日）、威士忌（一八六〇年代，美國南北內戰）、阿拉克燒酒（一八六三年，印度）、粉紅色檸檬水（二十世紀初，巴拿馬）。上述的飲料大多數會加糖調味，中和奎寧的苦味。

全世界都明白金雞納樹皮的重要性之後，過了兩百年，十九世紀的殖民強權如荷蘭、英國、西班牙等才對金雞納樹的物種研究產生強烈興趣。他們想要理解哪一種金雞納樹對抗瘧疾的藥效最強，才能著手在自己的殖民地上栽培金雞納樹，這樣一來就不用從剛獨立的南美洲國家購買樹皮了。

十九世紀時，許多植物學家與探險家受命前往祕魯、玻利維亞、厄瓜多等地採集金雞納樹的種子與樹苗，這個工作非常危險，因為剛剛獨立的各國政府（祕魯與玻利維亞都在一八二〇年代打贏獨立戰爭）十分明智，積極保護自家珍貴的商品，全面禁止出口種子與整株植物，以免其他地區也開始種金雞納樹——違反禁令者可處死刑。

然而，荷蘭人還是成功取得了種子，把金雞納樹帶到印尼爪哇島上栽培，不過他們運氣不佳，取得樹種多數為奎寧含量低的品種。

英國探險家馬克漢爵士（Sir Clements Robert Markham）在一八六〇年前後，帶隊進行規模巨大的探勘行動，採集了五種不同的樹，且成功從美洲不同地區帶回幾百棵幼苗與種子。不過，根據《就是通寧》，這些樹苗在印度的栽培園全軍覆沒。由英國政府支持的探勘行動另有成功的案例，所以後來印度也種起了金雞納樹，只是奎寧含量相對不高，主要供當地使用。

最成功的金雞納樹種子竊盜行動出自英國的羊駝商人查爾斯．萊傑（Charles Ledger，一八一八年－一九〇五年）。萊傑有位玻利維亞朋友當他的助手，馬努爾．因克拉．馬曼尼（Manuel Incra Mamani），替他辨別哪一種樹才適合採集種子，馬曼尼後來因此入獄，出獄不久後就死了。馬曼尼設法走私出口共四十磅的種子。萊傑沒能將種子賣給英國人，不過最後成功賣給了荷蘭人。

這些種子種出的金雞納樹所含的奎寧比其他已知樹種還多，荷蘭人在一八七〇年代將這些樹苗嫁接到已經種在爪哇的金雞納樹上。印度栽培園生產的樹皮粉足以供應印度當地所需，不過爪哇栽培園所生產的樹皮能產出更高品質的奎寧，成了出口商品。這些樹的生產力非常驚人，到了一九三〇年時，世界上九成五的金雞納樹皮供應都是來自爪哇，不是來自印度，也不是來自美洲原產地。植物學家將這種金雞納樹以「發現」這種樹的人為名，萊傑的名字出現在學名中：*Cinchona ledgeriana*。萊傑竊得的成果後來又擴張了。一九三三年，荷蘭人將爪哇的金雞納樹種子贈送給比利時國王阿爾貝一世（Albert I），國王之子則將這批種子捐出去，給曾是比利時屬剛果，讓人進行栽培。該栽培園今天仍然存在，而且至少有一款通寧水品牌採用這裡的奎寧：芬味樹（Fever Tree）。其他品牌採用的金雞納樹原料來自祕魯或其他南美洲地區，如「Q Tonic」，採用印尼栽培園奎寧的通寧水品牌則如東方帝國（East Imperial）等。

一八二〇年，在法國人們首度將奎寧從金雞納樹皮上分離出來，經濟可以負擔的人，現在可以直接服用濃縮口服藥錠，不需要再喝摻樹皮粉的酒。約翰・薩平頓醫生（John Sappington，一七七六年—一八五六年，他是好萊塢知名女星兼舞蹈家琴吉・羅傑斯〔Ginger Rogers〕的曾曾曾祖父）曾經在美國販售奎寧硫酸鹽藥錠來對抗瘧疾，藥名叫薩氏抗熱病藥錠，是十九世紀初期在美國最成功的專利藥物之一。同一年，他發表了《熱病的理論與治療》（*The Theory and Treatment of Fevers*），是密西西比河以西第一本醫學專書。書中的藥物配方是「每種材料都搭配一粒奎寧，四分之三粒洋甘草、四分之一粒沒藥，在沒藥中加入適量的黃樟樹油，好讓藥的氣味適合入口」。

奎寧也成為其他產品的成分，比如鱈魚魚肝油加奎寧，也可在任意飲料中加入「粒狀奎寧檸檬酸鹽發泡錠」，就好像今天的「我可舒適」發泡錠（Alka-Seltzer）。金雞納樹與其中的奎寧，後來在人們眼中不只能治療發燒、熱病（且不侷限於瘧疾），還可治療其他各種症狀，就像是一種萬靈丹一樣。

一八〇一年的《美洲草本》如此描述祕魯樹皮：

> 適用於多種疾病的知名藥物，可用於「間歇性」熱病，也可用於惡性、發臭型的熱病，可用於具感染力的「諸痢疾」、天花、痲疹、壞疽、「窘迫」、大出血、神經性與抽搐性問題、吐血、胸膜炎、肺周炎、肺氣腫、狀態不佳的潰瘍、肺結核、結核菌致淋巴結腫大（scrophula）、佝僂病、壞血病……諸如此類。此物能強健胃部、增進消化、散除脹氣、提升心搏、增加血管彈性、促進腸道蠕動、促進體液循環、抗腐敗、幫助排除體虛造成的月經阻塞，給予血管新生與活力而能提升全身健康。簡言之，此藥極佳，拯救數百萬人性命……最好的服用方式，是將其加入葡萄酒、白蘭地、水之中，並增加甜味，或者任何方便服用的作法都可以。

這解釋了為什麼奎寧會出現在通寧水以外的飲料之中：因為奎寧在當時的地位就像如今的電解質或維生素一樣。「金雞納苦精」（Calisaya Bitter，calisaya 是美國對金雞納的俗稱）的商品廣告曾是「可以預防任何瘧疾性疾病」、「適用於食慾不振、消化不良、一般性虛弱」。以前還有一種含樹皮的利口酒叫金雞納錬金液（Elixir of Calisaya），通常用柳橙皮、肉桂、芫荽、茴香、葛縷子或小豆蔻來調和風味，再用胭脂蟲染成紅色。你可以在一八三〇年代美國藥店裡的蘇打汽水吧檯買到這種酒，當時也有人認為此酒違反道德，而叫它「紅色威脅」（因為胭脂蟲的顏色），喝這種酒的人則是「金雞納惡魔」。這樣的反應主要很可能是因為這種酒的酒精濃度很高，人們對此的觀感跟苦艾酒類似，只是反彈聲浪小一些。一八九八年有條報導標題警告意味濃厚：「瘋狂警察不當飲用金雞納，淪為惡果的奴隸，每日狂喝二十杯。」

其他國家也有自己的奎寧或金雞納樹飲料，許多是我們今天熟知的法國、義大利阿馬禮酒，起源萬靈藥式的消化通寧水，比如 **Amaro Sibilla**、**Amer Pico**、亞維納、**Barolo Chinato**、**Bigallet China-China**、**Bonal Gentiane-Quina**、**Byrrh**、**Fernet-Branca**、金雞納麗葉（**Kina Lillet**）、**Ramazzotti**。這些酒有不少含有幫助消化、提升健康的苦味成分，如艾草、龍膽、大黃，我們在之前的章節已討論過。

Black Manhattan

黑色曼哈頓

二盎司（六〇毫升）裸麥威士忌
一盎司（三〇毫升）亞維納阿馬羅（Averna amaro）
一抖振安格仕苦精
一抖振柳橙苦精

將所有材料與冰塊拌勻後，濾入一只雞尾酒杯中。以馬拉斯奇諾蜜漬櫻桃作裝飾。酒譜作者為陶德・史密斯（Todd Smith）。

通寧水

十八世紀末出現了人工碳酸水，我們在第四章時討論過。這是為了重現據說具有療效的天然氣泡礦泉水，比如皮蒙、塞特等知名泉水。以前英國的蘇打水通常是瓶裝出售，蘇打水風味糖漿會直接加在飲料瓶子裡面，跟著蘇打水一起販售，比如檸檬風味蘇打水。這些蘇打水被認為是健康飲料，所以後來也把奎寧加進去，並不令人意外，這些奎寧風味的蘇打水被視為可增進整體健康，或特別標榜能對抗瘧疾。

目前所知第一個含有奎寧的瓶裝碳酸水是休斯公司（Hughes & Company）的產品，曾在一八三五年刊登廣告，販售時間倒不長。其後出現的產品是一八五八年的皮特牌充氣通寧水，由倫敦蘇打水製造商，伊拉斯謨・龐德（Erasmus Bond）所推出，他早在一八五〇年時就取得了「充氣通寧液體」的專利權。打造出舒味思品牌的雅各・施威普在一七九九年就已退休，於一八二一年逝世，距離舒味思首度推出通寧水產品還得等上一陣子，舒味思公司在一八七〇年代才開始製造帶有奎寧的通寧水。

金雞納樹皮的出口貿易商是住在南美洲的義大利人，後來荷蘭人在印尼的土地上栽培樹苗，阿姆斯特丹採購樹皮商品，樹皮中的奎寧最後在英國人的手上被加進了罐裝通寧水碳酸飲料之中。琴酒起源自荷蘭的杜松酒，在英國人手上變成當今版本的琴酒。不過，琴酒與通寧水被放在一起變成一種飲料，似乎發生於印度。

英屬東印度公司於一七五七年至一八五八年之間掌控了印度，而英屬印度政府執政一直持續到一九四七年。瘧疾在印度是流行性疾病，在印度開始種植金雞納樹之後，當地人通常以在地種植的樹皮來治療瘧疾，而身為統治階級的英國人服用的則是奎寧藥丸與通寧水。

一八六一年《倫敦柳葉刀》上刊增了一則廣告是皮特牌充氣通寧水的使用者見證，文中表示：「有些情況下，對於比較容易受到刺激的人來說，可能需要在『通寧水』中加一小份葡萄酒或法國白蘭地，如果需要更強效的附加物，則可以使用白蘭地，因為在部分情況中，氣泡飲料更容易在胃部產生重量與寒冷的感覺，伴隨脹氣與痙攣。」

我們永遠不會真正知道第一個把琴酒與通寧水混在一起的人是誰，就像可樂蘭姆酒、蘇打伏特加這類其他的簡易高球杯雞尾酒的情形。目前已知最早的琴通寧文字紀錄來自一八六八年，這時住在印度的英國人顯然已然開始「享受」杜松酒加奎寧的組合，喝來當作消遣。以下摘自《東方運動雜誌》（*The Oriental Sporting Magazine*）：

> 除了彩券，還有一籮筐的賭注可以選，我們微薄的五英鎊就壓在「波莉」身上，這是為了支持馬背上的騎士，而不是為了這馬的能耐。「琴通寧」、「蘇打白蘭地」、「平頭雪茄」之類的高喊此起彼落，告訴我們今晚的派對即將結束。我們朝回家的方向走去（所幸離這一片混亂只有短短的距離），心中肯定明天每場比賽我們都能以二比一的賠率下注贏家，不過這麼做就太輕率了。

我們的確可以找到更早搭配琴通寧來喝的文獻記載，不過依照當時的新聞雜誌提及此酒的情境脈絡，琴通寧在印度走紅是一八八〇年代的事。二十世紀初，阿根廷布宜諾斯艾利斯提到琴通寧的文獻也變多了，這時英國人與瘧疾都還占有一席之地。

發現病媒蚊與滅蚊行動

現在我們知道蚊子是瘧疾的媒介。人類在一六三〇年發現瘧疾的治療方法，到證明疾病發生原因，卻大概花了兩百五十年。一千年來，許多學者提出理論認為蚊子是疾病真正的源頭，但是接受度總是不高。

一八五四年，一位法國醫生在委內瑞拉觀察到，某地沒有沼澤，卻有瘧疾與蚊子，所以他推測蚊子才是原因，蚊子「將毒物引入人體，像是蛇毒那樣」。他幾乎猜對了。

在美國，有位醫師在一八八二年列出了十九種為什麼蚊子導致瘧疾原因，作者是金醫師（Albert Freeman Africanus King，一八四一年—一九一四年），他在此之前最知名的事蹟是在林肯總統遇刺時，帶著奄奄一息的林肯從福特劇院逃到對街房子裡。金醫師在文中進一步提議，把（多面環河的）美國首府用高架鐵網圍起來，網子要與華盛頓博物館齊高，以阻絕蚊子入侵。

從一八八〇年到一九〇〇年，世界上有不少科學家獨力或通力研究瘧疾的成因。

感謝顯微鏡技術進步，一八八〇年代間，科學家在阿爾及利亞首度觀察到血液中的瘧疾寄生蟲。遭瘧疾感染的血液會出現黑色微粒，這是感染的明確徵兆，人與鳥都是如此，此後人們更能追蹤瘧疾的傳染及感染過程。一八八一年，在古巴哈瓦那的科學家發現了強力證據能證實蚊子傳染瘧疾。最後，一八九八年在加爾各答，人們終於能解釋瘧疾寄生蟲極其複雜的生命週期——人類與蚊子都是寄生蟲的目標。

自從人們證實蚊子是瘧疾傳染媒介之後，政府領導人明白要找到更好的辦法來除蚊。滅蚊公共工程計畫於是展開，比如去除環境中蚊子產卵的死水、在水池中灑油預防蚊子繁殖、使用防蚊網與紗窗來預防瘧疾感染與傳染。

第一個成功的大型滅蚊計畫是巴拿馬運河建造工程，美國工程師使用上述方法，幾乎消滅了所有藉由蚊子傳播的疾病，包含黃熱病在內（黃熱病也被稱為「番紅花災」）。世界各地都效法這些作法，經濟較富裕、建設優良的國家成效最高。千百年來飽受瘧疾侵襲的羅馬，南方的彭蒂內沼澤（Pontine Marshes）也在一九三〇年間排乾積沼。少了傳播瘧疾寄生蟲的蚊子，病患不會再因為蚊子叮咬而增加，只剩下原本已經感染的病人，而那可以用奎寧處理。

合成紫色染劑

一八五六年的倫敦，有位年輕的化學家，威廉・珀金（**William Perkin**，一八三八年－一九〇七年），他想要創造出人工奎寧，於是拿了煤焦油作實驗材料，煤焦油是「第一個大規模工業廢棄物」，是製造煤氣燈氣體的過程中產出的廢棄物。珀金將焦油煮沸、蒸餾，成為雜酚油（含有苯與苯胺的木頭防腐劑）與瀝青（用來鋪柏油路）。珀金沒有成功製作出奎寧，不過他發現，實驗創造出了一種亮紫色物質。

在珀金的時代之前，紫色向來是極有價值的顏色，得用天然染料製作，比如骨螺紫是以海螺腺體黏液製成，紫色只有富人與皇家能負擔得起。珀金當然知道這事，所以他改良製造紫色物質的技術，踏入了布料染劑的生意。他的發現成為第一個人工染色劑，被稱為合成紫（**mauve**）。

這個新顏色掀起一陣熱潮。拿破崙三世之妻仁妮皇后、英國女王維多利亞都穿過類似顏色的裙子，合成紫的市場需求大增，至少一度是市場寵兒，畢竟時尚潮流瞬息萬變。一八九〇年王爾德《道林・格雷的畫像》（*The Picture of Dorian Gray*）寫道：「永遠不要相信穿著合成紫的女人，不管她年紀如何，也不要相信超過三十五歲還喜愛粉紅色緞帶的女子。這通常代表她們有段過去。」

珀金的發現讓苯胺（煤焦油所產生）染料工業興起，影響後世之深遠的程度，出乎意料。苯胺染料成為顯微鏡科學的關鍵染劑，讓科學家能將細胞、細菌、寄生蟲的架構觀察得更清楚。煤焦油所產生的其他物質則成為各種原料，比如甜味劑、通便劑、清潔劑、麻醉劑、化妝品與樹脂。

德國醫師羅伯特・科赫於一八七六年成功分離出炭疽桿菌，他也是確立病菌理論的科學家之一，他在苯胺染料與其他新科技的幫助下，在不到十年內就辨識出造成化膿（葡萄球菌感染）、肺結核、霍亂等疾病的細菌。造成梅毒的組織在一九〇五年被其他的研究者辨識。哥倫布以後，梅毒出現，十六到十九世紀間梅毒的治療方式大多採用水銀，十九世紀末期也有醫生的治療方式改為採用鉍鹽。

日耳曼科學家保羅・埃爾利希（一八五四年－一九一五年）研究以苯胺染料對抗疾病的方法，希望能發明出「神奇子彈」——殺死病菌卻不傷害人體細胞。他發現，要是這些染劑在細胞不同結構上的結合度有差異，以至於在顯微鏡觀察下能顯現差異，那麼染劑也可能在不同類型的微生物組織上有相同的現象，並且能藉此殺死這些微生物組織。

他先針對非洲昏睡病做實驗，使用的染劑是「錐蟲紅」（typan red，typan 來自造成昏睡病的錐蟲學名），在老鼠身上獲得了成功的結果，卻不能治癒人類身上的昏睡病。之後埃爾利希開始操作含砷的複合化學分子治療非洲昏睡疾病，當時人們認為這類含砷染劑會更安全、更有效。埃爾利希也提出理論，表示這些染劑或許也能用於治療梅毒。

一九〇九年，埃爾利希與實驗室的秦佐八郎（Sahachiro Hata）發現一種砷化合物能直接攻擊梅毒螺旋體，命名為六〇六（Compound 606），數字來自成功之前實驗失敗的次數，正式藥物商品名稱定為灑爾佛散（Salvarsan，中譯也稱砷凡納明）。由於這項發現，埃爾利希被尊稱為化學治療之父，開啟使用化學物質來治療疾病的先河。

這項新藥讓許多梅毒病患的重症減緩，但沒辦法每次都藥到病除。梅毒晚期的症狀會隨著病菌攻擊大腦與神經系統，讓患者癱瘓、失明或癱瘓性癡呆。由於歐洲患病的人數眾多，疾病症狀又十分棘手，梅毒晚期的治療方式依然是個待解的重要問題。

現在醫生能夠觀察到致病的微生物組織了，他們在研究中發現，梅毒螺旋體不能承受高溫，而梅毒末期病人發完高燒之後若能存活，健康會改善。一九一七年，匈牙利醫師堯雷格（Julius Wagner-Jauregg，一八五七年—一九四〇年）依據這項發現，乾脆放手一搏：既然瘧疾高燒已有對策，把瘧疾病患的血輸進梅毒末期病患的體內，讓梅毒病患發起高燒，再控制高燒。病人的血液會因為高燒而升溫到足以殺死梅毒的程度，等病患高燒幾輪之後，醫生再以奎寧治療瘧疾。

雖然這招並不能百分之百生效，還是阻止了許多梅毒病人的病情惡化，也救了一些人的性命。堯雷格、埃爾利希、科赫分別在不同年度獲頒諾貝爾獎。

話說回來，六〇六，以及後來發展出來的梅毒藥物，在問世後數十年內還是最好

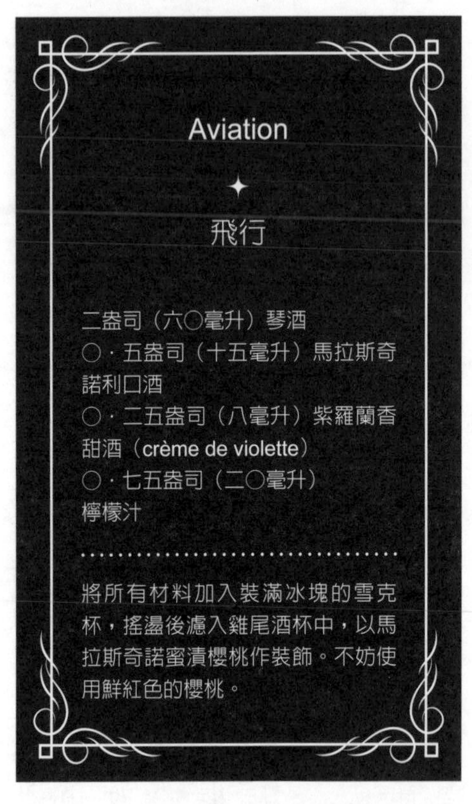

的梅毒治療方式，直到一九四〇年代人們發現抗生素為止。抗生素是化學治療藥劑，不是人類自體生成的化學物質，而是其他微生物組織所製造出來的。

總地來說，為了做出人工合成奎寧來治療瘧疾，我們發現了苯胺染料，而那讓我們能辨識導致梅毒與其他疾病的微生物，也促使化學治療誕生。早期的化療能有效治療梅毒，但是面對嚴重的病例時，需要讓病人染上瘧疾再以奎寧治療之。

苯胺染料影響力也擴及其他層面，特別是雞尾酒與烈酒。許多食物、烈酒、利口酒所使用的人工色素也來自苯胺染料（如今不再以煤焦油生產，改用石油為原料），比如黃色四號（美國稱為 FD& C Yellow No. 5，歐盟稱為 E102），這也是蜜多麗蜜瓜香甜酒（Midori）招牌綠色的來源。

馬拉斯奇諾蜜漬櫻桃經典的小丑紅色也是來自苯胺染料：食用紅色四十號（美國稱為 FD& C Red No. 40，歐盟稱為 E129），傳統上，聖代冰淇淋與雞尾酒上的櫻桃蜜餞，是用馬拉斯奇諾利口酒醃漬而成，這種酒是櫻桃蒸餾酒。更便宜的蜜漬櫻桃則是在泡鹽水漂淡顏色之後，再以食用紅色四十號染成鮮紅色，新的作法取代了傳統酒漬櫻桃。一九一一年有作家抱怨：「這東西一點味道也沒有，又難消化，在罐子裡悶了那麼久而變硬，像是不成形的一團口香糖。」

當代的精品雞尾酒復興浪潮中，調酒師重新採用原始方式製作馬拉斯奇諾蜜漬櫻桃，不加人工色素，這類的品牌有樂沙度（Luxardo，也稱路薩朵），約於一九〇五年創立。

進入美國

二十世紀初期的滅蚊行動在世界許多地區獲得成功，不過人們還是亟需瘧疾藥物。第二次世界大戰差點因為脆弱的全球奎寧供應鏈而以災難告終。由於當時世界上九成五的奎寧供應來自荷蘭控制的爪哇，一九四二年日本占領爪哇島時，同盟國失去了世界主要的金雞納樹皮供應源。

兩年後，德國占領了阿姆斯特丹，也就是精煉奎寧的儲放地點，軸心國至此幾乎控制了世界上所有的奎寧。所幸在戰爭結束前（美國控制的小島上新栽培的金雞納樹還沒成熟），人們成功發明了人工合成奎寧：阿滌平（atabrine）、氯化奎寧（chloroquine）。

與此同時，科學家也致力於滅除蚊子。一九三九年，瑞士化學家穆勒（Paul Hermann Müller，一八九九年—一九六五年）發現了具有殺蟲功效的物質ＤＤＴ（Dichloro-Diphenyl-Trichloroethane）。人們從空中投灑ＤＤＴ，以對抗斑疹傷寒（透過外部寄生蟲傳播，如水蛭、跳蚤、蜱子等）、登革熱與瘧疾（兩者皆由蚊子傳播）。

今天我們認為ＤＤＴ是有毒物質，不過在當時世界上許多地方，它是能救命的物質，一九四〇到六〇年代間，全球性的噴灑作業，在終結瘧疾疫情上發揮出色的功效。後來，自然學家瑞秋·卡森（Rachel Carson）在調查ＤＤＴ影響後，於一九六二年發表了《寂靜的春天》，成為美國環境保護運動的開端。

有文字紀錄顯示，一九五〇年代的美國，曾出現一款雞尾酒，材料中有一撮ＤＤＴ粉，據說這酒叫做瘦米奇（Mickey Slim），琴酒加ＤＤＴ，喝了會變得特別瘋癲。如果此事為真，倒不失為本章結尾的亮點，可惜我們缺乏證據能證明這款酒真的曾經存在過。

二十世紀上半葉的英國，礙於戰事，人們沒辦法那麼常喝琴通寧作為消遣。奎寧與糖都是軍隊必須配給的物資，有多年時間汽水公司受到法令限制，不得使用這兩者作為原料。

舒味思公司倒是沒有因爲缺貨就不幫商品打廣告，有則宣傳抱怨道：「要是我們有琴酒，我們就會來一杯琴酒，如果我們有舒味思的話，就來杯通寧。」

琴通寧在美國要等到二戰結束後才真正走紅，而且一開始人們認為這是一款充滿異國風情又有醫療用途的雞尾酒。前文曾經提到的美國作家貝克，在美國禁酒令期間花了好多年的時光在可以合法喝酒的國家狂歡暢飲，他的書《紳士的同伴》寫了許多故事，像是在印度中部喝了干邑配香檳、在丹麥喝了滿富雞蛋的啤酒托迪、在哥倫比亞喝了甜薄荷酒等等。他提到琴通寧的時候說：「後來還是被美國這邊的派對主人接受了，他們想向賓客炫耀自己對東方有所了解。」

舒味思在一九五三年於美國開設瓶裝工廠後，在一九五〇、六〇年代間大力推廣琴通寧。在廣告界巨星大衛・奧格威（David Ogilvy，一九一一年－一九九九年，奧美集團創辦人）指揮之下，舒味思宣揚該品牌的英國風情（自然而然地將舒味思定位為唯一正宗雞尾酒用通寧水品牌）。有則廣告發揮想像力，虛構了位於英國的舒味思郡，其中有舒維堡、舒維森林、舒維市郊區。

廣告略去了通寧的醫藥史沒提。舒味思、Canada Dry 及其他通寧品牌的廣告，力推戰後男性仕紳俱樂部、高爾夫球鄉村俱樂部泳池的氛圍與穿著，形塑雅痞美學雛形。此後，琴通寧從未真正顯得過時，一九八〇年代時，又掀起一波感懷一九五〇年代風格的熱潮。《正式學院風格手冊》（*The Official Preppy Handbook*，一九八〇年）給琴通寧的定義是：「在俱樂部網球賽開打之前、之後，以及之間所喝的飲料。」

奎寧中毒

直到近年來，西方醫學才知道，瘧疾另有一種自然治療方式，且兩千年前中醫已有記載。青蒿學名 *Artemisia annua*，這種藥草古時曾用於退燒，瘧疾高燒也是其一。研究發現，這種藥草跟奎寧一樣，不只能治療瘧疾的症狀，也能治癒瘧疾。

一九七〇年代間，中國科學家研究青蒿後，找到萃取其中有效化學分子的方式。青蒿與苦艾、艾蒿一樣，都是原生於亞洲的艾屬植物。科學家從青蒿萃取而成的藥物叫做青蒿素（artemisinin），搭配其他瘧疾治療方式後，被稱為青蒿素為基礎的合併療法（artemisinin-based combination therapy）。人們開發出藥物治療之後，瘧疾也迅速產生抗藥性，醫生必須搭配各種藥物，持續改變組合，才能有效殺死瘧疾寄生蟲。苦艾與其他種類的艾草所含的青蒿素不足，無法有效對抗瘧疾，不過，在北非的法國士兵喝了那麼多苦艾酒，也不全然沒有意義，這樣想倒也有些安慰。

為了對抗瘧疾而服用奎寧，不論是吃藥錠的士兵或是喝琴通寧的酒客都會發現，物極必反。一九三九年，貝克再度寫了關於潮流酒款琴通寧的文字：「原是為了對抗高燒而生，不論是真的高燒或假的高燒，後來成為印度與英屬熱帶東方地區的一般飲品……不過，我們必須警告愛好此物之人，切記這是種藥物，主要作用不是提振精神用的。我們不止一次短暫偏離其用途，結果總是耳鳴嚴重，隔天感覺像尊木乃伊，或是隔餐加熱的剩菜。」

貝克如此慎重其事、再三告誡讀者，不像他的一貫作風，但他加碼：「我們會建議，在任何喝酒的場合，二到四杯琴通寧就算多了。」對貝克來說，這樣喝實在是非常節制。世紀中期現代主義作家安伯瑞（David A. Embury）也曾在《調酒純藝術》（*The Fine Art of Mixing Drinks*，一九四八年）中警告：「請記得這不只是一杯解渴飲料，也是一杯滋補藥品，其中真的含有奎寧，而奎寧過量的下場，雖然不同於一般喝醉的感受，卻能讓人感覺頭部像顆充飽氣的氣球。務必留心，節制己身。」

這些書發出的警告不是針對宿醉，而是奎寧中毒，也就是攝取過量的奎寧。古早的通寧水可能都有些療養功效，能強身健體，根據史料也帶一些副作用，並不是單純用來提神的飲料。奎寧中毒的症狀有皮膚出汗、耳鳴、視力模糊、聽力受損或喪失高頻區段聽力、頭痛、眩暈、頭昏、反胃、嘔吐、腹瀉，若嚴重過量，可能導致心律不整，危及生命。

如今美國食藥署允許飲料的奎寧含量為百萬分之八十三，也就是一公升含八十三毫克。這跟貝克、安伯瑞的時代相比，應該是九牛一毛。當代有些科學家想要知道，飲用符合當代規範奎寧量的通寧水，是否也可以用來對抗瘧疾，於是他們做了些實驗，將結果發表在《熱帶醫學與國際衛生》（*Tropical Medicine and International Health*）。志願受試者需要每天快速喝下半公升或一公升的通寧，再量血壓。觀察發現：「分量可觀的通寧水，或許可以在短時間內讓血液中的奎寧濃度達到具有療效的下限值，而事實上也能做到短暫抑制寄生蟲，但是，對抗瘧疾原蟲所需的穩定奎寧濃度，無法藉由飲用通寧水來維持，就算是大量飲用也不行。」看來琴通寧還是不能喝太多。

調酒師也持續進行類似的實驗。大約自二〇〇七年起，美國的調酒師開始購入小塊的金雞納樹皮或粉末，來製作通寧糖漿。這類糖漿會用來加在氣泡水裡，當作來自蘇打汽水機時代的復古通寧水。這些調酒師可能不知道，早在市場上出現第一瓶瓶裝通寧水商品前的好幾十年，人們就已經把奎寧從樹皮上分離出來了，所以這種方法調出來的土棕色通寧水，或許不能算是真正仿古的飲料。

商店、網站上所販售的少量金雞納樹皮（這是治療大腿痙攣的順勢療法，不過美國食藥署反對該用途），不會標明所含奎寧百分比，也不會標明樹皮中帶有的其他生

物鹼，所以調酒師沒辦法得知自己用這種原料調出來的飲料是否在安全值之內。經過提煉的純奎寧在美國通常只有飲料製造業與醫藥製造業才能購買，一般家庭或餐廳調酒師是買不到的。

自製通寧水或許有別於歷史上真正的通寧水，但是其副作用倒是如出一徹。近年來，喝了自製金雞納樹皮糖漿酒的人，不論是調酒師或是不幸的顧客，都有紀錄顯示他們出現奎寧中毒的症狀。

通寧水中的奎寧，明確將飲料與醫療史連在一起，如同香艾酒中的艾草、苦精中的龍膽、阿馬禮利口酒的大黃。不論是哪一種，攝取過量都會讓飲者明白，高劑量的藥物也會造成危險，如果過量的酒還不能讓你明白這一點的話。

琴通寧可能是在印度的英國人發明的，使用了不少與醫療有關的材料：可治療壞血病的萊姆、能治貧血與其他疾病的氣泡水、能治瘧疾的奎寧、有利尿功效的琴酒，搭配出來的飲品十分出色，我們很熟了。今天的琴通寧在我們眼中是雞尾酒，而雞尾酒是任何調和酒精飲料的統稱，不過，以前雞尾酒指的是含有特定材料的調和飲料，而且也是為了舒緩特定症狀而製作的。

第九章

調酒學：調酒與現代醫學

必須承認，美式酒飲超越英式酒飲甚多，就如同羅蘭香檳（Laurent-Perrier）高於栗醋飲料，從大西洋的另一端學個一兩招，或許是有利的。

——《製藥配方》（*Pharmaceutical Formulas*，一九〇二年於倫敦出版）

即使美國在十九世紀出現有毒食品、假酒威士忌、沒功效的專利藥物，卻有精彩的調和酒飲。旅客造訪這個年輕國家後，寫下的文章與書籍，總會不免俗地提到「你如果到美國去，得要試試一些朱普利酒」之類的讚美之詞。

一八〇七年有位英國人寫道：「一大早，美國人最先嘴饞的是烈酒，搭配糖、薄荷或其他嗆辣的香草調和而成，這類飲料稱為司令（sling）。」

一八五三年，亞歷山大・馬卓里班（Alexander Marjoribanks）《南北美紀行》（*Travels in South and North America*）書中有酒飲專屬的篇幅：「若說，法國人在烹飪上的科學發現向來為人稱道，那麼，美國人在酒飲上的科學發現與調配技術也不遑多讓。」書中記述了當時流行的飲品，比如雪莉酷伯樂（Sherry Cobbler）、薄荷朱利普（Mint Julep）、白蘭地斯馬旭（Brandy Smash）、白蘭地雞尾酒、白蘭地酒囊（Brandy Skin），還有潘趣、托迪、司令、桑格里（sangaree）、蛋酒（eggnog）等各大類調酒。

其他作者留意到的反而是「喝多少」。一八六一年，有位倫敦來的駐美戰地記者寫道：「在酒飲這事上，美國人還真是好客！有人邀請我喝酒的分量，多到可能會讓我再也喝不了酒。面對這類懇切邀請，我只好假託無法在早餐前喝雞尾酒之類的飲料，他們聽了總是先大吃一驚，再央求我拋棄這種不良習慣。」

一九三九年，小貝克寫道：「美國發明的好調酒已經比世界上其他地方的總和還要多了，以後也會繼續發明新的好調酒。」

苦精

今天，不管是蘭姆酒加可樂或柯夢波丹（Cosmopolitan），任何一杯調酒都可以稱為雞尾酒（cocktail），但是雞尾酒本來是酒精飲料中，一種新的特定組合，跟之前的酒精飲料有所區別。目前已知最早提到雞尾酒一詞的文獻，來自一七九八年的英國，文中所說的是一種薑味飲料。該名稱很可能來自馬匹高翹的尾巴（cocked tail）——因為屁股被塞進了一條薑，這種侵犯馬匹的舉動是種小手段，為了讓馬顯得振奮、神采奕奕，才能賣到更好的價錢。（據載，更早之人，人們用的不是薑，而是一條活鰻。所以說薑還不是最糟的。）

至於「雞尾酒」這種飲料，在以前則是指加入薑或辣椒這類香料的飲料。喝下嗆辣的成分會讓喝飲料的人精神一振，在早上服用的話效果尤其好。不過，雞尾酒出現的時代，人們從未提及此事，反而是研究雞尾酒歷史的學者汪德里奇（David Wondrich）近年來才拼湊出這樣的觀點。

不久，雞尾酒也來到了美洲，在一八〇六年首度被紐約休士頓的一家報紙提到，《天秤與哥倫比亞知識庫》（*The Balance, and Columbian Repository*）：「雞尾酒是種有提振作用的酒，由任一烈酒、糖、水、苦精所組成。」一八三五年前後，有位遊客造訪紐奧良後，藉由文字證實了這個說法：「白蘭地雞尾酒與白蘭地托迪酒的差別在於：白蘭地托迪是取一點水、一點糖、很多白蘭地放在一起，均勻攪拌即可飲用；而白蘭地雞尾酒的成分一模一樣，只是多了一丁點史陶頓苦精（Stoughton's）。所以分野在於苦精。」

嗆辣的薑或胡椒到了美國，由便於存放的苦精取而代之（史陶頓是早期熱門品牌），不過雞尾酒的角色不變，在當時是早餐飲料，用來提神醒腦，也讓人恢復清醒狀態，要是前一晚喝多了的話更是如此。

《清爽果酒與精緻酒飲》（*Cooling Cups and Dainty Drinks*）出版於一八六九年，特別點出：「雞尾酒是複合式飲品，大多是『早鳥派』人士喝來增強精神力，喜歡嗆辣強勁的人也能從中得到慰藉。」

雞尾酒可以用任何一種烈酒當作基底來調配，琴酒、白蘭地、蘭姆酒、威士忌，甚至葡萄酒也行。

所以，「威士忌雞尾酒」（如今稱為經典雞尾酒〔Old-Fashioned〕）與「香檳雞尾酒」有直接關聯。馬丁尼這款酒的命名由來，可能是因為最初這款酒是種雞尾酒，以「馬丁尼羅希牌」（Martini & Rossi，台灣俗稱馬丁尼）香艾酒調製而成。

苦精在以前是專利藥物的一種，專門用來緩解胃部問題，含有苦味植物成分。十八世紀早期，苦精在英國的服用方式是加在酒中，比如琴酒、白蘭地，甚至葡萄酒也可以，用以緩解宿醉。選用的葡萄酒、烈酒通常是帶有甜味的，所以當時的英國人喝的那種飲料，很接近一世紀後被稱為雞尾酒的飲料，雖然過了一百年後這個名字才出現。

貝克在《紳士的同伴》寫道：「不過，就像真正值得投資的事一樣，命運又開了個玩笑，告訴我們為了健康而發明的苦精，竟不只能改善食慾不振，還是目前為止所有雞尾酒與調酒成分中的無價之寶。在我們遍嚐世界最美味的異國食物之後，也發現苦精

出現在許多食譜中。」

最古老也最熱門的苦精是史陶頓苦精，可追溯至一六九〇年的倫敦，其正式名稱是大健胃鍊金液（Elixir Magnum Stomachicum），或史陶頓牌甜酒鍊金液（Stoughton's Great Cordial Elixir）。以前多數的專利藥物並沒有真正的專利權，不過史陶頓的確在一七一二年得到英國皇室專利權。史陶頓是以白蘭地為基底浸漬龍膽，龍膽在今天幾乎是所有苦精的骨幹成分。史陶頓跟典型的專利藥物一樣，宣傳自己適用於許多病痛，不過特別指出「可藉此恢復伴隨大量飲酒而變虛弱的腸胃與食慾不振」。重現史陶頓配方的出版品，幾乎都將龍膽、苦橙皮、洋甘菊列入成分中，有些配方另有苦艾，而不少配方寫了白蛇草根（snakeroot）。白蛇草根向來是藥材，不過有其危險性，美國人就吃了它的苦頭：餵牛群吃白蛇草根的話，產出的牛奶，人要是喝了可能得到「毒乳病」（milk sickness）。含有白蛇草根的毒牛奶可能是林肯母親的死因。

美國曾經販售史陶頓牌的產品（以及其他山寨版），人們當作消化酒來喝，也用來解宿醉、調雞尾酒。不過，當時的苦精百百款，跟其他專利藥物一樣，各個都宣稱療效甚廣。美國史博物館裡收藏的專利藥物苦精則有：卓古樂牌苦精（「利尿通寧，具有鎮靜與抗痙攣效果，能幫助減緩經痛與悲痛」）、愛特伍牌苦精（「適用於暫時性便祕、胃脹氣、胃部發酸發脹」）、牛蒡血苦精（「消化不良與胃病」）、考克謨牌苦精（「抗瘧疾、抗消化不良之通寧」）、萊旭牌苦精（「原版通寧通腸苦精」）、祕魯苦精（「利於嗜酒成狂、冷顫、發燒及所有瘧疾類疾病。讓人愉悅的開胃酒，讓胃部強健有力」）、賀塞特知名健胃苦精（「消化不良、肝臟問題、便祕、消化不良、間歇性發燒、高燒冷顫、抗膽病、強大恢復劑、開胃酒、強化消化力、整腸與溫和通便劑」）、布朗牌鐵味奎寧苦精（「消化不良、胃虛、神經衰弱、整體衰弱、高燒冷顫等等」）。

這些苦精有些成為雞尾酒的一部分。十九世紀下半葉時，第一本雞尾酒酒譜出版了，有幾個品牌成為調酒師的首選。除了史陶頓，還有安格仕、艾波牌、波可牌、裴喬氏（Peychaud's）。艾波牌苦精有一度把產品叫做艾波牌安格仕苦精，不過被安格仕告上法院後敗訴。波可牌（湯瑪斯《調酒師指南》書中誤植為玻可牌）曾經是十九世紀酒譜書裡

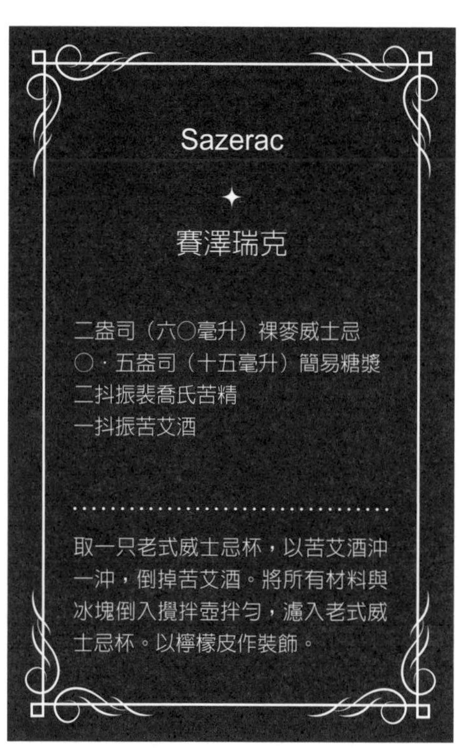

最流行的苦精之一，不過，艾波與波可後來都從市場上消失了。

安格仕與裴喬氏兩家苦精都來自那個時代，到現在還在市場上販售。裴喬氏的發明人是藥劑師安東尼・亞曼迪・裴喬（Antoine Amédée Peychaud，一八〇三年－一八八三年），他是海地來的混血移民。一八三八年，他在紐奧良推出自家品牌的苦精，當地人常常搭配白蘭地一起喝。紐奧良的經典「賽澤瑞克」中的必要成分就是裴喬氏苦精，賽澤瑞克是符合定義的雞尾酒（烈酒、糖、水、苦精）再額外灑點苦艾酒進去。

「安格仕香味苦精」的發明人是日耳曼醫師尤罕・西格（Johann Siegert，一七九六年－一八七〇年），他當時住在委內瑞拉的安格斯特拉城（Angostura，現稱為玻利瓦爾）擔任西蒙・玻利瓦（Simón Bolívar）軍隊軍醫總監。一八二四年，他發表了具有專利權的調和植物通寧（裡面沒有安格斯特拉樹皮，產品是以城為名），來幫助生活在熱帶氣候的士兵解決腸胃問題。水手也會為了暈船問題服用安格仕香味苦精，後來，據說能鎮住暈船的酒飲「粉紅琴酒」，兩大材料之一就是安格仕。（該品牌曾有一陣子販售「粉紅蘭姆酒」，內容是調好後裝瓶的蘭姆酒與苦精。）

安格仕苦精的生產地後來從委內瑞拉遷至千里達（Trinidad），現在依舊在此生產。以前的廣告表示該產品「可有效治療因爲體虛或消化器官無力引發的各種毛病，以及瘧疾、腹痛、腹瀉、感冒」。今天的產品商標上只說可用於餐飲食品：除了雞尾酒，也推薦用於水果類熟食、法式醬汁、絞肉派或南瓜派的餡料、燉魚雜燴湯等。這份清單大概也需要更新一下。

古早時代的利口酒藥冊收錄了模擬安格仕苦精的配方，其中有一款成分列表包含金雞納樹皮、龍膽、南薑、莪朮、歐白芷根、紫檀（red saunder，常用來作色素的樹）、苦橙皮、零陵香豆、小豆蔻、肉桂、丁香、薑，搭配酒、水、葡萄酒、調色用焦糖漿。

安格仕苦精的酒精濃度為四四．七%，如果以烈酒杯為單位純飲，酒勁頗嗆。這種喝法在尼爾森廳與苦精俱樂部（Nelsen's Hall and Bitters Club）這家酒吧裡是行之有年的傳統，酒吧位於密西根湖中的華盛頓島上，人們在這裡喝烈酒杯裝的安格仕苦精，可以追溯至一九二〇年代間的禁酒令時期。不過，安格仕的喝法，通常是在調酒中加個幾抖振，如粉紅琴酒、香檳雞尾酒、經典雞尾酒、曼哈頓等等。安格仕的香氣讓人想到聖誕節常用的香料組合（丁香、肉桂、薑），能夠統合調酒的風味，有些調酒師認為，在雞尾酒中加點苦精，就像煮湯的時候加一撮鹽，能帶出完美風味。

一八七四年，知名幽默作家馬克．吐溫曾寫信給太太：「黎薇我親愛的，當我到家時，希望你能記得且務必確認，家中浴室備有一瓶蘇格蘭威士忌、一顆檸檬、一點碎糖，還有一瓶安格仕苦精。自從我到倫敦生活之後，我已經習慣喝一種叫做雞尾酒的東西。……早餐前、晚餐前、上床睡覺之前喝一紅酒杯的分量……。這麼做之後，我的消化狀況好得不得了，現在也是，就是完美的狀態，我想是這個緣故。每天的情況都穩定規律，像時鐘一樣，日復一日，週週如此。」

早期的苦精品牌，就算沒有因為一九〇六年《純粹食品與藥物法案》及相關法規而消失，有許多也沒能熬過後來的禁酒令。

今天仍然有人或多或少把苦精當作藥來喝——現在人們流行用蘇打水加苦精來緩解宿醉後的胃部不適，想要少喝一點酒的人也會改喝蘇打水加苦精。打嗝的常見治療方式是吸吮一塊浸漬過安格仕苦精的檸檬丁。一九八一年《紐約時報》報導了以下重要問題，表示：「調酒師大衛・諾蘭（David S. Noland）與醫師杰・哈沃・赫曼（Jay Howard Herman）寫信給《新英格蘭醫學期刊》（*The New England Journal of Medicine*），表示以這種方式治療打嗝的人中，十六位中有十四位的問題得到解決，『其中有兩位一開始沒成功，五分鐘內嘗試第二次治療之後就好了。』此療法治癒率有八八%。」

用於雞尾酒的各種苦精，其中有許多成分跟適合直接飲用的消化酒是一樣的，尤其是龍膽與金雞納樹，這類利口酒的例子如貝赫洛夫卡、亞維納。近年來，有些苦精品牌開始推出開胃酒或餐後酒，而阿馬禮品牌也推出苦精，雙方都想擴張市場，比如安格仕阿馬羅利口酒（Amaro di Angostura）、裴喬氏開胃酒（Peychaud's Aperitivo）。這些苦味消化酒適合直接飲用，或加冰塊飲用，不再是加在其他酒中的幾滴材料。利口酒品牌推出苦精商品的則有蘇茲，蘇茲旗下的利口酒主打龍膽風味，所推出的各式苦精也含有龍膽。

雞尾酒的演化

按照以前的定義，雞尾酒必須含有苦精，不過早在「雞尾酒」一詞出現之前，調和式酒飲已經存在很久了。十七世紀晚期至十九世紀早期是潘趣酒的天下。這種酒的基底是只有粗略蒸餾的烈酒，通常沒有經過熟成，喝的時候加入糖讓味道更為順口，也會使用水果風味的糖漿，並搭配柑橘類與香料調製，有時甚至會加入茶湯。

原本潘趣酒以酒盆盛裝，再分給賓客享用，隨著時代演進，慢慢改為單人份的飲料，讓忙碌的顧客能抽空喝一杯（尤其在忙碌的美國更是如此）。這類潘趣酒飲料如：皮斯可潘趣酒、牛奶潘趣酒（Milk Punch）、第六十九兵團潘趣酒（Sixty-Ninth Regiment Punch）。潘趣酒發展成各式各樣的菲克斯（fix，也稱費克斯，帶有華麗裝飾或最後提味的個人式潘趣酒）、酸酒（sour，也稱沙瓦，前述潘趣酒去掉華麗裝飾或提味），比如威士忌酸酒、皮斯可酸酒。

要是再加上一點蘇打水，潘趣酒就成了柯林斯（collins），如果喝法是加冰塊、裝在高球杯裡慢慢享用的話，就可以是一杯湯姆柯林斯（Tom Collins），如果是不加

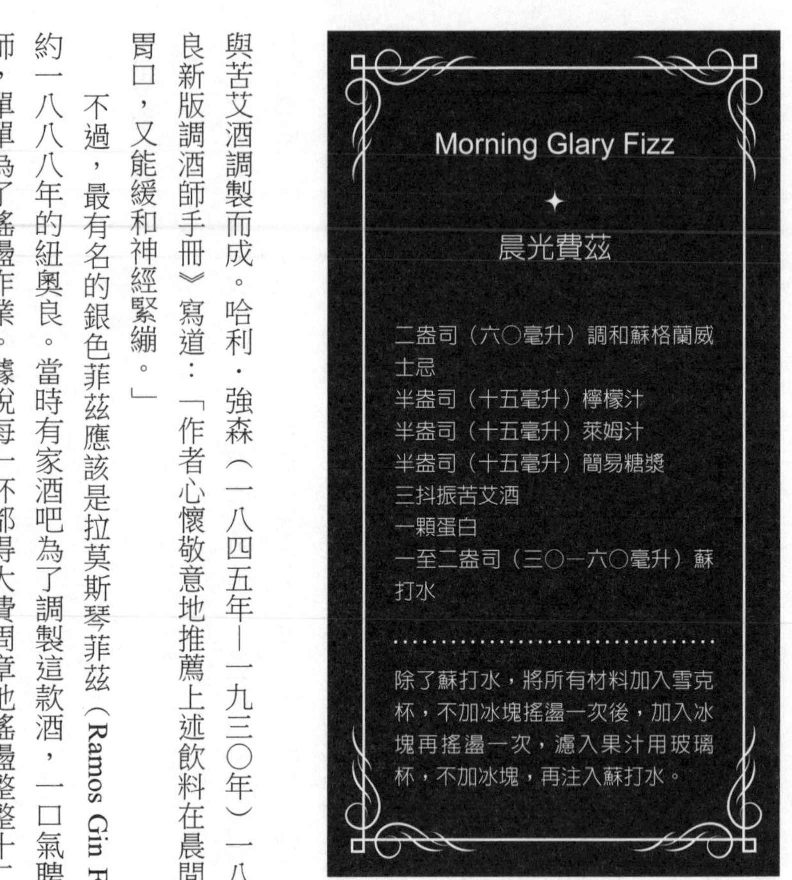

冰塊速速飲用，當作宿醉解酒或是早晨提神飲料的話，就叫費茲（fizz），「晨光費茲」（The Morning Glory Fizz）是銀色費斯（添加蛋白的費茲）之一，加入蘇格蘭威士忌與苦艾酒調製而成。哈利．強森（一八四五年—一九三〇年）一八八二年發表的《改良新版調酒師手冊》寫道：「作者心懷敬意地推薦上述飲料在晨間飲用，能讓您有好胃口，又能緩和神經緊繃。」

不過，最有名的銀色菲茲應該是拉莫斯琴菲茲（Ramos Gin Fizz），可追溯至大約一八八八年的紐奧良。當時有家酒吧為了調製這款酒，一口氣聘用了三十五位調酒師，單單為了搖盪作業。據說每一杯都得大費周章地搖盪整整十二分鐘，這款飲料因此聲名大噪。對應銀色費茲的是金色費茲，加入的是蛋黃，皇家費茲則會加入完整的雞蛋。

上述的酸酒類調酒是以烈酒、柑橘類、糖調製而成。酸酒搭配調味糖漿或利口酒，比如番石榴糖漿或庫拉索橙香利口酒，製作出來的酒飲就叫做黛西（Daisy），通常還會加一點蘇打水。瑪格麗特是特基拉黛西（黛西在英語中意思是雛菊，西班牙文的雛菊發音是瑪格麗特），在一九四〇年之後漸漸受到歡迎，瑪格麗特不含氣泡水，想必你上回去智利玩的時候早就喝過了。

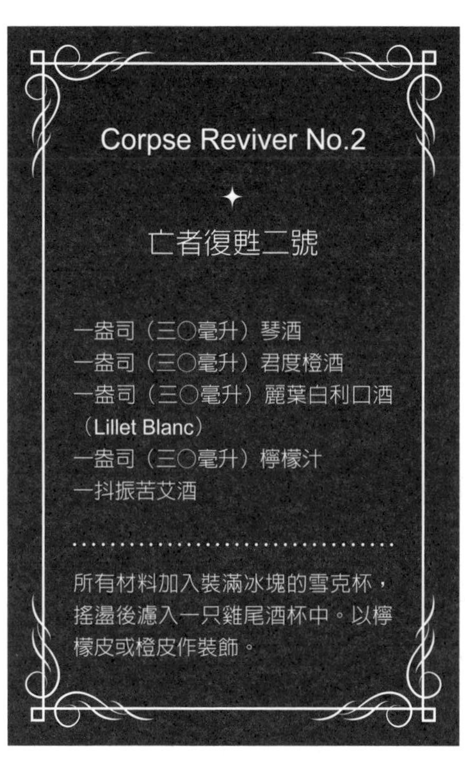

讓我們再回過頭來談談雞尾酒。到了十九世紀早期，人們在早上會喝的酒飲除了雞尾酒，還多了托迪（烈酒、糖、水的組合，看天氣調成熱飲或冷飲）、司令（組合同上，不過通常會加冰塊喝）、朱利普（跟前者比起來冰

塊量更多）。司令（sling）名稱由來可能是在早餐前「把人吊回來」（slinging one back）。

晨間飲用的雞尾酒有很多綽號，比如「抗霧劑」（antidogmatic）、「來接我的」（pick-me-ups）、「睜眼用」（eye-opener）、支撐帶（bracers）、鐵拳、亡者復甦劑等。最有名的亡者復甦劑（一九三〇年發表）是《薩伏伊雞尾酒譜》收錄的「亡者復甦二號」，作者是哈利．克拉多克。書中說，「亡者復甦一號」（甜香艾酒、蘋果白蘭地、葡萄白蘭地）要在早上十一點前喝，或是任何需要幹勁與活力的時候飲用，不過二號（檸檬汁、麗葉白利口酒、君度橙酒、琴酒、苦艾酒）則附帶警語：「要是在短時間內連喝四杯的話，亡者會在復甦後又陣亡。」

雞尾酒不斷演進，漸漸成了更精緻講究的飲料，調酒師不再使用一般的糖，改用風味利口酒，如庫拉索橙香利口酒、馬拉斯奇諾香甜酒，後來也用上了苦艾酒。這種用利口酒調製的新式酒飲名稱冠上了「精緻」（fancy）、「改良版」，比如「精緻白蘭地雞尾酒」（Fancy Brandy Cocktail）、改良版荷蘭琴酒雞尾酒（Improved Holland Gin Cocktail）。這類的酒飲通常要用上多款利口酒來調製，這讓一些火爆愛酒人士（每個世代都有火爆愛酒人士）深深不以為然，覺得事情已經到了不可收拾的地步了。一九九〇年代與千禧年之初的現代愛酒人士厭惡所謂酸蘋果或巧克力風味的「馬丁尼」，同理，一八八〇年代的愛酒人士也覺得這些花稍的精緻改良雞尾酒實在太做作了，所以他們反抗這股潮流，只想喝經典威士忌雞尾酒，什麼華麗精緻玩意兒都不許加，就像我們今天點酒的時候，或許會請調酒師來一杯經典馬丁尼，或者一杯不要動用到果汁機的戴綺麗。

二次世界大戰之後，經典雞尾酒的調製方法又走上了歪路，當時的人通常會在杯底放柳橙切片、櫻桃，再加上方糖、苦精（有時也加一點蘇打水或氣泡酒）以研磨棒搗碎。二〇〇〇年後的現代工藝雞尾酒文藝復興浪潮中，出現了一批新的火爆人士，他們點酒的時候只得聲明想要喝「經典的經典雞尾酒」。而現在較為高檔的雞尾酒吧中，老派、不加水果的原版經典雞尾酒又再度成為標準的調配版本。

Old-Fashioned,
Whiskey Cocktail,
Old-Fashioned Old-Fashioned

經典雞尾酒
又稱威士忌雞尾酒
也稱經典的經典雞尾酒

二盎司（六〇毫升）波本
一塊方糖
二抖振安格仕苦精

取一經典雞尾酒杯，在杯中將糖與苦精以研磨棒搗碎混合，需要的話可加一點水。在杯中加入冰塊與波本酒，拌勻。以橙皮作裝飾。

香艾酒也是影響雞尾酒的主要成分。香艾酒微帶苦味，是種經過加烈、增香的葡萄酒，在十九世紀中出口到美國，不過一直要到接近二十世紀才進入雞尾酒的世界，為我們帶來馬丁尼、曼哈頓等等飲料，而這二者在一開始的酒譜是含有苦精的。

新出現的各種香艾酒雞尾酒，是人們的晨間飲料，不過當時的人選擇眾多。一八九五年《亞特蘭大憲政報》（*Atlanta Constitution*）報導了南部邦聯某位將軍的生活習慣：「他會在早餐前到沙龍去，一邊將手肘撐在櫃檯上一邊說：『來杯曼哈頓雞尾酒。』他根本不必下令，因為林奇堡（Lynchburg）的酒吧老闆沒有一位不知道將軍愛喝什麼，很多人光是看到他雙腳要踏進門了，就開始調配曼哈頓了。他一天會喝上一打曼哈頓，有時還不止，喝的時候總是萬分陶醉。」

一大早喝酒來解宿醉這種偏方，可能行之有年，跟飲酒的歷史一樣悠遠。希波克拉底作者群所著《流行病學》（*Epidemics*）寫道：「喝醉之後，要是出現頭痛現象，喝一克提拉（cotyle，古希臘容器，約三分之一公升）的酒，純飲不要稀釋。」

七世紀的希臘醫生，愛琴那的保羅（Paul of Aegina）針對避免宿醉的建議是：「人〔過量〕飲酒之後，任何食物都不宜吃太多，不過喝酒的時候，應該吃水煮包心菜、嚐點甜食，尤其是扁桃仁。這些食物可以緩解頭痛，而且也不難吐出來。」

要是動不動就吐，普林尼建議用這個方法來讓酗酒人士不想喝酒：「持續三天在醉漢的葡萄酒裡放鷹卵，可以有效讓人厭惡這酒。」

美式冷飲與其他

前人為雞尾酒下的定義是烈酒、糖、苦精，還有水，冰塊並不包含在內。目前已知最早的雞尾酒酒譜（只有成分而沒有關於飲料本身的描述）是份一八三三年的印刷品，裡面要求加水，不過到了一八六二年，傑瑞・湯瑪斯出版《調酒師指南》時，酒譜中明確標示使用冰塊。從兩者時間相近，我們可以從中得出冰塊普及的大致時間點。

容易取得冰塊的地區，早已有數百年將冰塊用於醫療的歷史，用於抗發炎、傷口腫脹、骨折、減緩肌肉抽筋、痙攣、減緩傷口與關節炎疼痛，用於外部的潰瘍與小型創口，發燒時內服外敷都有。

至於在飲料中加冰塊的歷史則是褒貶不一。各地區、各時代都有反對在飲料中加冰塊的偏見，通常是反對任何形式的冷飲。古羅馬時，有些人在葡萄酒裡加的不是水，而是摻雪來喝，而普林尼則大力反對，認為加冰的冷飲違反自然，因爲這不符四季時序。不同文化都曾認為在酒或水中加冰或雪來喝，會造成腹痛、抽搐、癱瘓、眼盲、瘋癲、猝死等問題。

冰鎮飲料的作法通常是容器放在冰裡面，而不是直接把冰加入飲品中。十七世紀的西班牙、義大利，人們曾製作帶有冰槽的玻璃容器，用來放置冰、雪來冰鎮飲料，而不必將冰雪與飲料混在一起。裝飾華麗的冰鎮用器皿，設計了冰盆來放酒瓶。有首波蘭文的詩，背景設在一八一一年，詩中敘述用雪堆來冰鎮伏特加，以便打獵後飲用。

從容器外部冰鎮飲料，也用上了製作冰淇淋的作法，將能傳導溫度之容器放入外盆中，並在盆中放入鹽與雪或冰攪拌。就算後來有了冰箱，《清爽果酒與精緻酒飲》書中，「二十人派對用淡紅酒調酒」（Claret Cup a la Brunow for a Party of Twenty）酒譜開頭就說：「取一大型容器，置於冰與鹽中。」

自古以來世界各地會冰鎮食物或飲料的地方，利用的冰塊來自冬季的湖區或山頂，人們將冰塊儲存在洞穴裡、地窖、有隔熱設計的冰室等，盡量延長冰塊儲放的時間，以利夏季使用。歐洲地區的富人會在自家的莊園裡建造冰室。

十八世紀，人工造冷技術出現了，不過一八四〇年代才有人製造出製冷儀器，他是美國人約翰・葛里（John Gorrie）。他發明這部機器的目的，是要為病房裡的瘧疾與黃熱病病患降溫，葛里的冷氣系統最開始是使用湖冰，不過他居住生活的佛羅里達，並不總是能買到冰塊。

《清爽果酒與精緻酒飲》向讀者保證「作者特別考量到冷藏相關的問題——這對我們的時代來說幾乎是新藝術——就像汽化水一樣，夏季時大家渴望的其他飲料，作者也沒有忘記」。

美式蘇打汽水吧檯採用的冰塊，並不是用來放在飲料裡，而是用來冰鎮蘇打水槽。一九〇六年《蘇打水與其他飲料標準手冊》書中言道：「有些人說自己會將削薄的冰塊放在蘇打水中給客人喝。用剉冰機來削冰塊是非常累人的作業，也會拖延製作飲料的速度。再說，冰塊通常不乾淨，所以這樣的飲料並不適合飲用。最後，這種飲料會很快消泡，變得平淡無味。」這本手冊也收錄了製造冰淇淋的食譜，不過材料不是取用池塘的冰，而是飲用水，做完才冰起來。有些古早味繪畫描繪人們喝可口可樂的樣子，人們單手拿著U型的小玻璃杯，跟今天的特大杯家庭號可樂很不一樣。以前的人對冰塊有不少顧忌。

讓冰塊成為美式飲料成分的大功臣是住在波士頓的費德利克・都鐸（Frederic Tudor，一七八三年—一八六四年）。

十九世紀之初，都鐸聘用工人採集湖冰，採集地也包含瓦爾登湖（Walden Pond，美國作家梭羅在一八五四年名作《湖濱散記》裡描述了瓦爾登湖的冰磚採集作業），採集冰磚有內需也有外銷市場，船運到外國，含馬丁尼克島、古巴、印度、巴西等地，國內則運往查爾斯頓（Charleston）、沙瓦那、紐奧良等地。一八〇六年，波士頓某家報紙報導：「絕非玩笑。有艘滿載冰塊的船已經通過海關，前往馬丁尼克島。我們希望這不會引起難以處理的臆測。」都鐸冰塊的銷售對象是熱帶地區的醫生，用於醫療，不過真正有利潤的市場是食品與飲料市場。

都鐸贈送冰塊給調酒師，讓他們的客人感受冰涼飲料的魅力。他曾寫道：「可以肯定的是，人們在熱天裡渴望冷飲，幾乎是舉世皆然，而一年又一年過去，人們對冷飲的偏見也逐漸削弱。新引進冰塊的地方，一開始被視為新奇，僅僅一年時光人們就認為是常態了。……所以，如果人們購買冷飲的價格跟熱飲是一樣的，我們最後必定能克服反對冷飲的偏見。我的目標是讓所有的人都習慣喝冷飲，不喝熱的、不冷不熱的飲料，這個過程需要花上三年。」他也曾在其他地方寫下：「如果有人平常都喝熱的飲料，有一週時間能花同樣的錢買到冷的飲料，他就再也不會想要回頭喝熱的版本了。」

都鐸的想法一點也沒錯，他放長線釣大魚的商業策略最後回本了，不過他在過程中好幾度賠上了所有的錢。冰塊不只是變成美式飲料的大熱門，還成為招牌材料。英國女子莎拉・米頓・莫里（Sarah Mytton Maury，一八〇三年—一八四九年）一八四〇年代間曾在美國四處旅行，她留下了大量關於冰塊的描述：「美國各種的奢侈享受之中，我最喜歡冰塊……。這已經是一般性的服務了，不論你去哪裡，人一進門，服務生馬上就會為你端上一杯冰水或冰檸檬水。」

英國人開始使用冰塊時，用的是美國進口的冰塊。行銷稱麻州溫罕湖（Wenham）出產的冰是最為純淨高級的產品，這座湖的冰因此成為時尚奢侈品。該公司的送貨員制服扣子上繡有白頭海鵰，顯示公司源頭。一八四五年《威墨與史密斯歐洲時報》（*Wilmer and Smith's European Times*）報導：「冰塊商品前不久才剛進入英國大眾的視野，卻已迅速博得大都會人士的歡心，任何一場有點規模的宴會，都不能少了冰塊。……溫罕湖冰不只是貴族階級的流行奢侈品，也是中產階級口碑推薦的生活必需品，甚至較為拮据的人們也將之視為節儉的家用品。」冰塊在美國普及後，也催生了酒飲類別，如酷伯樂、朱利普，人們普遍多了「消暑酒飲」的概念。十九世紀中葉後，冰塊受到大眾歡迎，各式酷伯樂調酒也跟著流行起來，比如雪莉酷伯樂，基本上成分是雪莉酸酒加庫伯樂冰塊。

莫里回憶某一場美國晚宴派對席間的對談：「『每當你聽到人家說美國風氣不正，』有位女士對我說，她拿出一杯充滿氣泡的雪利酷柏樂，杯中漂浮著好大一塊冰晶：『別忘了冰塊呀。』」

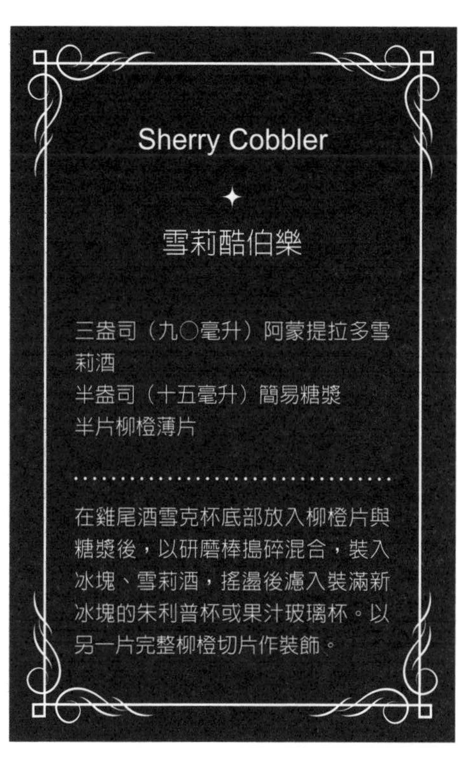

薄荷朱利普這款飲料的起源比冰塊雞尾酒還早了約莫九百年。在伊斯蘭黃金年代，製作出蒸餾玫瑰露的學者也製作了花香味糖漿、甜味酒飲，用於

醫療方面（「julab」是阿拉伯語的玫瑰露）。甜味朱利普隨著知識傳播，從波斯進入歐洲，再進入新大陸

一七五三年，法國盧昂受到「惡性高燒」疫情影響，某位醫生病例中寫道：「許多病人服用了簡易朱利普之後，狀況不錯，飲料是糖、水、一點葡萄酒。」

同一年，《新英格蘭藥方集》（*The New English Dispensatory*）對朱利普的定義是：「朱利普這種酒的味道不錯，旨在作為效力更強之藥物的載具，或者在服藥之後飲用，也可以偶爾作為輔助劑飲用。」朱利普顯然是協助前人吞藥的那匙糖。《藥方集》記錄了一道配方是「健胃朱利普」，內容是六盎司肉桂水、一盎司肉豆蔻、一盎司健胃劑、半盎司橙皮糖漿。跟這道藥方記載在同一處的朱利普，則適用於中毒、感染、脹氣、歇斯底里、心臟衰弱等。

至少到十九世紀中葉前，朱利普在人們眼中都還算是藥物，至少在歐洲是這樣。不過，同時期的美國，朱利普一詞已演變為酒精飲料的戲稱，就像今天我們稱煩寧（Valium，抗焦慮藥品）為「媽媽的小幫手」。提到飲料中有薄荷的記載在十八世紀末出現，朱利普後來變成又香又甜，跟藥物毫無關聯的飲料，頂多被用來治療宿醉。

以前的朱利普，蘭姆酒或威士忌都可以作為基底，不過早期的「薄荷朱利普」特別指名使用白蘭地為基底。起初的朱利普也不像今天一樣，一定帶有成堆碎冰塊。薄荷朱利普可能起源於維吉尼亞，後來傳到紐約才流行起來，推動熱潮的調酒師之一是

卡托・亞歷山大（Cato Alexander，一七八〇年—一八五八年），他曾是奴隸。亞歷山大調製出變化版的朱利普，稱之為「冰雹」（Hail-Storm）——就是加冰塊的薄荷朱利普。不過，亞歷山大並非頭一個在朱利普中加入冰塊的人。學者汪德里奇引用文獻表示，已知朱利普最早開始加冰塊的年分是一八〇七年，而他認爲，薄荷朱利普因此可視為「第一款真正的美式酒飲」。

一八三〇年代間，冰飲成為美國生活常態，但不是世界各處都如此。一八八〇年馬克・吐溫《浪跡海外》（*A Tramp Abroad*）如此道：「歐洲人說冰塊水會阻礙消化。他們究竟如何得知？——他們根本連喝都沒喝過。」一九〇二年，英國出版了

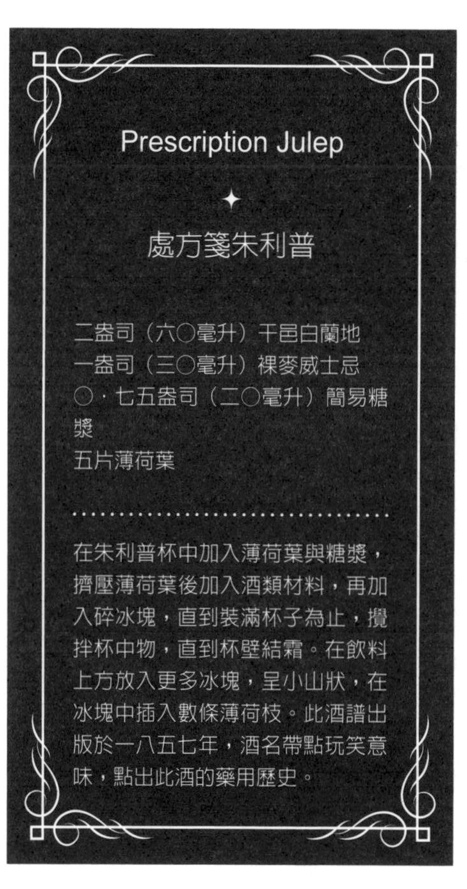

《美式及其他冰飲食譜》（*Recipes of American and Other Iced Drinks*），由此可知在當時冰塊是舶來品。

今天世界上還是有不少文化避免冰飲。二〇一一年《紐約時報》有篇投書來自艾琳娜．西蒙（Alina Simone）：「身為烏克蘭移民之女，我長大的過程中只喝常溫的飲料，冰品對我來說是諸多美式好東西之一，其他孩子都可以享受，但我不行：小狗寵物、長方形蛋糕（sheet cake）、玩樂。我的祖母光是看到一杯冰水也會害怕，彷彿那是一支裝了伊波拉病毒的針筒。到今天我還是不知道她覺得喝冰的會讓人得什麼病，是肺炎、香港腳，還是披衣菌感染？」

印度阿育吠陀醫師與傳統中醫師都勸人不要喝冷飲，認為會讓人吸收力失衡。給當代華人的美國旅遊書，有些會警告讀者，酒吧餐廳裡的飲料一般都是冰的，要記得特別跟服務生表明不要冰。有位來美國玩的觀光客在部落格寫道（此為翻譯，並非原文）：「我不明白美國人為什麼那麼喜歡喝冰的飲料？不管你想喝什麼，服務生都會先在紙杯裡面放冰塊才倒飲料，根本不會事先跟你商量。我們之中有很多人的腸胃無福消受這種『好處』，只得每次買飲料都事先表示，謝謝你的好意，請不要加冰塊！」

冰塊與香艾酒進入雞尾酒的世界後過了許多年，多數的酒精飲料逐漸偏離具備療效的特性。在兩次世界大戰之前與之後，提基酒（tiki）與提基酒吧如雨後春筍般大量出現。馬丁尼成分中的香艾酒比重越來越低，直到人們偏好的分量變成「能讓一絲陽光穿透諾利帕（Noilly Prat，法國香艾酒品牌）的瓶子再照到琴酒瓶上」（這是電影導演布紐爾〔Luis Buñuel〕所言）。一九七〇至九〇年代間，最熱門的酒飲是人工調色的利口酒與甜味伏特加深水炸彈。二〇〇〇年前後，柯夢波丹、風味「馬丁尼」主宰了夜生活，此類酒飲也類似於甜味伏特加深水炸彈，不過是裝在雞尾酒杯裡飲用。有些創意十足的調酒師再度選擇使用新鮮果汁來調製酒精飲料。這是邁向工藝雞尾酒、古典雞尾酒文藝復興的一小步。

二〇〇〇年後，調酒師認為有必要在作品中加入獨門材料，比如自製早已停售的古早味苦精、自製苦艾酒（直到苦艾酒取消禁令）、不含高果糖玉米糖漿的自製調味糖漿。調酒學的創意新時代已拉開序幕。

本書前面已討論過，活性碳、金雞納樹皮、大黃葉、零陵香豆、苦艾等材料，都是可能有危險或是受到法規限制的食品成分，而這些成分近年來又再度出現在自製雞尾酒成分之中。除了前述成分，還有其他的材料也證實會造成問題。以黃樟樹為成分的根汁啤酒，其中的化合物，黃樟素（safrole，在過去也曾用於治療梅毒）在一九六〇年於美國遭到禁止，因為人們懷疑該成分能致癌。

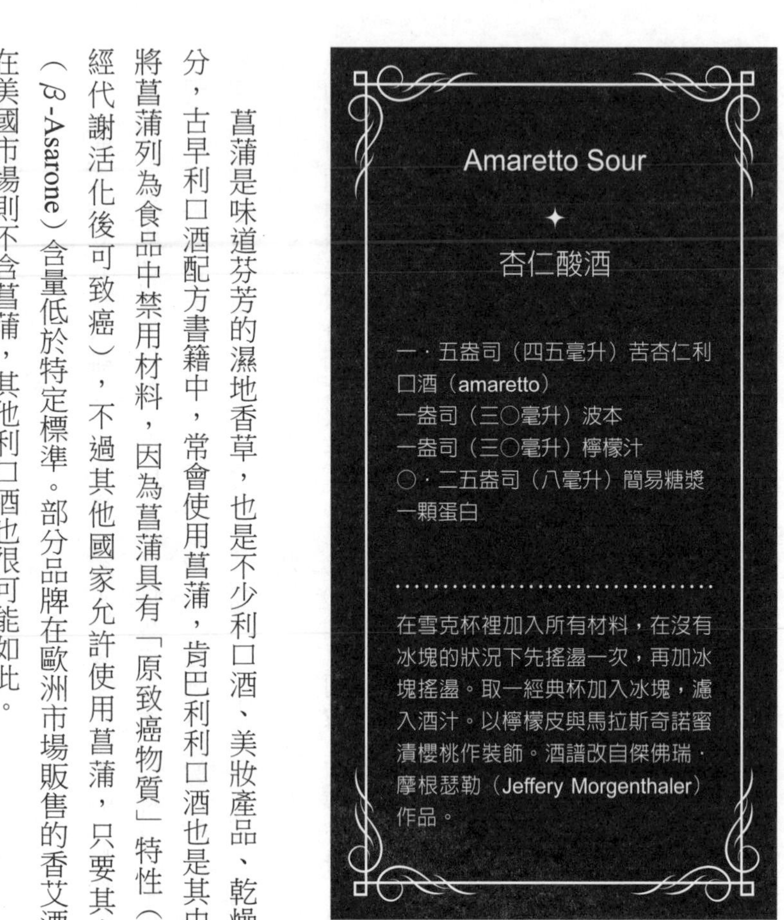

菖蒲是味道芬芳的濕地香草，也是不少利口酒、美妝產品、乾燥香包會採用的成分，古早利口酒配方書籍中，常會使用菖蒲，肯巴利利口酒也是其中之一。美國特別將菖蒲列為食品中禁用材料，因為菖蒲具有「原致癌物質」特性（**procarcinogenic**，經代謝活化後可致癌），不過其他國家允許使用菖蒲，只要其中的 β-細辛腦（β-Asarone）含量低於特定標準。部分品牌在歐洲市場販售的香艾酒配方使用菖蒲，在美國市場則不含菖蒲，其他利口酒也很可能如此。

苦杏仁（bitter almond，苦杏仁為通俗誤稱，正確名稱應為苦扁桃仁）含有氰化物，不但有毒，還能致命。老派的偵探電影與黑色小說裡，法醫常常會下此結論：「她的嘴巴裡聞起來有杏仁味，她是中毒死的！」現在的苦杏仁風味利口酒，比如帝薩諾（Disaronno），通常採用桃類果仁，比如蜜桃、櫻桃、杏桃（apricot）等。這些果仁也跟苦杏仁一樣帶有氰化物，不過在製酒過程中會去除這個成分。

近年來，人們漸漸認為杏仁[12]（apricot kernel）是天然的抗癌物，不過這種說法並沒有科學根據。二〇一七年，有位澳洲男子為了減緩前列腺癌而吃了過量的杏仁，造成中毒。調酒師向來也受到警告，不得在家自製杏仁利口酒。

另一個讓人吃驚的法規限制成分是洋甘草，尤其是其中含有的化合物，甘草酸苷（glycyrrhizin）。

洋甘草是一些利口酒與琴酒的材料，能帶出細緻溫和的甘味。甘草酸苷可以導致人體內的鉀水平下降，造成心律不整、高血壓、水腫、倦怠、鬱血性心衰竭。甘草酸苷攝取過量以至於需要就醫的案例，通常是日常生活中喝了太多洋甘草茶的成人，不過法律允許食品與飲品使用甘草酸苷，依據類別劑量稍有不同。

12 中式杏仁茶中的杏仁分南杏、北杏，在英文中統稱為 apricot kernel，為杏桃的果仁，與西式烘焙常用的扁桃仁不同，扁桃仁在台灣俗稱杏仁，為誤稱。扁桃仁與杏仁都可以造成氰中毒。

過去幾年來，「健康」雞尾酒、烈酒，再度引起人們的興趣，不過只要含有酒精，都有點算是不實資訊。這類的商品有許多的酒精濃度降低了，比如「瘦身」伏特加，其實只是酒精濃度較低罷了，有時候這類的酒會添加聽起來很健康的植物風味，比如薄荷、小黃瓜。有些酒則主打偽科學，比如某款伏特加宣稱其成分能「保護ＤＮＡ不受酒精造成的損害」，還有一款伏特加是「以淨化超氧水」製成，還有「膠原蛋白琴酒」（Collagin），聽起來像是琴酒添加了膠原蛋白，一種保養皮膚、毛髮、關節的營養品。

感覺上，每天都能看到新的文章報導（誤導）討論酒精對健康的影響——增加某種癌症問題，或是降低認知能力；某位童星因為酒而誤了一生；某位老人說自己長壽是因為每天喝一杯威士忌。就像藥物一樣，酒對健康的影響有好有壞，這不過是老調重彈。古阿育吠陀經典已經指出，適量的酒是良藥，過量的酒是毒藥。

如同達斯古蒲塔（Amitava Dasgupta）《飲酒的科學》（*The Science of Drinking*）所說，只喝一個晚上也好，長年喝酒也好，喝一點酒無礙於健康，甚至可能讓人健康狀況好轉，但是過量飲酒會造成各種問題。

簡言之，人在喝酒的當下，酒精能減緩焦慮、增進活力、促進腦內啡分泌（大腦自然產生的鎮痛劑）、可以助眠。可是，一次喝下很多酒，會讓人認知能力下降、喪失運動控制力、損害新記憶的儲存能力與學習力、可能抑制性慾、減緩中樞神經系統的速度（不過，證據顯示不會傷害腦細胞）、造成睡眠不安穩並阻礙快速動眼期的睡眠、可以導致意外與引發高風險行為、酒精中毒、飲酒過量而死亡等。

長期而言，適量飲酒（每天喝一至二份）似乎會帶來許多正面影響：可以降低心臟病風險（紅酒特別如此），降低中風、心臟疾病、心臟衰竭、糖尿病、膽結石、關節炎、老化相關的癡呆症與阿茲海默症等的風險。甚至似乎可以降低感染日常感冒的機會（尤其是紅酒）。會喝酒的人跟滴酒不沾的人相比，較少住院。適量飲酒可能會降低胃癌、肺癌、膀胱癌、腎臟癌、頭頸部癌症等發生率。

常態性攝取較高分量的酒精（一般定義為一天四份或超過）則與下列問題的風險增加有關聯：肝病、腦部損傷、心臟損傷、中風、骨骼損傷、高血壓、營養不良、免疫系統受抑制、易感染感染性疾病、更年期提早、後代先天殘疾、男性睪丸素下降等。過量飲酒可能造成口腔癌、喉癌、肝癌、大腸癌、胃癌、肺癌、胰臟癌等發生率。當然，酒精對許多人而言是成癮物質。

其他研究指出，比起滴酒不沾的人，適量飲酒不但能讓生活品質更好、更健康，甚至能讓人更長壽。

第一位這麼說的人是約翰霍普金斯大學生物學家雷蒙・伯爾（Raymond Pearl），他在一九二六年提出此說（當時正值美國禁酒令）：「適量飲用酒精飲料並不會使人短命。恰好相反，穩定而適量地飲酒的人，所呈現的死亡率稍低，預期壽命比滴酒不沾的人更長。……這顯然並不支持人們普遍認定的觀念，也就是喝酒必定讓人短命，不管是否適量飲酒都一樣。」更接近現代的研究試圖釐清背後原因，得到的答案跟酒的療效或藥性完全無關，而是因為：會喝酒的人，有較多社交往來的傾向。適量飲酒的人通常比滴酒不沾的人擁有更多親近朋友，也比較可能進入婚姻；相對地，不喝酒的人憂鬱症的風險較高。這些因素都跟長壽有關，以至於許多科學家作出結論，認為適量飲酒能幫助我們發展人際關係，而人際關係則對我們的身體、心理健康有正面幫助。

這麼說的意思並不是說，不喝酒的人如果想活得久一點，應該馬上開始喝酒；這只是提出一種解釋，說明為何喝點小酒看起來會對壽命有正面影響。酒跟藥一樣，劑量決定好壞。

参考書目

Absinthes.com. “The Absinthe Encyclopedia by David Nathan-Maister—Absinthes .com—The Definitive Guide to the History of Absinthe.” Accessed 2021.
Abu-Asab, Mones, Hakima Amri, and Marc S. Micozzi. *Avicenna's Medicine*. Rochester, VT: *Healing Arts Press*, 2013.
Adams, Jad. Hideous Absinthe. Madison: University of Wisconsin Press, 2004.
Ahmed, Selena, Ashley Duval, and Rachel Meyer. *Botany at the Bar*. Boulder, CO: Roost Books, 2019.
Allen, Martha Meir. *Alcohol, a Dangerous and Unnecessary Medicine*. New York: Department of Medical Temperance of the National Woman's Christian Temperance Union, 1900. https://www.google.com/books/edition/Alcohol_a_Dangerous_and_Unnecessary_Medi/Icw0AQAAMAAJ.
Baker Jr., Charles H. *Jigger, Beaker and Glass*. Lanham, MD: Derrydale Press, 1992.
Ball, Philip. *The Devil's Doctor*. New York: Farrar, Straus and Giroux, 2006.
Bamforth, Charles. *Grape vs. Grain*. New York: Cambridge University Press, 2008.
Barrios, Virginia B. De. *A Guide to Tequila, Mezcal and Pulque*. Mexico City, Mexico: Minutiae Mexicana, 1984.
Bell, Madison Smartt. *Lavoisier in the Year One*. New York; London: W. W. Norton, 2006.
Berta, P., and G. Mainardi. *The Grand Book of Vermouth Di Torino*. Canelli, Italy: OICCE, 2019.
Bethard, Wayne. *Lotions, Potions, and Deadly Elixirs*. Lanham, MD: Roberts Rinehart, 2013.
Blum, Deborah. *The Poisoner's Handbook*. New York: Penguin, 2010.
Blum, Deborah. *The Poison Squad*. New York: Penguin Press, 2018.
Bose, Dhirendra Krishna. *Wine in Ancient India*. Milan, Italy: Edizioni Savine, 2016.
Bowen, Sarah. Divided Spirits. Oakland: University of California Press, 2015.
Braun, Julius. *On the Curative Effects of Baths and Waters*. London: Smith, Elder, 1875. Accessed 2021. https://books.google.com/books?id=nOxhAAAAcAAJ.
Brock, Pope. *Charlatan: America's Most Dangerous Huckster, the Man Who Pursued Him, and the Age of Flimflam*. New York: Three Rivers Press, 2008.
Broom, Dave. *Gin*. London: Mitchell Beazley, 2020.
Broom, Dave. *Rum*. London: Mitchell Beazley, 2016.
Broom, Dave. *Whisky*. London: Mitchell Beazley, 2014.
Brown, Jared McDaniel, and Anistatia R. Miller. *The Distiller of London*. London: Mixellany Limited, 2020.
Brown, Jared McDaniel, and Anistatia R. Miller. *The Mixellany Guide to Vermouth and Other Aperitifs*. London: Mixellany Limited, 2011.
Brown, Jared McDaniel, and Anistatia R. Miller. *The Soul of Brasil*. UK: Anistatia Miller and Jared Brown, 2008.
Brown, Jared McDaniel, and Anistatia R. Miller. *Spirituous Journey*. Book 2. London: Mixellany Limited, 2009.
Bruman, Henry J. *Alcohol in Ancient Mexico*. Salt Lake City: University of Utah Press, 2000.
Brunschwig, Hieronymus. *The Virtuous Book of Distillation*. London, 1527. Reprint, Ann Arbor, MI: Text Creation Partnership, 2021. https://quod.lib.umich.edu/cgi/t/text/text-idx?c=eebo;idno=A03318.0001.001.

Bryan, Cyril P. *Ancient Egyptian Medicine*. Chicago: Ares Publishers, 1974.
Chapelle, Frank. *Wellsprings*. New Brunswick, NJ: Rutgers University Press, 2005.
Cobb, Cathy, Monty Fetterolf, and Harold Goldwhite. *The Chemistry of Alchemy*. Amherst, NY: Prometheus Books, 2014.
Conrad, Barnaby. *Absinthe*. San Francisco, CA: Chronicle Books, 1988.
Craddock, Harry. *The Savoy Cocktail Book*. London: Constable, 1930. Accessed 2021. https://euvs-vintage-cocktail-books.cld.bz/1930-The-Savoy-Cocktail-Book.
Curry, Andrew. "Our 9,000-Year Love Affair with Booze." National Geographic, February 2017, 30–53.
Curtis, Wayne. *And a Bottle of Rum*. New York: Three Rivers Press, 2018.
Dasgupta, Amitava. *The Science of Drinking*. Lanham, MD: Rowman & Littlefield, 2011.
David, Elizabeth. *Harvest of the Cold Months*. New York: Viking, 1995.
Delahaye, Marie-Claude. *Pernod Creator of Absinthe*. Auvers-sur Oise, France: Musée de l'Absinthe, 2008.
Dicum, Gregory. *The Pisco Book*. San Francisco: Cleargrape, 2011.
Donovan, Tristan. *Fizz*. Chicago: Chicago Review Press, 2014.
Dorfles, Gillo, Giorgio Fioravanti, and Marzio Romani. Soc. Anon. Fratelli Branca Milano. Milan, Italy: Fratelli Branca Distillerie, 2002.
Duran-Reynals, Marie Louise de Ayala. *The Fever Bark Tree*. London: W. H. Allen, 1947.
Edmunds, Lowell. *Martini, Straight Up*. Baltimore, MD: John Hopkins University Press, 1998.
Edwards, Griffith. *Alcohol*. New York: Thomas Dunne Books, 2002.
Embury, D. A. *The Fine Art of Mixing Drinks*. New York: Mud Puddle Books, 2008.
Epstein, Becky Sue. *Brandy*. London: Reaktion Books, 2014.
Epstein, Becky Sue. *Strong, Sweet and Dry*. London: Reaktion Books, 2019.
Faith, Nicholas. *Cognac*, 3rd revised and updated ed. Oxford, UK: Infinite Ideas, 2016.
Faith, Nicholas, and Ian Wisniewski. *Classic Vodka*. London: Prion Books, 1997.
Fitzharris, Lindsey. *The Butchering Art*. New York: Scientific American; Farrar, Straus and Giroux, 2017.
Flandrin, Jean-Louis, Massimo Montanari, and Albert Sonnenfeld. *Food*. New York: Columbia University Press, 1999.
Forbes, R. J. *Short History of the Art of Distillation*. Hayward, CA: White Mule Press, 2009.
Ford, Adam. *Vermouth*. Woodstock, VT: Countryman Press, 2015.
Fracastoro, Girolamo. *Syphilis, or A Poetical History of the French Disease Written* in Latin by Fracastorius; and Now Attempted in English by N. Tate. London: Jacob Tonson, 1686. Reprint, Ann Arbor, MI: Text Creation Partnership, 2021. http://name.umdl.umich.edu/A40375.0001.001.
French, John. *The Art of Distillation*. London: E. Cotes for Thomas Williams, 1653. Reprint, Ann Arbor, MI: Text Creation Partnership, 2021. https://quod.lib.umich.edu/e/eebo/A40448.0001.001.
Galiano, Martine, Philip Boyer, Christian Delafon, Antoine Munoz, Jean-Marc Roget, and Philippe Bonnard. *Chartreuse the Liqueur.* N.p., 2020.
Garfield, Simon. Mauve. New York: W. W. Norton, 2002.
Geison, Gerald L. *The Private Science of Louis Pasteur*. Princeton, NJ: Princeton University Press, 1995.
Gerard, John. *The Herball, or, Generall Historie of Plantes*. London: John Norton, 1597. Accessed 2021. https://www.biodiversitylibrary.org/bibliography/51606.
Gosnell, Mariana. *Ice*. Chicago: University of Chicago Press, 2005.

Greene, Philip. *The Manhattan*. New York: Sterling Epicure, 2016.
Greenfield, Amy Butler. *A Perfect Red*. New York: HarperCollins, 2005.
Grivetti, Louis E. Wine. Robert Mondavi Winery. April 29–May 5, 1991. Accessed 2021. https://nutritionalgeography.faculty.ucdavis.edu/wp-content/uploads/sites/106/2014/11/Wine.Medical.Nutrition.Attributes.NapaCalifornia.pdf.
Haara, Brian F. *Bourbon Justice*. Lincoln, NE: Potomac Books, 2018.
Harvie, David I. Limeys. *Gloucestershire*, UK: Sutton Publishing, 2005.
Hauck, Dennis William. *The Complete Idiot's Guide to Alchemy*. New York: Penguin, 2008.
Herlihy, Patricia. *Vodka*. London: Reaktion Books, 2012.
Hiss, A. Emil. *The Standard Manual of Soda and Other Beverages*. Chicago: G. P. Engelhard & Company, 1906.
Hodgson, Barbara. *In the Arms of Morpheus*. Buffalo, NY: Firefly Books, 2001.
Hollingham, Richard. *Blood and Guts*. New York: Thomas Dunne Books, 2009.
Hornsey, Ian S. *A History of Beer and Brewing*. London: Royal Society of Chemistry, 2004.
Howes, Melanie-Jayne, Jason Irving, and Monique Simmonds. *The Gardener's Companion to Medicinal Plants*. London: Quarto Publishing, 2016.
Jarrard, Kyle. *Cognac*. Hoboken, NJ: John Wiley & Sons, 2005.
Jouanna, Jacques. *Greek Medicine from Hippocrates to Galen*. Leiden, Netherlands: Brill, 2012.
Joyce, Jaime. *Moonshine*. Minneapolis, MN: Zenith Press, 2014.
Kelly, John. *The Great Mortality*. New York: HarperCollins, 2005.
Kosar, Kevin R. *Whiskey*. London: Reaktion Books, 2010.
Lucia, Salvatore Pablo. *A History of Wine as Therapy*. Philadelphia: J. B. Lippincott, 1963.
Maclean, Charles. *Malt Whisky*. London: Octopus Publishing, 2010.
Maddison, R. E. W. "Studies in the Life of Robert Boyle, F.R.S. Part II. Salt Water Freshened." Notes and Records of the Royal Society of London 9, no. 2 (1952): 196–216. http://www.jstor.org/stable/3087215.
Martineau, Chantal. *How the Gringos Stole Tequila*. Chicago: Chicago Review Press, 2015.
Maury, Sarah Mytton. *An Englishwoman in America*. London: Thomas Richardson and Son, 1848. Accessed 2021. https://www.google.com/books/edition/An_Englishwoman_in_America/MH11AAAAMAAJ?hl=en&gbpv=0.
Maxwell-Stuart, P. G. The Chemical Choir. London: Continuum, 2012.
Mitenbuler, Reid. *Bourbon Empire*. New York: Penguin, 2015.
Minnick, Fred. *Bourbon*. Minneapolis: Voyageur Press, 2016.
Minnick, Fred. *Mead*. Philadelphia: Running Press, 2018.
Minnick, Fred. *Rum Curious*. Minneapolis: Voyageur Press, 2017.
Mintz, Sidney W. *Sweetness and Power*. New York: Viking, 1985.
Mitenbuler, Reid. *Bourbon Empire*. New York: Viking, 2015.
Monardes, Nicolas, and John Frampton. *Joyfull Newes Out of the New Found World*. London: W. W. Norton, 1580. Accessed 2021. http://fsu.digital.flvc.org/islandora/object/fsu%3A213358.
Moran, Bruce T. *Distilling Knowledge*. Cambridge, MA: Harvard University Press, 2005.
Morgan, Nicholas. *A Long Stride*. Edinburgh, Scotland: Canongate Books, 2020.
Multhauf, Robert P. "John of Rupescissa and the Origin of Medical Chemistry," Isis 45, no. 4 (December 1954): 359–67.
Nelson, Max. "Did Ancient Greeks Drink Beer?" Phoenix 68, no. 1/2 (2014): 27–46. https://doi.org/10.7834/phoenix.68.1–2.0027.

Nesbitt, Mark, and Kim Walker. *Just the Tonic*. Richmond, Surrey, UK: Kew Publishing, 2019.
O'Brien, Glenn. *Hennessy*. New York: Rizzoli International Publications, 2017.
Oliver, Garrett. *The Oxford Companion to Beer*. Oxford, UK: Oxford University Press, 2011.
O'Neil, Darcy S. *Fix the Pumps*. N.p.: Darcy O'Neil, 2009.
Parsons, Brad Thomas. *Amaro*. Berkeley, CA: Ten Speed Press, 2016.
Parsons, Brad Thomas. *Bitters*. Berkeley, CA: Ten Speed Press, 2011.
Partington, James Riddick. *A Short History of Chemistry*. Mineola, NY: Dover Publications, 1989.
Perry, Charles. *Scents and Flavors*. New York: New York University Press, 2017.
Piccinino, Fulvio. *The Vermouth of Turin*. Turin, Italy: Graphot, 2018.
Piercy, Joseph. *Slippery Tipples*. Cheltenham, UK: The History Press, 2011.
Prescott, John. *Taste Matters*. London: Reaktion Books, 2012.
Priestley, Joseph. *Directions for Impregnating Water with Fixed Air*. London: Printed for J. Johnson, 1772. Accessed 2021. https://wellcomecollection.org/works/bs6kgbcq/items.
Rasmussen, Seth C. *The Quest for Aqua Vitae*. N.p.: Springer Science & Business, 2014.
Roach, Mary. *Stiff*. New York: W. W. Norton, 2003.
Rocco, Fiammetta. *Quinine*. New York: HarperCollins, 2004.
Rodengen, Jeffrey L. *The Legend of Dr Pepper/Seven-Up*. Fort Lauderdale, FL: Write Stuff Syndicate, 1995.
Rogers, Adam. *Proof*. New York: Houghton Mifflin Harcourt, 2014.
Romanico, Niccolo Branca Di. *Branca*. New York: Rizzoli, 2015.
Rorabaugh, W. J. *Prohibition*. Oxford, UK: Oxford University Press, 2018.
Rowell, Alex. *Vintage Humour*. Oxford, UK: Oxford University Press, 2018.
Sandhaus, Derek. *Baijiu*. Melbourne, Australia: Penguin, 2014.
Sandhaus, Derek. *Drunk in China*. Lincoln, NE: Potomac Books, 2019.
Sandler, Merton, and Roger Pinder. *Wine*. Boca Raton, FL: CRC Press, 2002.
Schrad, Mark Lawrence. *Vodka Politics*. New York: Oxford University Press, 2014.
Seward, Desmond. *Monks and Wine*. New York: Crown, 1979.
Shepherd, Gordon M. *Neurogastronomy*. New York: Columbia University Press, 2012.
Sherman, Irwin W. *Magic Bullets to Conquer Malaria*. Washington, DC: ASM Press, 2011.
Sherman, Irwin. *Twelve Diseases That Changed Our World*. Washington, DC: ASM Press, 2007.
Simmons, Douglas A. Schweppes, the First 200 Years. N.p.: Springwood Books, 1983.
Smith, Andrew F. *The Oxford Encyclopedia of Food and Drink in America*. New York: Oxford University Press, 2004.
Solmonson, Lesley Jacobs. *Gin*. London: Reaktion Books, 2012.
Standage, Tom. *A History of the World in Six Glasses*. New York: Bloomsbury, 2006.
St. Clair, Kassia. *The Secret Lives of Color*. New York: Penguin, 2017
Stearns, Samuel. *The American Herbal, or Materia Medica*. Walpole, NY: Thomas & Thomas, 1801. Accessed 2021. https://archive.org/details/2573006R.nlm.nih.gov.
Stewart, Amy. *The Drunken Botanist*. Chapel Hill, NC: Algonquin Books, 2013.
Stewart, Amy. *Wicked Plants*. Chapel Hill, NC: Algonquin Books, 2009.
Stillman, John Maxson. *The Story of Alchemy and Early Chemistry*. New York: Dover Publications, 1960.
Sugg, Richard. *Mummies, Cannibals, and Vampires*. New York: Routledge, 2011.
Taape, T. "Distilling Reliable Remedies: Hieronymus Brunschwig's Liber de arte distillandi (1500) between Alchemical Learning and Craft Practice." Ambix 61,

no. 3 (August 2014): 236–56. http://europepmc.org/article/PMC/5268093.
Taylor, Frank Sherwood. *The Alchemists*. New York: Barnes & Noble Books, 1992.
Taylor, Frank Sherwood. *A Short History of Science and Scientific Thought*. New York: W. W. Norton, 1963.
Terrington, William. *Cooling Cups and Dainty Drinks*. New York: George Routledge & Sons, 1869. Accessed 2021. https://euvs-vintage-cocktail-books.cld.bz/1869-Cooling-Cups-and-Dainty-drinks-by-William-Terrington.
Thomas, Jerry. *The Bar-Tender's Guide*. New York: Dick & Fitzgerald, 1862. Reprint, New York: Cocktail Kingdom, 2013.
Thorpe, Thomas Edward. *Joseph Priestley*. London: J. M. Dent, 1906. Accessed 2021. https://www.google.com/books/edition/Joseph_Priestley/uAwFAAAAYAAJ?hl=en&gbpv=0.
Turner, Jack. *Spice*. New York: Random House, 2004.
Weightman, Gavin. *The Frozen Water Trade*. New York: Hyperion Books, 2003.
Williams, Olivia. *Gin Glorious Gin*. London: Headline Publishing, 2015.
Will-Weber, Mark. *Muskets and Applejack*. Washington, DC: Regnery History, 2017.
Wondrich, David. *Imbibe*! New York: TarcherPerigee, 2015.
Wootton, David. *Bad Medicine*. Oxford, UK: Oxford University Press, 2007.
Yenne, Bill. *Guinness*. Hoboken, NJ: John Wiley & Sons, 2007.
Zarnecki, George. *The Monastic Achievement*. New York: McGraw-Hill, 1972.

註解與延伸閱讀

This material is meant to complement the bibliography and identify where some specific sources were used when not otherwise mentioned in the text.

CHAPTE R 1. FERMENTATION: GREEKS, GALEN, AND GUINNES S

Particularly useful books and notes for this section were Lucia, Salvatore Pablo, A History of Wine as Therapy (Philadelphia: J. B. Lippincott Company, 1963); Jouanna, Jacques, Greek Medicine from Hippocrates to Galen (Leiden, Netherlands: Brill, 2012); and the notes from the talk by Grivetti, Louis E., "Wine: Medical and Nutritional Attributes," Robert Mondavi Winery, April 29–May 5, 1991, accessed 2021, https://nutritionalgeography.faculty.ucdavis.edu/wp-content/uploads/sites/106/2014/11/Wine.Medical.Nutrition.Attributes.NapaCalifornia.pdf.

The history of alcohol comes from many sources, but Curry, Andrew, "Our 9,000-Year Love Affair with Booze," *National Geographic*, February 2017, 30–53, is a great roundup of other works.

Pyramid builders not being enslaved people is from, among other places, Betz, Eric, "Who Built the Egyptian Pyramids? Not Slaves," *Discover*, February 1, 2021, https://www.discovermagazine.com/planet-earth/who-built-the-egyptian-pyramids-not-slaves.

Pathogens in beer and wine is from Menz, G., Aldred, P., and Vriesekoop, F., "Growth and Survival of Foodborne Pathogens in Beer," *Journal of Food Protection* 74, no. 10 (October 2011): 1670–75, https://doi.org/10.4315/0362-028X.JFP-10-546; and Møretrø, Trond, Daeschel, M. A., "Wine Is Bactericidal to Foodborne Pathogens" (Abstract), Journal of Food Science 69 (2004): M251–M257, https://doi.org/10.1111/j.1365-2621.2004.tb09938.x.

Washing wounds is from Broughton, G., 2nd, Janis, J. E., and Attinger, C. E., "A Brief History of Wound Care," *Plastic and Reconstructive Surgery* 117, no. 7, supplement (June 2006): 6S–11S, https://doi.org/10.1097/01.prs.0000225429.76355.dd.

Xenophon quote is from Nelson, Max, "Did Ancient Greeks Drink Beer?" Phoenix 68, no. 1/2 (2014): 27–46, accessed May 3, 2021, https://doi.org/10.7834/phoenix.68.1-2.0027.

"The main points in favor of . . . white strong wine" is from Grivetti, "Wine."

Columella quote "When we shall have" is from Rasmussen, Seth C., *The Quest for Aqua Vitae* (Heidelberg, Germany: Springer Science & Business, 2014).

"A mixture of three wines" and "When a man is entering upon his fortieth year" quotes are from Grivetti, "Wine."

"The healing art of Hippocrates was transformed" is from Lucia, *History of Wine as Therapy*.

"Old men must not eat much of starches" is from Flandrin, Jean-Louis, Montanari, Massimo, and Sonnenfeld, Albert, *Food: A Culinary History from Antiquity to the Present* (New York: Columbia University Press, 1999).

Medicinal use of spices is from, among other sources, Howes, Melanie-Jayne,

Irving, Jason, and Simmonds, Monique, *The Gardener's Companion to Medicinal Plants* (London: Quarto Publishing, 2016).
Antimicrobial spices information is from D'Souza, S. P., Chavannavar, S. V., Kanchanashri. B., and Niveditha, S. B., "Pharmaceutical Perspectives of Spices and Condiments as Alternative Antimicrobial Remedy," *Journal of Evidence-Based and Complementary Alternative Medicine* 22, no. 4 (2017): 1002–10, https://doi.org /10.1177/2156587217703214.
Theriac section is from Hudson, Briony, "Theriac: An Ancient Brand?" Wellcome Collection, October 18, 2017, https://wellcomecollection.org/articles /Wc5IPScAACgANNYO.
Pliny quote "There is an elaborate mixture" is from Pliny's Natural History, accessed at Wayback Machine, last updated February 2, 2009, https://web.archive .org/web/20161229101439/http://www.masseiana.org/pliny.htm.
Invalid Stout is from Elsdon, Sam, "'Nourishment and Flavor': The Invalid Stout Comes Ontario," *SPEED/ERAMOSA*, July 2, 2016, http://www.speedand eramosa.com/blog/2016/7/2/the-beer-of-office-workers-the-invalid-stout-in -ontario.

CHAPTE R 2. QUINTES SEN CE: ALCHEMY AND AQUA VITAE

I found alchemy quite challenging to summarize. Some of the most useful books to me were Taylor, Frank Sherwood, *The Alchemists* (New York: Barnes & Noble

Books, 1992); Cobb, Cathy, Fetterolf, Monty, and Goldwhite, Harold, *The Chemistry of Alchemy* (Amherst, NY: Prometheus Books, 2014); and Maxwell-Stuart, P. G., *The Chemical Choir* (London: Continuum, 2012). For distillation history, Moran, Bruce T., *Distilling Knowledge* (Cambridge, MA: Harvard University Press, 2005); and Rasmussen, Seth C., *The Quest for Aqua Vitae* (N.p.: Springer Science & Business, 2014), which includes a summation of the challenging work by Forbes, R. J., *Short History of the Art of Distillation* (Hayward, CA: White Mule Press, 2009). Paracelsus comes up in a lot of books, but my main source was Ball, Philip, *The Devil's Doctor* (New York: Farrar, Straus and Giroux, 2006).
Chapter epigraph is from The National Popular Review 4, no. 1 (January 1894): 42, https://books.google.com/books?id=fYHrIYMx6dUC&dq.
Philosopher's stone instructions are from Melton, J. Gordon, Encyclopedia of Occultism and Parapsychology (Detroit: Gale Research, 1996).
Information on distillation in India and China is from Allchin, F. R., "India: The Ancient Home of Distillation?" Man 14, no. 1 (1979): 55–63, https://www.jstor .org/stable/2801640; and Lu Gwei-Djen, Needham, Joseph, and Needham, Dorothy, "The Coming of Ardent Water," Ambix 19, no. 2 (1972): 69–112, https:// doi.org/10.1179/amb.1972.19.2.69.
"In this way one can distill wine using a water-bath" is from Freely, John, Light from the East: How the Science of Medieval Islam Helped to Shape the Western World (New York: Palgrave Macmillan, 2011).
The Thousand and One Nights quote is from "The Book of the Thousand Nights

and a Night," Wikisource, last edited August 30, 2018, https://en.wikisource.org/wiki/Page:The_Book_of_the_Thousand_Nights_and_a_Night_-_Volume_5.djvu/250.
"Wine is the best facilitator" is from Abu-Asab, Mones, Amri, Hakima, and Micozzi, Marc S., Avicenna's Medicine (Rochester, VT: Healing Arts Press, 2013).
Women in medicine information is from Anderson, Bonnie S., and Zinsser, Judith P., *A History of Their Own: Women in Europe from Prehistory to the Present* (New York: Harper & Row, 1988).
"Place in the cucurbita" is from Stillman, John Maxson, *The Story of Early Chemistry* (New York: Dover Publications, 1960).
Distilling could render "the fragile indestructible" is from Taape, T., "Distilling Reliable Remedies: Hieronymus Brunschwig's Liber de arte distillandi (1500) between Alchemical Learning and Craft Practice," Ambix 61, no. 3 (August 2014): 236–56, http://europepmc.org/article/PMC/5268093.
"Aqua vitae is commonly called the mistress of all medicines" is from Rasmussen, *Quest for Aqua Vitae*.
Li Shizhen's quote is from "Mellified Man," Wikipedia, Wikimedia Foundation, last edited November 8, 2021, https://en.wikipedia.org/wiki/Mellified_man.
Mumia "is a spice found in the sepulchers of the dead" is from Parra, J. M., "Europe's Morbid 'Mummy Craze' Has Been an Obsession for Centuries," *National Geographic*, December 10, 2019, https://www.nationalgeographic.com/history/magazine/2019/11-12/egyptian-mummies-in-european-culture/.
"A resinous, hardened, black shining surface" is from Dawson, Warren R., "Mummy as a Drug," *Proceedings of the Royal Society of Medicine*, November 2, 1927, https://www.ncbi.nlm.nih.gov/pmc/articles/PMC2101801/pdf/procrsmed01192-0163.pdf.
"The blood too of gladiators" is from Pliny's Natural History, Wayback Machine, last updated February 2, 2009, https://web.archive.org/web/20161229101439/http://www.masseiana.org/pliny.htm.
Irn-Bru information is from "Our History," AG Barr, 2021, https://www.agbarr.co.uk/about-us/our-history/timeline.
Ferro China information is from the talk notes "Iron Amaro," by Philip Duff and Fulvio Piccinino, https://www.slideshare.net/philipduff/iron-amaro-philip-duff-fulvio-piccinino; and "Ferro China Amari," by Simon Difford, https://www.diffordsguide.com/beer-wine-spirits/category/1291/ferro-china-amari.

CHAPTE R 3. MONKS: MONASTIC LIQUEURS AND THE MIDDLE AGES

Oliver, Garrett, *The Oxford Companion to Beer* (Oxford, UK: Oxford University Press, 2011) was a main resource for all parts of beer history in this book. For the history of the monastic orders, Zarnecki, George, *The Monastic Achievement* (New York: McGraw-Hill, 1972) was the most useful, with Seward, Desmond, *Monks and Wine* (New York: Crown, 1979) covering the overlap of monks and wine. For Chartreuse, the brand book Chartreuse the Liqueur, by Galiano, Martine, et al.

(n.p., 2020), was very useful, as well as the brand's website, www.chartreuse.fr, and interviews with Tim Master of US importer Frederick Wildman and Sons. Mintz, Sidney W., *Sweetness and Power* (New York: Viking, 1985) was a main resource for sugar history. Information on mummies and other corpse medicine largely came from Sugg, Richard, *Mummies, Cannibals, and Vampires* (New York: Routledge, 2011).

Saint Benedict epigraph is from "Chapter 40: The Proper Amount of Drink," Monastery of Christ in the Desert, 2021, https://christdesert.org/prayer/rule-of-st-benedict/chapter-40-the-proper-amount-of-drink.

"Once distilled, keep it" is from Groopman, Jerome, "The History of Blood," The New Yorker, January 14, 2019, https://www.newyorker.com/magazine/2019/01/14/the-history-of-blood.

Plague background information is from Armstrong, D. (director), "The Black Death: The World's Most Devastating Plague," 2016, and The Black Death [video file], The Great Courses, retrieved June 29, 2020, from Kanopy, https://www.kanopy.com/product/black-death-1.

The surviving recipe for plague water is from "Plague Water," Alcohol's Empire, Minneapolis Institute of Art, 2019, https://artsmia.github.io/alcohols-empire/recipes/plague-water/.

"Wine windows" is from Harvey, Lisa, "One of Florence's 'Wine Windows' Is Open Once More," Atlas Obscura, August 14, 2019, https://www.atlasobscura.com/articles/florence-wine-windows.

The Compleat Herbal of Physical Plants is cited from Early English Books, accessed December 24, 2021, https://quod.lib.umich.edu/e/eebo/A53912.0001.001.

Information about the International Trappist Association can be found at https://www.trappist.be/en/.

For other monastic liqueurs, a much larger selection can be found in Seward, Monks and Wine.

Centerbe information is from "The Centerbe," Italy Heritage, 1998–2021, https://www.italyheritage.com/traditions/food/centerbe.htm.

Stellina information is from Coldicott, Nicholas, "This Obscure Liqueur May Save Your Soul," Japan Times, October 23, 2009, https://www.japantimes.co.jp/life/2009/10/23/food/this-obscure-liqueur-may-save-your-soul, as well as the brand's website, http://www.stellina.fr/secrets-expertise.html.

Bénédictine additional history is from email communication with Sébastien Roncin.

Bénédictine information about Singapore and confinement is from "No One Likes Benedictine DOM in Their Kailan but This Is Why We Eat It Anyway," Confinement Diaries, April 11, 2018, accessed 2022, https://web.archive.org/web/20210114200013/https://confinement-diaries.com/benedictine-dom-singapore.

Buckfast information is from several online news sources, including Lyall, Sarah, "For Scots, a Scourge Unleashed by a Bottle," The New York Times, February 3, 2010, https://www.nytimes.com/2010/02/04/world/europe/04scotland.html; Harris, Elise, "England's Popular Monastic Wine Has a Backstory, and a Bite,"

Crux, August 19, 2018, https://web.archive.org/web/20180819082235/https://cruxnow.com/church-in-uk-and-ireland/2018/08/19/englands-popular-monastic-wine-has-a-backstory-and-a-bite/; and Jeffreys, Henry, "Buckfast: A Drink with Almost Supernatural Powers of Destruction," *The Guardian*, February 27, 2015, https://www.theguardian.com/lifeandstyle/2015/feb/27/buckfast-drink-with-supernatural-powers-destruction.

Buckfast "linked to 6,500 reports" is from Morley, Katie, "Monks Could Lose Charitable Status over Production of 'Dangerous' Buckfast Wine," *The Telegraph*, April 11, 2017, https://www.telegraph.co.uk/news/2017/04/11/monks-could-lose-charitable-status-production-dangerous-wine/.

£12 million tax-free is from Frost, Natasha, "How a Tonic Wine Brewed by Monks Became the Scourge of Scotland," Atlas Obscura, June 7, 2017, https://www.atlasobscura.com/articles/buckfast-scotland.

CHAPTE R 4. SCIEN CE: PHLOGISTON, PYRM O N T , PASTEUR, AND PATHOGEN S

Primary sources for the science and scientists in this chapter included Partington, James Riddick, *A Short History of Chemistry* (Mineola, NY: Dover Publications, 1989); Taylor, Frank Sherwood, *A Short History of Science and Scientific Thought* (New York: W. W. Norton, 1963); and Geison, Gerald L., *The Private Science of Louis Pasteur* (Princeton, NJ: Princeton University Press, 1995). For natural spas, Chapelle, Frank, *Wellsprings: A Natural History of Bottled Spring Waters* (New Brunswick, NJ: Rutgers University Press, 2005) was a useful source. For germ theory, main sources included Fitzharris, Lindsey, *The Butchering Art* (New York: Scientific American; Farrar, Straus and Giroux, 2017); and Wootton, David, *Bad Medicine* (Oxford, UK: Oxford University Press, 2007).

Additional information on phlogiston is from Brancho, Jimmy, "Oxygen's Alchemical Origins: The Phlogiston Story," Tree Town Chemistry, February 4, 2016, http://treetownchem.blogspot.com/2016/02/oxygens-alchemical-origins-phlogiston.html.

"I would not interfere with the providence of the physician" is from Priestley, Joseph, *Directions for Impregnating Water with Fixed Air* (London: Printed for J. Johnson, 1772), accessed 2021, https://wellcomecollection.org/works/bs6kgbcq/items.

"For having learned from Dr. Black" is from Thorpe, Thomas Edward, Joseph Priestley (London: J. M. Dent, 1906), accessed 2021 via Google Books, https://www.google.com/books/edition/Joseph_Priestley/uAwFAAAAYAAJ?hl=en&gbpv=0.

"By this process may fixed air be given to wine" is from Priestley, Directions for Impregnating Water.

For bottled water histories, most came from the websites of each brand.

Additional information about Lady Mary Wortley Montagu is from "Lady Mary Wortley Montagu," Wikipedia, Wikimedia Foundation, last edited December 8, 2021, https://en.wikipedia.org/wiki/Lady_Mary_Wortley_Montagu.

"When I read Pasteur's article" is from Fitzharris, Butchering Art.
Additional information on Listerine is from "Listerine," National Museum of American History, accessed December 21, 2021, https://americanhistory.si.edu/collections/search/object/nmah_1170944.

CHAPTE R 5. BITTE RS WE ET: APERITIF, ABSINTHE, AND AMARO

Good reads on the science of taste are Prescott, John, *Taste Matters: Why We Like the Foods We Do* (London: Reaktion Books, 2012); and Shepherd, Gordon M., *Neurogastronomy* (New York: Columbia University Press, 2012). For vermouth, *Adam Ford's Vermouth: The Revival of the Spirit That Created America's Cocktail Culture* (Woodstock, VT: Countryman Press, 2015) is a primary source, backed up with Piccinino, Fulvio, *The Vermouth of Turin* (Turin, Italy: Graphot, 2018); and Berta, P., and Mainardi, G., *The Grand Book of Vermouth Di Torino: History and Importance of a Classic Piedmontese Product* (Canelli, Italy: OICCE, 2019). Adams, Jad, Hideous Absinthe (Madison: University of Wisconsin Press, 2004); and absinthes.com were useful sources for absinthe information.
The discussion of scent receptors is from "Humans Can Distinguish At Least One Trillion Different Odors," Howard Hughes Medical Institute, March 20, 2014, https://www.sciencedaily.com/releases/2014/03/140320140738.htm.
"Very good for old age" is from Lucia, History of Wine as Therapy.
"Antidote to the mischief of mushrooms" is from Culpeper, Nicholas, *The Complete Herbal* (London: Thomas Kelly, 1835), accessed 2021 via Google Books, https://books.google.com/books?id=z0qd6D8-jGYC.
"[Hopping beer] may be in every respect as well performed" is from Buhner, Stephen Harrod, Sacred and Herbal Healing Beers (Boulder, CO: Brewers Publications, 1998).
Fortified wine information is largely from Epstein, Becky Sue, *Strong, Sweet and Dry* (London: Reaktion Books, 2019).
Information on fennel and other herbal uses is from Howes, Irving, and Simmonds, Gardener's Companion to Medicinal Plants.
"Drunkenness used not to be a French vice" is from book 2 of Brown, Jared McDaniel and Anistatia Renard Miller, Spirituous Journey (self-published, 2010).
Thujone overdose case is from Weisbord, Steven D., Soule, Jeremy B., and Kimmel, Paul L., "Poison on Line—Acute Renal Failure Caused by Oil of Wormwood Purchased through the Internet," New England Journal of Medicine 337 (1997): 825–27, https://www.nejm.org/doi/full/10.1056/nejm199709183371205.
Discussion of anise liqueurs is from Zavatto, Amy, "Everything You Need to Know about Anise-Flavored Spirits," Liquor, November 2, 2020, https://www.liquor.com/anise-spirits-5085280.
Information on some medicinal uses of gentian is from Mirzaee, F., Hosseini, A., Jouybari, H. B., Davoodi, A., and Azadbakht, M., "Medicinal, Biological and Phytochemical Properties of Gentiana Species," *Journal of Traditional and Complementary Medicine* 7, no. 4 (2017): 400–408, published online January 28, 2017, https://www.ncbi.nlm.nih.gov/pmc/articles/PMC5634738/.

Much of the information about amaro brands and which ones contain gentian, wormwood, rhubarb, etc., comes from Parsons, Brad Thomas, *Amaro* (Berkeley, CA: Ten Speed Press, 2016).

CHAPTE R 6. SPIRITS: GRAP ES, GRAIN, AGAVE, AND CANE

In this chapter, the books I found most useful are usually named in the text of each section.

"Forty Virtues of Armagnac" was provided by the Bureau National Interprofessionnel de l'Armagnac via email. Much information on scurvy is from Harvie, David I., Limeys (Gloucestershire, UK: Sutton Publishing, 2005).
Charles II of Navarre information is largely from "Charles II of Navarre," Wikipedia, Wikimedia Foundation, last edited December 10, 2021, https://en.wikipedia.org/wiki/Charles_II_of_Navarre.
Cognac history is largely from Faith, Nicholas, *Cognac*, 3rd revised and updated ed. (Oxford: Infinite Ideas, 2016); and Jarrard, Kyle, *Cognac* (Hoboken, NJ: John Wiley & Sons, 2005).
"Unless the doctor has a bottle or so" and "Its prime use was as a cardiac stimulant" quotations are from Guly, H., "Medicinal Brandy," Resuscitation 82, no. 7 (2011): 951–54, https://www.ncbi.nlm.nih.gov/pmc/articles/PMC3117141.
Saint Bernard information is from Curtis, Wayne, "The Myth of the St. Bernard and the Brandy Barrel," The Daily Beast, February 5, 2018, https://www.thedailybeast.com/the-myth-of-the-st-bernard-and-the-brandy-barrel.
Elisabetta Nonino information is from a personal interview in 2019.
John Timbs's Popular Errors Explained and Illustrated (London: David Bogue, 1856) can be found via Google Books, https://books.google.com/books?id=KK5jAAAAcAAJ.
Pokhlebkin's vodka history is shown disproven in Schrad, Mark Lawrence, *Vodka Politics* (New York: Oxford University Press, 2014).
"Some water which is called aqua vite" is from "Akvavit," Wikipedia, Wikimedia Foundation, last edited December 23, 2021, https://en.wikipedia.org/wiki/Akvavit.
Rum and distillation history in India is from Wondrich, David, "Forget the Caribbean: Was Rum Invented in India?" The Daily Beast, July 9, 2018, https://www.thedailybeast.com/forget-the-caribbean-was-rum-invented-in-india.
"A booster, a medicine, a salve" is from Broom, Dave, *Rum: The Manual* (London: Mitchell Beazley, 2016).
Information on kidney disease in cane workers is from Santos, Ubiratan Paula, Zanetta, Dirce Maria T., Terra-Filho, Mário, and Burdmann, Emmanuel A., "Burnt Sugarcane Harvesting Is Associated with Acute Renal Dysfunction," Kidney International 87, no. 4 (2015): 792–99, https://www.sciencedirect.com/science/article/pii/S0085253815301988.
A True and Exact History of the Island of Barbados was accessed via Text Creation Partnership, 2021, https://quod.lib.umich.edu/e/eebo/A48447.0001.001/.

Robert Dossie's *An Essay on Spirituous Liquors* (London: J. Ridley, 1770) quotation was accessed via Google Books, https://books.google.com/books?id=ibxYAAAAcAAJ.

"A very general but erroneous opinion" is from Beatty, William, Authentic Narrative of the Death of Lord Nelson (London: T. Davison, 1807), accessed 2021, https://www.gutenberg.org/files/15233/15233-h/15233-h.htm.

The molasses tsunami is from Sohn, Emily, "Why the Great Molasses Flood Was So Deadly," History, January 15, 2019, https://www.history.com/news/great-molasses-flood-science.

"No workingman ever drank" is from Rorabaugh, W. J., *Prohibition: A Concise History* (Oxford, UK: Oxford University Press, 2018).

Guifiti information is from "Guifiti," Arzu Mountain Spirit, October 6, 2015, http://www.arzumountainspirit.com/blog/2015/10/8/guifiti.

Mamajuana information is from Perry, Kevin E. G., "Mamajuana, the 'Dominican Viagra,' Has Big Turtle Dick Energy," Vice, March 7, 2019, https://www.vice.com/en/article/panvw7/mamajuana-the-dominican-viagra-has-big-turtle-dick-energy.

Information on Dr. Livingstone's body is from "Zambia Honors Dr. Livingstone on 100th Anniversary of His Death," The New York Times, May 12, 1973, https://www.nytimes.com/1973/05/12/archives/zambia-honors-dr-livingstone-on-100th-anniversary-of-hisdeath-sense.html.

For whiskey, many books were consulted, with the following cited the most: Broom, Dave, *Whisky: The Manual* (London: Mitchell Beazley, 2014); Maclean, Charles, *Malt Whisky* (London: Octopus Publishing, 2010); Mitenbuler, Reid, *Bourbon Empire* (New York: Penguin, 2015); and Minnick, Fred, *Bourbon: The Rise, Fall, and Rebirth of an American Whiskey* (Minneapolis, MN: Voyageur Press, 2016).

Gunn, John C. Gunn's *Domestic Medicine*, 13th Edition (Pittsburgh, PA: J. Edwards & J. J. Newman, 1839), accessed 2021 via Google Books, https://books.google.com/books?id=6a8hAQAAMAAJ.

The Manufacture of Liquors, Wines, and Cordials without the Aid of Distillation is from HathiTrust Digital Library, accessed December 24, 2021, https://catalog.hathitrust.org/Record/007681147.

Rock and rye discussion is from Japhe, Brad, "Everything You Need to Know about Rock and Rye," Whisky Advocate, April 29, 2019, https://www.whiskyadvocate.com/need-to-know-rock-and-rye.

Baijiu statistics are from "Baijiu Booms as China's Bull Run Grows," The Drinks Business, December 14, 2020, https://www.thedrinksbusiness.com/2020/12/the-baijiu-boom; and Bellwood, Owen, "The 10 Most Valuable Spirits Brands in the World," The Drinks Business, June 7, 2021, https://www.thedrinksbusiness.com/2021/06/the-ten-most-valuable-spirits-brands-in-the-world.

Bruman, Henry J., *Alcohol in Ancient Mexico* (Salt Lake City: University of Utah Press, 2000) was very useful in the tequila and pulque section.

CHAPTE R 7. POISON: PHOSPHATES, PATENT MEDICINES , PUR E FOOD, AND P ROHIBITION

Tristan Donovan's book *Fizz: How Soda Shook Up the World* (Chicago: Chicago Review Press, 2014) was particularly useful here for everything soda. Irwin W. Sherman's *Twelve Diseases That Changed Our World* (Washington, DC: ASM Press, 2007) was useful for syphilis. Information on Harvey Wiley and the Pure Food and Drug Act largely comes from Deborah Bloom's *The Poison Squad* (New York: Penguin Press, 2018), with additional information on poison alcohol during Prohibition from Blum's *The Poisoner's Handbook* (New York: Penguin, 2010).
"The first thing every American" is from Donovan, Fizz.
Syphilis nomenclature is from Tampa, M., Sarbu, I., Matei, C., Benea, V., and Georgescu, S. R., "Brief History of Syphilis," Journal of Medicine and Life 7, no. 1 (2014): 4–10, https://www.ncbi.nlm.nih.gov/pmc/articles/PMC3956094/.
Hires Root Beer information is from Armijo, Stephanie, "Hires Root Beer," History of the Soda Fountain, updated November 17, 2016, https://scalar.usc.edu /works/history-of-the-soda-fountain/hires-root-beer.
Phosphoric acid information is from O'Neil, Darcy S., *Fix the Pumps* (N.p: Darcy O'Neil, 2009).
"God is unjust" comes from "Paolo Mantegazza," accessed December 24, 2021, https://www.erythroxylum-coca.com/mantegazza/index.html.
Vin Mariani ad copy is from Google Image searches.
Additional Coca-Cola information is from Standage, Tom, *A History of the World in Six Glasses* (New York: Bloomsbury, 2006).
"The public can rest assured that Dr Pepper is non-alcoholic" is from Rodengen, Jeffrey L., The Legend of Dr Pepper/Seven-Up (Fort Lauderdale, FL: Write Stuff Syndicate, 1995).
Information on the Smithsonian patent medicine collection can be found at "Balm of America: Patent Medicine Collection," National Museum of American History, accessed December 24, 2021, https://americanhistory.si.edu/collections /object-groups/balm-of-america-patent-medicine-collection.
Information on the medical uses for opium is from Hodgson, Barbara, *In the Arms of Morpheus* (Buffalo, NY: Firefly Books, 2001).
Snake oil information is from Graber, Cynthia, "Snake Oil Salesmen Were on to Something," Scientific American, November 1, 2007, accessed 2021, https://www .scientificamerican.com/article/snake-oil-salesmen-knew-something/; and Gandhi, Lakshmi, "A History of 'Snake Oil Salesmen,'" Code Switch, NPR, August 26, 2013, accessed 2021, https://www.npr.org/sections/codeswitch/2013/08/26/215761377 /a-history-of-snake-oil-salesmen.
Duffy's medicine information is from Haara, Brian F., *Bourbon Justice* (Lincoln, NE: Potomac Books, 2018).
"Vigorous at 119 years old" is from an advertisement viewed at Peachridge Glass, accessed December 24, 2021, https://www.peachridgeglass.com/wp-content /uploads/2013/05/DuffyMaltWhiskeyAd.jpg.
Information about cochineal in modern products is from English, Camper, "Bug-Based Coloring Makes a Comeback in Spirits," SevenFifty Daily, October 5, 2017, accessed 2021, https://daily.sevenfifty.com/bug-based-coloring-makes-a -comeback-in-spirits.

St. Louis World's Fair of 1904 information is from Smith, Andrew F., *The Oxford Encyclopedia of Food and Drink in America* (New York: Oxford University Press, 2004).
Grape bricks information is from Teeter, Adam, "How Wine Bricks Saved the U.S. Wine Industry during Prohibition," VinePair, August 24, 2015, accessed 2021, https://vinepair.com/wine-blog/how-wine-bricks-saved-the-u-s-wine-industry-during-prohibition.
The survey of doctors as to the medicinal use of alcohol during Prohibition comes from Okrent, Daniel, "An Illegal Substance Sold Legally," Los Angeles Times, May 16, 2020, accessed 2021, https://www.latimes.com/archives/la-xpm-2010-may-16-la-oe-0516-okrent-prohibition-20100516-story.html.
Information on toxic alcohol in Iran is from Arnold, Carrie, "Tainted Sanitizers and Bootleg Booze Are Poisoning People," National Geographic, August 19, 2020, https://www.nationalgeographic.com/science/article/methanol-poisoning-bootleg-sanitizer-alcohol-how-to-protect-yourself-coronavirus-cvd.

CHAPTE R 8. TONIC: MALARIA, MOSQUITOES, AND MAUVE

Of the many books on tonic, quinine, and malaria that I've read, the ones I refer to most often are Duran-Reynals, Marie Louise de Ayala, *The Fever Bark Tree* (London: W. H. Allen, 1947); Sherman, Irwin W., *Magic Bullets to Conquer Malaria* (Washington, DC: ASM Press, 2011); and Nesbitt, Mark, and Walker, Kim, *Just the Tonic* (Richmond, Surrey, UK: Kew Publishing, 2019). Information on syphilis is from Sherman, Twelve Diseases.
Text from The Theory and Treatment of Fevers was accessed at Swift, Gabriel, "Sappington's Theory and Treatment of Fevers," Princeton Collections of the American West, July 12, 2021, https://blogs.princeton.edu/westernamericana/2012/07/12/sappingtons-theory-treatment-of-fevers.
Information on calisaya fiends is from Stailey, Doug (LibationLegacy). "If you've dug around in old cocktail recipes . . ." May 17, 2018, 10:08 p.m. Tweet. https://twitter.com/LibationLegacy/status/997297967320137728.
Quinine in commercial beverages list is sourced in part from Parsons, Amaro.
The Hughes and Company quinine water reference comes from Nesbitt and Walker, Just the Tonic.
"In some cases, a small portion of wine" is from *The Lancet* (London: Elsevier, 1861). Accessed 2021 via Google Books, https://books.google.com/books?id=rRdAAAAAcAAJ.
The Oriental Sporting Magazine quote is no longer on Google Books, but a screen grab is visible in Nesbitt and Walker, Just the Tonic.
Maraschino cherry information is from Curtis, Wayne, "Mixopedia: The Maraschino Cherry," Imbibe, December 19, 2016, https://imbibemagazine.com/history-lesson-the-maraschino-cherry.
Information disproving the Mickey Slim cocktail was sourced from Koerner, Brendan I., "The Myth of the Mickey Slim," MicroKhan, June 9, 2010, http://www.microkhan.com/2010/06/09/the-myth-of-the-mickey-slim, as well as the

comments on this blog post.
The Tropical Medicine and International Health article is from Meyer, Christian G., Marks, Florian, and May, Jürgen, "Editorial: Gin Tonic Revisited," *Tropical Medicine and International Health* 9, no. 12 (December 2004): 1239–40, https://onlinelibrary.wiley.com/doi/full/10.1111/j.1365-3156.2004.01357.x.

CHAPTE R 9. MIXOLOGY: MIXED DRINKS AND MODE RN MEDICINE

Much of the history of cocktails in America comes from Wondrich, David, *Imbibe!* (New York: TarcherPerigee, 2015).
"It must be confessed that American drinks" is from *Pharmaceutical Formulas: A Book of Useful Recipes for the Drug Trade* (London: The Chemist and Druggist, 1902), accessed 2021 via Google Books, https://books.google.com/books?id=gdpNAQAAMAAJ.
"If the French have been long proverbial" is from Majoribanks, Alexander, *Travels in South and North America* (London: Simpkin, Marshall, and Company, 1853), accessed 2021 via Google Books, https://books.google.com/books?id=9RZwtDBm7JMC.
"In the matter of drinks, how hospitable" is from Will-Weber, Mark, *Muskets and Applejack* (Washington, DC: Regnery History, 2017).
"Now the difference between a brandy-cocktail" is from Grimes, William, *Straight Up or On the Rocks: The Story of the American Cocktail* (New York: North Point Press, 2001).
Mark Twain letter is from "The Remix; Recipe for Regularity | 1874 Letter from Mark Twain to His Wife," The New York Times, December 3, 2006, https://www.nytimes.com/2006/12/03/style/the-remix-recipe-for-regularity-1874-letter-from-mark-twain-to-his.html.
The cure for hiccups story is from "A Bitter Medicine Cures the Hiccups," The New York Times, December 31, 1981, https://www.nytimes.com/1981/12/31/style/a-bitter-medicine-cures-the-hiccups.html.
New and Improved Bartender's Manual is from EUVS Vintage Cocktail Books, accessed December 24, 2021, https://euvs-vintage-cocktail-books.cld.bz/1882-Harry-Johnson-s-new-and-improved-bartender-s-manual-1882/24.
"Before breakfast he enters" is from Greene, Philip, *The Manhattan* (New York: Sterling Epicure, 2016).
"If, following intoxication, there is a headache" is from Jouanna, Greek Medicine.
"The eggs of an owlet" is from *The Natural History of Pliny*, trans. John Bostock and H. T. Riley (London: Henry G. Bohn, 1856), accessed 2021 via Google Books, https://books.google.com/books?id=IUoMAAAAIAAJ.
"It is a matter of certainty" is from "Supplementary Material on Frederick Tudor Ice Project," Bulletin of the Business Historical Society 9, no. 1 (1935): 1–6, accessed May 4, 2021, https://www.jstor.org/stable/3110750?origin=crossref&seq=1.
Wenham Lake Ice information is from Weightman, Gavin, *The Frozen Water Trade* (New York: Hyperion Books, 2003).
Wilmer and Smith's European Times reference comes from Phillips, John C.,

Wenham Great Pond (Salem: Peabody Museum, 1938), accessed 2021, http://www.seekingmyroots.com/members/files/H003116.pdf.

"Many did well with a simple julep" is from Mons. Le Cat, "An Account of Those Malignant Fevers, That Raged at Rouen, at the End of the Year 1753," Philosophical Transactions (1683–1775) 49 (1755): 49–61, accessed May 4, 2021, http://www.jstor.org/stable/104908.

"As the daughter of émigrés from Ukraine" is from Simone, Alina, "Why Do Russians Hate Ice?" The New York Times, August 3, 2011, https://opinionator.blogs.nytimes.com/2011/08/03/ice-enough-already/?ref=opinion.

"What I don't understand is why the Americans like" is from Tao, Yan, "American News Series: It Is Difficult to Drink Hot Water," March 9, 2015, https://www.douban.com/group/topic/73302265.

Ingredient safety information is from cocktailsafe.org.

"Australian man poisoned himself" is from Panko, Ben, "Man Poisons Himself by Taking Apricot Kernels to Treat Cancer," Smithsonian Magazine, September 13, 2017, https://www.smithsonianmag.com/smart-news/natural-health-treatment-poisons-man-180964870.

"The moderate drinking of alcoholic beverages did not shorten life" is from Gaffney, Rusty, "Wine Is Good News for Health in 2008," Prince of Pinot 7, no. 10 (January 14, 2009), https://www.princeofpinot.com/article/603.

Alcohol and longevity information is from Cloud, John, "Why Nondrinkers May Be More Depressed," Time, October 6, 2009, http://content.time.com/time/health/article/0,8599,1928187,00.html; and Cloud, John, "Why Do Heavy Drinkers Outlive Nondrinkers?" Time, August 30, 2010, http://content.time.com/time/magazine/article/0,9171,2017200,00.html.

Mirror 038

酒與鍊金術

啤酒、葡萄酒、威士忌、烈酒、雞尾酒如何從治療藥物變成心靈慰藉

DOCTORS AND DISTILLERS

The Remarkable Medicinal History of Beer, Wine, Spirits, and Cocktails

---

國家圖書館出版品預行編目 (CIP) 資料

酒與鍊金術：啤酒、葡萄酒、威士忌、烈酒、雞尾酒如何從治療藥物變成心靈慰藉 / 坎帛 . 英格里胥 (Camper English) 著；柯松韻譯 . -- 初版 . -- 臺北市：天培文化有限公司出版：九歌出版社有限公司發行 , 2023.07

面； 公分 . -- (Mirror ; 38)

譯 自 : Doctors and distillers : the remarkable medicinal history of beer, wine, spirits, and cocktails

ISBN 978-626-7276-19-8(平裝)

1.CST: 酒 2.CST: 藥物治療 3.CST: 鍊金術 4.CST: 世界史

463.8 112008551

作　　者 —— 坎帛・英格里胥（Camper English）

譯　　者 —— 柯松韻

封面設計 —— 陳璿安｜chenhsuanan.com

責任編輯 —— 莊琬華

發 行 人 —— 蔡澤松

出　　版 —— 天培文化有限公司

台北市 105 八德路 3 段 12 巷 57 弄 40 號

電話／02-25776564・傳真／02-25789205

郵政劃撥／19382439

九歌文學網　www.chiuko.com.tw

印　　刷 —— 晨捷印製股分有限公司

法律顧問 —— 龍躍天律師・蕭雄淋律師・董安丹律師

發　　行 —— 九歌出版社有限公司

台北市 105 八德路 3 段 12 巷 57 弄 40 號

電話／02-25776564・傳真／02-25789205

初　　版 —— 2023 年 7 月

定　　價 —— 480 元

書　　號 —— 0305038

I S B N —— 978-626-7276-19-8

9786267276174 (PDF)

DOCTORS AND DISTILLERS: THE REMARKABLE MEDICINAL HISTORY OF BEER, WINE, SPIRITS, AND COCKTAILS by CAMPER ENGLISH

Printed in Taiwan